기후1.5℃
미룰 수 없는 오늘

기후1.5℃ 미룰 수 없는 오늘

생존과 번영을 위한
글로벌 탄소중립 레이스가 시작됐다!

박상욱 지음

초사흘달

추천의 말

기후위기가 본격적으로 드러나면 인류는 회복 불가능한 파멸을 향할 것이다. 이것이 모든 것을 바꿀 것이다. 기후위기는 먼 미래의 일이 아니다. 그 증후가 하나둘 현실로 다가오고 있다. 그렇기에 이 세상을 당장 바꾸는 일을 미룰 수 없다. 하지만 우리 사회는 사실을 외면하고 감정에 호소하는 '포스트 팩트(post-fact, 탈진실)'의 시대에 들어서려 한다. 서로 다른 의견에 따라 서로 다른 사실들을 주장한다. 감정의 대립 상태에서는 미래를 향해 한 발짝도 내디딜 수 없다. 하나의 진실에 기반해서만 우리의 다양한 의견들을 하나로 묶을 수 있다. 이를 통해 기후위기를 극복할 수 있는 새로운 가치가 확장되고 함께 새 세상을 향해 내달릴 수 있다.

박상욱 기자는 기후위기 대응을 위한 하나의 진실에 치열하게 파고든다. 그리고 우리가 미루지만 않는다면, 기후위기에서 벗어날 기회가 아직 남아 있다는 사실을 명확하게 알려 준다. 《기후 1.5℃ 미룰 수 없는 오늘》은 기후위기로 인한 미래를 걱정하며 진실을 추구하고자 하는 우리 모두가 미루지 말고 읽어야 할 책이다.

– 조천호(대기과학자, 전 국립기상과학원장)

추천의 말

꽤 오랫동안 사람들의 '숨'을 위협해 온 것은 미세먼지였다. 그걸 막아 주는 것은 마스크였다. 우리 뉴스도 마스크가 중요하다고 거의 매일 보도했다. 그러나 사람들 대부분이 잘 쓰지 않았다. 그런 와중에 코로나가 덮쳤다. 이번엔 마스크가 모자랐다. 사람들은 '현존하는 눈앞의 위험'에만 반응한다. 미세먼지는 현존하긴 해도 그것이 언제 발병으로 이어질지 알 수 없다. 그래서 위협적으로 느껴지지 않았을 것이다. 따지고 보면 대부분의 환경 문제가 그렇다. 당장 내가, 우리 가족이 죽는 것도 아니므로 짐짓 무시하고 기피한다. 환경 문제가 '현존하는 눈앞의 위험'이라는 걸 알리는 것이 언론의 역할이기도 하지만, 그런 이유로 외면받다 보면 힘이 빠진다. 그러나 다 그런 것은 아니다. 박상욱이 그렇지 아니하다. 그는 오랜 시간, 스포츠 선수로 치자면 비인기 종목에 몰두해 왔다. 오늘 독자들의 손에 들린 이 책은 그가 해 온 지난한 작업의 중간 마무리다.

코로나가 한창 시작되고 마스크가 품귀현상을 빚고 있을 때, 몇몇 사람들이 인사를 전해 왔다. 그간에 우리 뉴스를 보면서 미세먼지에 대비해 마스크를 많이 사 두었는데, 그 덕에 잘 쓰고 다닌다고. 환경 문제에 있어서 박상욱이 해 온 일이 이를테면 그런 역할일 것이다.

– 손석희(언론인, 전 JTBC 총괄사장)

추천의 말

기후변화는 인류의 생존에 커다란 위협이 되고 있으며, 많은 사람이 위기를 실감하고 있다. 기후'변화'라는 말도 기후'위기'로 바뀌었다. 그런데 기후변화가 문제라고 말하면서도 '내'가 해결의 당사자라고는 생각하지 않는 사람이 많다. 나는 진심으로 많은 사람이 이 책을 읽었으면 한다. 이 책은 기후변화가 불러올 위기를 생생하고 설득력 있게 전달함으로써, 기후변화는 문제지만 나 아닌 다른 사람이, 나라가, 환경단체가 알아서 잘할 것이라고 믿는 '참여하지 않는 대중'에게 경각심을 불러일으킨다.

그 원동력은 박상욱 기자의 진심이다. 정말로 기후위기를 걱정하고 있으며 함께 행동하자고 호소하는 것이 느껴진다. 전달력도 좋다. 기후위기 문제를 박상욱보다 더 전문적으로 알고 있는 사람도 많을 것이다. 하지만 나를 포함한 학자들의 글은 금세 지루해진다. 술술 읽히게, 독자의 뇌리에 박히게 글을 쓰는 재주에서 기자인 그를 따라가기 힘들다. 현장을 비판적 시각으로 깊이 있게 들여다본 것도 현실의 무게를 전달하는 데 큰 몫을 하고 있다. 진심과 전달력이라는 무기를 가진 박상욱이 요즘 기후변화 저지를 위한 각론들을 무섭게 파고들고 있다. 벌써 박상욱 기자의 다음 행보가 기대된다.

– 하윤희(교수, 고려대학교 에너지환경대학원)

머리말

2010년 여름, 한낮 최고 기온이 40°C를 웃돌곤 하던 모로코. 이곳에서 기후변화와 에너지 전환의 현실을 처음으로 마주하게 된다. 대규모 태양광발전단지를 건설하고, 해저 케이블로 그 전기를 유럽 본토로 송전하는 프로젝트는 충격으로 다가왔다. 공상과학영화에서나 가능한 줄 알았던 일이 현실에서 벌어지고 있던 것이다. 우리나라의 신재생에너지 발전 비중이 1.7%, 연간 발전량은 8160GWh(기가와트시)에 그칠 때다.

그로부터 8년 후인 2018년 여름, 제주도에서 다시 한번 기후변화와 에너지 전환의 충격과 마주친다. 이전의 충격이 기술적인 측면에서 다가왔다면 이번엔 생존, 앞으로 닥쳐올 '오늘'들에 대한 충격이다. 첫아들의 첫 초음파 사진을 찍은 날, 아빠가 된다는 사실에 들떠 회식 자리에서 부장께 기쁜 소식을 전했다.

축하와 동시에 들은 말. "그런데 내일 너 제주도에 좀 다녀와야 겠다." 19호 태풍 솔릭이 몸집을 키우며 한반도를 향하고 있던 것이다. 다음 날 김포공항을 떠난 비행기는 평온하게 제주도에 착륙했다. 태풍이 오긴 오는 건가 싶을 만큼 너무도 평온하게.

제주도 도착 이튿날, 몸으로 직접 맞은 태풍의 위력은 상상을 초월했다. 건장한 장정 셋은 몸을 가누기 힘들고, 거센 비바람에 뺨은 얻어맞은 듯 얼얼하다. 비인지 파도 비말인지 정체 모를 물방울들이 위에서, 옆에서, 앞에서, 뒤에서, 말 그대로 사방에서 휘몰아친다. 서울의 스튜디오와 현장을 연결하는 유일한 통신선인 TRS(주파수 공용 통신)가 먹통이 될 정도로. 그렇게 비바람을 맞고 나니 온몸이 오들오들 떨린다. 한여름 8월의 어느 날이라는 게 무색할 만큼. 들기도 어려울 만큼 무거운 고임목은 거센 바람에 마치 빙판 위를 미끄러지듯 나를 향해 다가오고, 흡사 바람 속 모래사장을 걸을 때 모래 알갱이가 정강이를 때리듯 강풍에 알알이 깨진 유리창의 작은 조각이 정강이를 때린다. 방송을 마친 뒤, 임신 초기의 아내와 안부 통화를 하고 한동안 멍하니 창밖을 내다본다. 아이가 앞으로 마주할 '오늘'은 이런 날들인가.

2019년 식목일 전날 밤, 앞으로의 '오늘'을 걱정케 하는 상황을 또다시 겪게 된다. 강원도에 큰 산불이 난 것이다. 출산 예정일을 코앞에 둔 아내를 뒤로한 채 한달음에 강원도로 달려갔다.

차에서 내리기가 무섭게 시작한 생중계. 하늘에선 불길이 도로를 사이에 두고 육교처럼 건너편으로 넘어간다. 불티는 까만 밤하늘과 땅바닥을 휘젓는다. 이 또한 아이가 앞으로 마주할 '오늘'의 모습인가.

밤샘 현장 취재 끝에 서울로 돌아온 바로 그다음 날, 아이는 세상에 나왔다. 태풍과 함께 찾아오더니 산불이 끝나고 태어난 것이다. 자연의 온갖 극한 현상을 온몸으로 겪으며 이러한 일들이 먼 미래나 남의 일이 아님을 실감했다. 앞으로 더욱 힘들어질 '오늘'을 막기 위해 뭐라도 해야 할 것 같았다. 내가, 내 가족이, 우리 사회가 더는 성난 자연을 마주하지 않도록 노력하는 일 말이다.

그렇게 〈박상욱의 기후 1.5: '먼 미래'에서 '내 일'로 찾아온 기후변화〉 연재를 시작했다.

2019년 11월 25일 첫 연재를 시작으로 매주 월요일, 단 한 차례도 빠짐없이 연재를 이어 오고 있다. 기후변화 회의론자들의 오해를 풀고자, 조금이라도 그 위험성을 알리고자 시작한 연재는 회를 거듭하면서 점차 달라졌다. 국내외에서 얼마나 많은 연구와 노력이 이뤄지고 있는지, 지금 우리가 처한 상황의 심각성이 얼마나 객관적·과학적으로 증명됐는지, 앞으로는 또 얼마나 위험할지, 이를 막으려면 어떻게 해야 하는지……. 연재를 통해 이야기를 건네고픈 이들도 시민 개개인부터 정책 설계자, 입안자, 책임자로 넓어졌다. 너무도 달라지지 않는 현실에 걱정과 초조함이 더해진 결과다.

연재를 이어 오다가 그동안 쓴 기사를 갈무리해 책이라는 형태로 다시금 세상에 내놓게 됐다. 이 책《기후 1.5℃ 미룰 수 없는 오늘》은 기후위기 앞에서 전 세계가 어떤 노력을 기울이고 있는지, 또 우리나라는 어떤 과정을 거쳐 탄소중립을 선언했으며 어떤 숙제를 당면하고 있는지 짚어 보는 데 집중했다. 기후위기는 그저 북극곰 앞에만 닥친 일도 아니고 남의 나라 일도 아니다. 단순히 날씨나 자연환경이 달라지는 데서 그치지 않고 사회경제적 위기로 직결되는 문제다. 바로 우리 코앞에 들이닥친 이 위기를 더 많은 사람이 알아차리고 하루빨리 올바른 방향으로 함께 달려갔으면 하는 바람을 이 책에 담았다.

2년 넘게 연재를 이어 올 수 있던 것은 오롯이 가족의 덕이다. 연재를 결심케 한 첫째 아들, 연재 도중 태어난 둘째 아들. 모두 끈질긴 연재를 가능케 한 원동력이다. 사랑하는 아내가 없었다면 연재 자체가 불가능했다. 주말마다 두 아들이 아빠를 찾을 때도 아빠가 노트북을 두드릴 수 있도록 묵묵히 응원과 지지를 아끼지 않은 소중한 동반자는 연재의 일등공신이다. 연재를 이렇게 책으로 엮을 수 있었던 것은 나의 영웅, 나의 롤모델인 아버지 덕분이다. 그 누구보다 문화 콘텐츠와 한류를 깊이 있게 연구하면서 열아홉 권의 책을 저술한 아버지 박장순 교수가 없었다면 책을 낼 생각조차 못 했을 것이다. 그리고 사랑하는 어머니는 이 모든 일이 순조롭게 이뤄질 수 있도록 도와주었다. 굳건할 때나 흔들릴 때나 언제나 중심을 잡을 수 있었던 것은 어머니의 기도 덕분이었다.

책으로 엮었다고 해서 연재를 멈추지 않는다. 연재 초반엔 우리나라의 탄소중립 선언이 나오면 마칠 수 있지 않을까 생각했지만, 그러면 안 될 것 같은 요즘이다. 온실가스 감축, 탄소중립을 둘러싼 온갖 프레임 씌우기와 갑론을박이 더욱 거세졌기 때문이다. 오히려 이 책은 탄소중립을 '달성'할 때까지 더 많이 듣고, 더 넓게 취재하고, 더 깊이 연구하며 최선을 다할 것을 다짐하는 계기가 됐다. 부디 오늘은 어제보다, 내일은 오늘보다 온실가스를 조금이라도 더 줄일 수 있기를.

차례

I
2021년, 탄소중립
'원년'이 되다

1

온난화는, 기후변화는,
기후위기는
없다는 그대에게

2018년 11월, 전 세계 기후학계에 큰 반향을 부른 트윗 하나가 있습니다.

"무지막지한 대규모 한파가 온갖 기록들을 갈아치울 듯한데 - 소위 지구 온난화에 무슨 문제라도 생긴 거야?"

지구가 뜨거워지고 있다더니 웬 한파냐는 질문을 던진 사람은 누구였을까요? 네 살짜리 꼬마도 아닌 미국의 당시 대통령, 도널드 트럼프였습니다. 트럼프 당시 대통령의 이러한 트윗에 대선에서 그와 맞붙었던 힐러리 클린턴은, 트럼프 행정부가 미 연방 명령으로 진행 중인 기후변화 연구를 묻어 버리려 한다며 우회적으로 비판했습니다.

트럼프 대통령의 '기후변화 부정하기'는 여기서 멈추지 않았습니다. 2020년 1월엔 트위터의 글자 수 제한을 거의 가득 채울 정도의 분량으로 기후변화에 관한 발언을 이어 갔습니다.

"아름다운 중서부에서 체감 기온이 −60°F(약 -51℃)에 이르면서 최저 기온 기록이 나왔다. 앞으로는 더 추워질 거라고도 하고. 사람들이 밖에서 채 몇 분도 견디기 힘들 정도다. 도대체 지구 온난화에 무슨 일이 있는 거냐. 제발 빨리 찾아와라. 우린 네(지구 온난화)가 필요하단 말이다!"

그의 잇따른 트윗에, 그래서 기후'변화'라고 한다는 네티즌들의 '뼈 때리는' 비판이 잇따를 정도였습니다. 트럼프 대통령은 트윗으로 자기 생각을 밝히는 데서 그치지 않았습니다. 실제로 트럼프 행정부는 파리기후변화협약에서 탈퇴했습니다. 파리협약은 2015년 유엔기후변화협약(UNFCCC)에서 채택된 조약으로, 지구 평균 기온이 산업화 이전보다 1.5℃(2015년 당시엔 2℃) 이상 오르지 않도록 하자고 국제사회가 합의한 것입니다. 그런데 2019년 11월, 미국이 국제연합(UN, 유엔)에 일방적으로 탈퇴를 통보한 겁니다.

사실, 트럼프 대통령은 당선 이전부터 한결같이 이런 태도를 고수해 왔습니다. 2012년 11월엔, 지구 온난화라는 개념은 중국이 미국의 제조업을 무력화하기 위해 만들어 낸 것이라고 말하며 기후변화를 하나의 음모론으로 치부했죠. 온실가스를 많이 내뿜기로 손꼽히는 나라 중 하나인 미국의 대통령이 이런 생각을 가졌다는 것도 문제지만 더 큰 문제가 있으니, 그의 생각에 동조하고 그와 같은 생각을 하는 사람의 수도 상당하다는 겁니다. 지금도 기후변화 관련 뉴스의 댓글 창에는 이러한 주장이 항상 등장합니다. 지구는 원래 더워진다, 언론이 일부러 위험을 과장한다, 지구는 알아서 회복하는 자정 능력을 갖추고 있으니 아무 문제 없다, 등등 말이죠.

하지만 지구 온난화는, 기후변화는, 기후위기는 명백한 팩트,

사실입니다. 지금까지 실제 계측된 기온 변화를 분석한 결과를 보더라도, 앞으로 다가올 일들에 대한 과학적 시뮬레이션을 보더라도 말이죠. 기후위기가 단순히 특정 개인의 주장이거나 정부의 정책적 판단이라면 불신할 수도, 호불호가 나뉠 수도 있을 겁니다. 하지만 기후위기는 객관적인 팩트입니다. 수학과 과학으로 증명된 사실 말입니다.

2

계속해서 쏟아지는
과학적 근거

기후위기 대응 어벤져스, IPCC

지난 2018년 10월, 인천 송도에서 한 국제회의가 열렸습니다. 바로 제48차 '기후변화에 관한 정부 간 협의체(IPCC)' 총회입니다. IPCC는 1988년, 세계기상기구(WMO)와 유엔환경계획(UNEP)이 공동으로 설립한 기구입니다. 195개 회원국의 정부 관계자와 과학자, 연구자 들이 모여 전 세계에서 진행된 연구를 모아 평가하고, 195개 회원국 정부의 승인을 통해 그 결과물을 내놓습니다. 이 모든 과정에서 과학적 객관성과 정치적 중립성이 핵심인 만큼, IPCC 보고서의 내용은 글로벌 차원에서 객관성이 충분히 입증됐다고 할 수 있습니다.

이 총회에서 참석자들은 〈지구 온난화 1.5℃〉라는 특별 보고서를 만장일치로 채택했습니다. 2015년 파리협약을 체결할 때만 해도 국제사회는 지구의 평균 기온 상승 폭을 산업화 이전 대비 2℃ 이내로 묶자고 했죠. 그런데 세계 곳곳에서 진행한 무수한 연구를 분석한 결과, 2℃로는 충분치 않았던 겁니다. 2℃라는 기준도 당시엔 빡빡한 수준이었는데, 상승 폭을 그보다 더 좁히자는 보고서를 채택하기까지 나름의 난관도 있었습니다. 195개국이 모두 보고서의 문장 하나하나 만장일치로 동의해야 IPCC의 보고서에 담길 수 있기 때문입니다. 결국, 총회를 예정보다 하루 더 연장하면서 심사숙고를 거쳤습니다.

왜 국제사회는 평균 기온 상승 폭을 더 좁히려고 했을까요? 그리고 겨우 0.5℃ 차이일 뿐인데 총회 기간을 연장하면서까지 고민을 거듭했을까요? 특별 보고서엔 그 이유가 담겼는데요, 지구의 평균 기온이 1.5℃ 오르는 것과 2℃ 오르는 것의 차이가 엄청났습니다. 0.5℃ 차이로 극단적인 폭염에 노출되는 사람은 4억 2천만 명 늘어납니다. 우리나라 인구의 8배 수준이죠. 물이나 식량이 부족해 고통받는 사람은 배가 되고 식물이나 곤충, 척추동물의 멸종 위험은 2~3배가 됩니다. 어획량 감소 폭 역시 2배로 커지고요.

이러한 예측 결과는 모두 정교하게 만들어진 시나리오를 통해 산출됩니다. 그렇다면 이 시나리오는 어떻게 만들어진 것일까요? 몇 년 전까지만 해도 IPCC를 비롯한 국제사회는 대표농도경로(RCP)라는 시나리오를 활용했습니다. 이후 이 시나리오는 공통사회경제경로(SSP) 시나리오로 바뀌었습니다. 한층 더 정교해진 시나리오입니다.

대표농도경로, 즉 RCP 시나리오는 이름에서도 나타나듯이 온실가스의 농도만 살펴본 시뮬레이션 방법입니다. 온실가스 농도에 따라 달라지는 지구의 복사강제력(radiative forcing)이 기준이 되죠. 낯선 용어가 등장하니 벌써 복잡해지는 듯한데요, 최대한 차근차근 풀어보겠습니다. 복사강제력은 지구가 태양으로부터 흡수하는 에너지와 지구가 다시 우주로 방출하는 에너지의 차이를 뜻합니다. 이 차이가 양(+)의 방향으로 크면 클수록 지구는 당연히 더 뜨거워지겠죠. 이것이 바로 온실효과입니다. 지구가 에너지를 우주로 다시 방출하는 것을 막는 요인은 여러 가지가 있습니다. 때로는 구름도 그런 역할을 할 수 있겠죠. 그런데 연구를 해 보니 특히나 이산화탄소, 메테인(메탄), 아산화질소 등은 이 에너지를 품어버렸습니다. 이렇게 온실효과를 부추긴다고 해서 이 물질들을 온실가스 또는 온실기체라고 부르는 것이고요. 이 때문에 복사강제력을 기후강제력(climate forcing)이라고도 부릅니다.

그런데 기후변화는 그저 날씨와의 관계만 고려할 일이 아닙니다. 기후변화는 사회, 인권, 식량, 경제, 산업, 통상, 생태계 변화 등으로 이어지죠. 그 변화는 온실가스 배출량에도 영향을 미치고요. 기후변화에 대응하려면 다학제(多學際)적인 접근이 필요한 이유가 바로 여기 있습니다. 이 때문에 시나리오 역시 다양한 요소를 반영할 수 있도록 개선됐습니다. 기존 RCP 시나리오의 온실가스 농도와 더불어 미래 인구수, 토지 이용, 에너지 사용 등 사회경제적 요소까지 버무린 공통사회경제경로, 즉 SSP 시나리오를 만들어 낸 것이죠.

이제부터 RCP 시나리오와 SSP 시나리오를 비교하며 좀 더 자세히 살펴보겠습니다.

RCP 시나리오			SSP 시나리오	
IPCC 5차 평가 보고서에 사용된 시나리오			IPCC 6차 평가 보고서에 사용된 시나리오	
2100년 지구의 복사강제력을 기준으로 한 온실가스 시나리오			RCP 시나리오에 미래 인구수, 토지 이용 등 사회경제학적 요소까지 고려한 시나리오	
종류	의미	CO$_2$ 농도 (2100년)	종류	의미
RCP2.6	지금부터 즉시 온실가스 감축 수행	420ppm	SSP1-2.6	재생에너지 기술이 발달해 화석연료를 최소한으로 사용하고, 환경 친화적으로 지속가능한 경제 성장이 이루어지는 상황을 가정
RCP4.5	온실가스 저감 정책 상당히 실현	540ppm	SSP2-4.5	기후변화 완화 정도와 사회경제 발전 정도가 중간 수준인 상황을 가정
RCP6.0	온실가스 저감 정책 어느 정도 실현	670ppm	SSP3-7.0	기후변화 완화 정책에 소극적이며 기술개발이 늦어 기후변화에 취약한 사회 구조를 가정
RCP8.5	지금과 같은 추세로 온실가스 배출	940ppm	SSP5-8.5	산업 기술의 빠른 발전에 주력해 화석연료를 많이 사용하고 도시 위주의 무분별한 개발이 확대되는 상황을 가정

RCP 시나리오와 SSP 시나리오 비교
(자료: 기상청, 〈한반도 기후변화 전망보고서 2020〉)

SSP1-2.6 시나리오는 사회가 빠르게 발전하면서 온실가스 감축에도 적극적으로 나서는 상황을, SSP2-4.5 시나리오는 사회 발전도 중간 정도, 온실가스 감축도 중간 정도인 상황, SSP3-7.0 시나리오는 사회 발전이 더딘 가운데 온실가스 감축도 제대로 하지 못하는 상황을 의미합니다. SSP5-8.5 시나리오는 사회적으로 빠른 발전을 추구하지만 온실가스는 전혀 염두에 두지 않는 상황을 가정한 시나리오고요.

이렇게 시나리오를 업데이트한 데 이어 2021년 8월, IPCC는 새로운 보고서를 내놨습니다. 제6차 평가 보고서인데요, 〈기후 변화 2021: 과학적 근거〉라는 보고서 제목에서 알 수 있듯 지구 평균 기온 상승 폭을 1.5℃ 이내로 제한해야 하는 과학적 근거가 추가됐습니다. 보고서에는 과거와 현재, 앞으로 예상되는 변화가 상세히 담겼습니다. 그리고 새로운 SSP 시나리오가 적용된 첫 IPCC 보고서가 바로 6차 평가 보고서입니다.

보고서에 따르면, 현재 지구의 기온은 이미 1.09℃ 오른 상태였습니다. 게다가 기온이 오르기만 한 것이 아니라, 오르는 속도가 점차 빨라지고 있었습니다. 기준점으로 삼고 있는 산업화

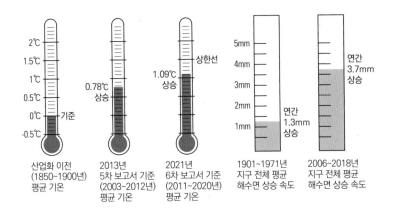

지구는 얼마나 뜨거워졌나? (자료: IPCC 6차 평가 보고서)

이전(1850~1900년)과 비교했을 때, 5차 평가 보고서 작성 당시 (2003~2012년 10년 평균)엔 0.78℃ 오른 상태였죠. 100년의 세월 사이 0.78℃가 올랐는데, 불과 10년 만에 0.31℃가 오른 겁니다. 그로 인해 해수면 상승 속도 역시 매우 빨라졌습니다. 과거에 해마다 1.3mm씩 오르던 해수면이 이제는 3.7mm씩 상승하고 있는 것이죠.

이는 산업화 이전뿐 아니라 지금껏 2천 년 넘는 세월을 통틀어도 전에 없던 속도입니다. 또 과거 10만 년 넘는 시간 동안 지구의 기온이 지금처럼 높아졌던 적은 단 한 번도 없었습니다. 해마다 온실가스 역대 최다 기록을 깨고 있는 우리 인간의 활동 때문입니다.

보고서엔 '지구는 원래 자연적으로 기온이 올랐다 내렸다 한다'며 기후변화를 부정하는 이들을 위한 친절한 설명도 담겼습니다. 기온이 변한 원인을 자연적 요인과 인공적 요인으로 구분해 살펴본 겁니다. 인간의 활동이 무조건 지구의 기온을 높이기만 한 것은 아니었습니다. 다만, 우리가 내뿜고 있는 온실가스나 그 밖의 대기 오염 물질들이 지구 기온에 미친 영향을 살펴봤을 때, '플러스마이너스 제로'가 아닌, 양(+)의 영향을 부른 것이죠.

우리가 내뿜는 온실가스는 지구의 기온을 높이는 역할을 하지만 반대로 화석연료를 이용할 때 함께 배출되는 질소산화물

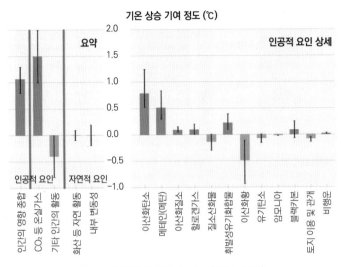

기온 상승 기여 정도 (℃)

요약

인공적 요인 상세

인공적 요인   자연적 요인

인간의 영향 종합
CO₂ 등 온실가스
기타 인간의 활동
화산 등 자연 활동
내부 변동성

이산화탄소
메테인(메탄)
아산화질소
할로젠가스
질소산화물
휘발성유기화합물
이산화황
유기탄소
암모니아
블랙카본
토지 이용 및 관개
비행운

기온은 왜 올랐나? (자료: IPCC 6차 평가 보고서)

이나 이산화황은 기온을 떨어뜨리는 역할을 하기도 했습니다. 이 둘은 우리나라(대표적으로 석탄화력발전소)에서도 특히나 많이 배출되는 대기 오염 물질이죠. 미세먼지의 전구물질인 이런 물질은 하늘을 뿌옇게 만듭니다. 그 결과, 지표면에 닿을 햇빛을 막아 기온을 낮추는 효과를 보인 겁니다.

'고작 1~2℃ 오른다고 대수냐'는 이들을 위한 친절한 설명도 보고서에 담겼습니다. 당장 평균 기온이 1.09℃ 오른 지금만 하더라도 50년에 한 번 찾아올 법한 극한 고온 현상이 산업화 이전 시대보다 4.8배 늘었습니다. 10년에 한 번 찾아올 법한 폭우와 가뭄도 각각 1.3배, 1.7배가 됐고요. 국제사회가 상한선으로

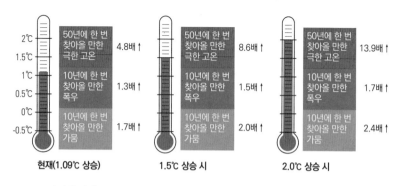

| 2℃ 1.5℃ | 50년에 한 번 찾아올 만한 극한 고온 | 4.8배 ↑ | | 50년에 한 번 찾아올 만한 극한 고온 | 8.6배 ↑ | | 50년에 한 번 찾아올 만한 극한 고온 | 13.9배 ↑ |

산업화 이전(1850~1900년)을 기준(0℃)으로 했을 때, 극한 현상의 빈도 변화
(자료: IPCC 6차 평가 보고서)

정한 1.5℃의 상황도 결코 장밋빛 미래는 아닙니다. 극한 고온
현상은 8.6배, 폭우는 1.5배, 가뭄은 2배로 증가하기 때문입니
다. 파리협약 당시 상한선인 2℃에선 극한 고온 현상이 무려 14
배 가까이 잦아집니다.

우리는 괜찮을 거라며 '남 일' 취급할 수 있을까요? IPCC는
폭염과 폭우, 가뭄의 변화도 시뮬레이션했는데요, 이들 세 항
목이 모두 악화하는 지역은 전 세계에서 그리 많지 않았습니다.
아메리카 대륙은 주로 폭염이, 아프리카 대륙은 폭염과 가뭄이,
아시아는 폭염과 폭우, 가뭄이 모두 심해질 것으로 예측됐습니
다. 아시아에서도 특히나 우리나라가 포함된 동아시아 지역은
이 모두에 해당합니다.

업데이트된 전망, 또렷해진 위험

지구 전체의 변화가 이렇다면 한반도는 어떨까요? 기상청은 〈한반도 기후변화 전망보고서 2020〉을 통해 SSP 시나리오에 따른 변화를 예측했습니다. 평균 기온, 최고 기온, 최저 기온 모두 기존의 RCP 시나리오보다 새로운 시나리오의 결과가 더 혹독했습니다. 우리 사회의 여러 변수를 더해 살펴보니 그저 온실가스 농도만을 기준으로 따졌을 때보다 문제가 더 심각했던 것이죠.

보고서에서는 비교 시점을 현재(1995~2014년)와 미래(2015~2100년)로 구분했고, 미래는 다시 20년 단위로 미래 전반기(2021~2040년), 미래 중반기(2041~2060년), 미래 후반기(2081~2100년)로 구분했습니다. 2020년 12월, 우리 정부는 유럽연합(EU), 미국, 일본, 중국 등과 마찬가지로 탄소중립을 선언했고, 목표 시점은 2050년으로 설정했죠. 2050년은 보고서 속 미래 중반기에 해당합니다.

새롭게 업데이트한 시나리오에 따른 결과는 어떻게 나왔을까요? 이제부터 보고서를 자세히 들여다볼 텐데요, 보고서에서 비교한 내용이 우리가 탄소중립을 실현했을 때(SSP1-2.6)와 실현하지 못한 것을 넘어 신경조차 쓰지 않았을 때(SSP5-8.5)의 모습이라고 생각하면 조금 더 이해하기 쉬울 듯합니다.

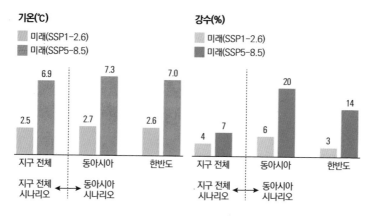

기온(℃)
미래(SSP1-2.6)
미래(SSP5-8.5)

강수(%)
미래(SSP1-2.6)
미래(SSP5-8.5)

6.9 7.3 7.0
2.5 2.7 2.6
지구 전체 동아시아 한반도

지구 전체
시나리오 ←→ 동아시아
시나리오

20 14
4 7 6 3
지구 전체 동아시아 한반도

지구 전체
시나리오 ←→ 동아시아
시나리오

SSP 시나리오별 미래 후반기의 기온과 강수량 변화
(자료: 기상청, 〈한반도 기후변화 전망보고서 2020〉)

먼저, 가장 기본적인 내용이라고 할 수 있는 연평균 기온과 강수량 변화를 위 그래프로 살펴보겠습니다. 국제사회가 머리를 맞대고 평균 기온 상승 폭을 1.5℃ 이내로 묶자고 약속했지만 현실은 녹록하지 않아 보입니다. 노력을 기울인다 한들 미래 후반기(2081~2100년) 지구 전체 평균 기온(해양 제외, 육지 기준)은 지금보다 2.5℃ 오를 전망입니다. 특히 우리나라가 속한 동아시아 지역은 지구 평균을 웃도는 2.7℃나 상승할 것으로 예측됐습니다. 강수량은 지구 전체에서 평균 4% 증가하고, 동아시아에선 6% 늘어날 전망이고요.

SSP1-2.6의 상황도 문제지만 SSP5-8.5의 상황, 즉 우리가 노력하지 않는 경우는 정말로 큰일입니다. 지구 평균 기온은 무려

기후 1.5℃
미룰 수 없는 오늘

32

6.9℃나 오르며, 한반도만 하더라도 7℃나 상승합니다. 강수량은 지구 전체에서 7% 늘어난다지만 한반도에선 그 2배인 14%나 늘어나고요. 평균 기온이 7℃ 오른다는 것은 실로 엄청난 악화를 의미합니다. 더는 사계절을 누리지 못하는 것은 물론이고, 그저 더웠던 날은 더욱더 극악무도하게 더워지는 거죠. 이런 평균값의 증가는 실제 하루하루를 살아가는 우리에겐 더 큰 폭의 변화로 다가오게 됩니다.

보고서에 따르면, 우리가 열심히 탄소중립 노력을 기울였을 때, 연중 손꼽히게 더운 날은 지구 전체 평균으로 현재보다 50일 가까이 늘어납니다. 노력하지 않으면 무려 130일이 늘어나고요. 1년 365일 가운데 연중 손꼽히게 더운 날이 130일이라는 뜻이 아니라, 130일이 추가된다는 말입니다. 반대로 손꼽히게 추운 날의 일수는 20.3~33.5일 줄어듭니다.

지구 전체로 봤을 때, 손꼽히게 비가 많이 오는 날은 평균 1.2~2.8일 늘어납니다. 어라, 별로 안 많네? 싶을지도 모르겠습니다. 하지만 이 일수는 강수량과 함께 생각해야 합니다. 강수량이 늘어나는데, 억수같이 퍼붓는 날은 1년에 하루나 이틀만 늘어난다는 것은 곧 물난리가 '일상'이 된다는 뜻입니다. 1년 365일 고르게 비 오는 양이 늘어나는 것이 아니라, 한 번 내릴 때 쏟아붓는 양이 늘어나는 것이기 때문입니다.

우리가 지금처럼 기후변화에 무관심하게 지낸다면 미래 상황은 어떻게 될까요? 보고서에서는 동아시아 지역의 경우, 현재의 평균 기온 10.2℃가 미래 중반기(2041~2060년)엔 13.4℃로 3.2℃나 오를 거로 내다봤습니다. 미래 후반기(2081~2100년)엔 지금보다 무려 7.3℃ 높은 17.5℃가 되고요. 한반도는 그보다 더 급격한 변화를 보일 거로 예측됐습니다. 11.2℃인 평균 기온은 미래 중반기에 14.5℃로, 미래 후반기엔 18.2℃로 올라갑니다. SSP1-2.6 시나리오라고 낙관적인 결과를 보여 주진 않았습니다. 재생에너지 기술이 발달해 화석연료를 최소한으로 사용하고, 환경친화적으로 지속가능한 경제 성장을 이루어 가는 상황을 가정한 시나리오인데도 동아시아 평균 기온은 미래 중반기 12.2℃로 현재 대비 2℃ 높고, 한반도 평균 기온도 미래 중반기 13℃로 현재보다 1.8℃ 높아집니다.

아니, 그러면 이러나저러나 마찬가지라는 것이냐? 싶을지도 모르겠습니다. 하지만 최선의 노력을 한 SSP1-2.6과 아무 관심도 두지 않은 SSP5-8.5의 차이는 미래 후반기에서 두드러집니다. SSP1-2.6 시나리오 분석 결과, 미래 후반기 동아시아 평균 기온은 12.9℃, 한반도 평균 기온은 13.8℃를 기록할 것으로 예측됐습니다. 당장 30년 후 가까운 미래에선 두 시나리오의 차이가 1℃ 안팎에 불과하지만 60년 후엔 그 차이가 4.4~4.6℃로 벌어지는 것이죠.

기온만 달라지는 것이 아닙니다. 기온과 더불어 우리의 생존과 식용작물 수확량에 직접적인 영향을 미치는 강수의 변화도 큽니다. 탄소중립 따위는 안중에도 없을 때, 동아시아 지역 강수량은 현재 775.7mm에서 미래 후반기 981mm로 급증합니다. 반대로 비가 내리는 날을 의미하는 강수일수는 현재 125.4일에서 미래 후반기 117.1일로 줄어들고요. 하루에 더 많은 비가 몰아친다는 뜻입니다. 1일 최대 강수량은 같은 기간 38.6mm에서 66.4mm로 1.7배 수준이 됩니다. 한반도의 상황은 더 심각합니다. 한 해 1195.2mm 내리던 비는 1370.5mm나 퍼붓게 되고, 강수일수는 123.8일에서 116.4일로 일주일 넘게 줄어듭니다. 그래서 1일 최대 강수량은 127.96mm에서 158.6mm로 급증하고요.

이렇듯 평균 기온, 최고 기온, 최저 기온, 강수량 등 모든 항목에 걸쳐 문제가 심각합니다. 그러나 안타깝게도 평균 기온이나

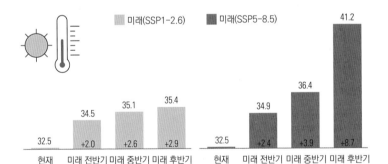

일최고 기온의 연중 최댓값 (자료: 기상청, 〈한반도 기후변화 전망보고서 2020〉)

한 해 전체 강수량과 강수일수 같은 개념은 우리가 일상에서 체감하기엔 쉽지 않습니다. 다행히 보고서에는 우리에게 더 쉽게 와닿는 실질적인 내용도 담겼습니다.

한 해 동안 일최고 기온은 어떻게 될까요? 그래프(35쪽)를 보면 당장 미래 중반기엔 노력해도 35.1℃, 노력하지 않으면 36.4℃까지 기록될 전망입니다. 60년 후엔 그나마 노력하면 35.4℃에 머물지만, 그러지 않으면 무려 41.2℃까지 치솟고요. 지난 2018년 '역대급' 폭염을 기억하시는 분들은, 이미 그해에 서울은 39.6℃, 홍천은 41℃까지 올랐는데 무슨 호들갑이냐고 하실 수도 있는데요, 여기서 말하는 기온은 특정 도시나 지역이 아닌, 한반도 전체의 기온을 말하는 겁니다. 한반도 전체에서 일최고 기온이 41.2℃다? 그저 푹푹 찌는 '대프리카', '서프리카' 뿐 아니라 서늘한 편인 바닷가나 강원도 일부 산지처럼 더위를 피하러 찾아가는 피서 지역까지 모두 포함한 기온이 40℃를 넘어선다는 얘깁니다. 그러니까 더운 곳은 거의 50℃에 육박할 만큼 기온이 치솟을 수도 있습니다.

이번엔 더운 날을 일수로 따져 보겠습니다. 보고서에는 '온난일'과 '온난야'라는 개념이 쓰였습니다. 흔히 접하는 폭염 일수(일최고 기온이 33℃ 이상인 날의 수)나 열대야 일수(밤 최저 기온이 25℃ 이상인 날의 수)와는 다른 개념입니다. 온난일은 일최고 기온이 현재 시점 최고 기온의 상위 10%인 날을, 온난야는 일최저 기온이 현재 시점 최저 기온의 상위 10%인 날을 뜻합니다. 우리가 각고의 노력을 기울였을 때, 미래 중반기 온난일은 66.8일, 미래 후반기엔 74.4일로 현재의 2배를 넘는 수준이 됩니다. 노력하지 않으면 미래 중반기 온난일은 82.6일, 미래 후반기엔 무려 129.9일이 됩니다. 연중 거의 한 분기 동안 지금껏 우리가 경험했던 '상위 10% 더운 날'을 보내게 된다는 뜻이죠. 이쯤 되면 여름이 일상이 된다고 해도 무리가 없을 듯합니다. 그것도 밤에도 후텁지근한 그런 여름 말입니다.

하지만 RCP 시나리오 때보다 더 혹독해진 지금의 분석 결과를 '노력해도 망한다'고 읽어서는 절대 안 됩니다. SSP1-2.6과 SSP5-8.5의 차이는 미래 전반기에서 미래 중반기, 미래 중반기에서 미래 후반기로 갈수록 더욱 벌어진다는 것, 보고서의 방점은 바로 여기에 찍혀 있습니다.

그렇다면 지구 평균 기온의 상승 폭을 1.5℃ 이내로 제한하려면 어떻게 해야 할까요? 보고서엔 여러 시나리오가 담겼습니다만, 정답은 단 하나였습니다. SSP1-1.9라는 '최저배출' 시나리오입니다. 불과 1~2년 전만 해도 SSP2 시나리오도 온실가스를 상당히 줄이는 시나리오라고 불렸습니다. 하지만 시간은 계속 흘렀고, 그 사이 우리의 온실가스 배출도 계속됐습니다. 그 결과, 최상의 시나리오로 불렸던 SSP1-2.6이 아닌 SSP1-1.9를 통해서만 목표를 달성할 수 있는 지경이 되어 버린 겁니다.

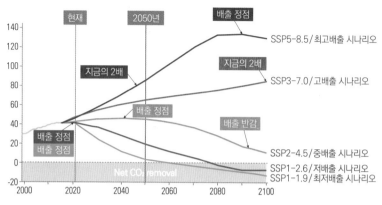

SSP 시나리오별 이산화탄소 배출량 (자료: IPCC 6차 평가 보고서)

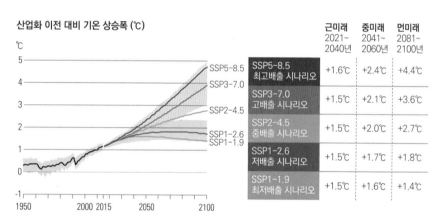

SSP 시나리오별 산업화 이전 대비 기온 상승 폭 (자료: IPCC 6차 평가 보고서)

그럼, 이 최저배출 시나리오대로 하려면 도대체 뭘 어떻게 해야 할까요? 온실가스 배출량은 2020~2021년이 정점이어야만 합니다. 더 늘어나선 안 됩니다. 그뿐 아니라 당장 빠른 속도로 감축에 나서서 2030년엔 배출량을 지금의 절반 수준으로 줄이고, 2050년엔 탄소중립을 실현해야만 합니다.

왼쪽의 이산화탄소 배출량 그래프를 자세히 보신 분들은 2050년에도 완전히 탄소중립은 아니지 않냐고 궁금해할 수도 있는데요, 이는 '지구 전체 배출량'을 기준으로 삼았기 때문입니다. 기술이 없어서, 자금이 없어서 온실가스 배출량을 줄이기 어려운 나라와 적극적으로 줄여야 하는 선진국이 모두 포함된 결과죠. 이 때문에 선진국들은 2050년보다 더 앞서 탄소중립을 달성해야 할지도 모릅니다. 그리고 한국은 어느덧 유엔무역개발회의(UNCTAD)에서 인정받은 '국제 공인' 선진국이 됐고요.

IPCC의 6차 평가 보고서 저자로 참여한 호주 멜버른대학교 말테 마인스하우젠 교수와 직접 이야기를 나눠 봤습니다. 여전히 감축 쪽으로는 첫발도 내딛지 못한 상황에 대해 그는 시간이 없다고 지적했습니다.

"우리에겐 2030년까지 기다릴 만큼 여유가 없습니다. 지금 보고서 속 시나리오조차 2020년부터 감축을 시작하는 것을 상정하고 있습니다."

마인스하우젠 교수는, 평균 기온 상승 폭 1.5℃를 넘지 않기 위한 '온실가스 배출 총량'은 정해져 있다고 덧붙였습니다. 마치 정해진 금전적 예산처럼 지금 씀씀이를 줄이지 않다간 나중엔 아무것도 할 수 없다는 겁니다. IPCC가 1990년에 처음 보고서를 내놨을 때는 약 1500Gt(기가톤)의 탄소 예산이 남아 있었는데, 30년이 흘러 6차 보고서를 내놓는 지금은 이 가운데 3분의 2를 이미 써 버려 500Gt밖에 남지 않았다는 것이 그의 설명입니다. 지금의 배출량에서 더 늘어나지 않게 유지만 한다고 가정할 때, 15년이면 다 써 버릴 양이라는 것이죠.

그는 다음과 같은 당부도 남겼습니다.

"지구 전체를 통틀어 우리가 배출할 수 있는 최종 배출량이 정해져 있다는 사실을 반드시 유념해야 합니다. 우리가 더 일찍 온실가스 감축에 나설수록 탄소중립에 조금이라도 더 연착륙할 수 있습니다. 재생에너지 확대 등 탄소중립을 통해 우리가 얻는 편익은 일자리 창출을 비롯한 경제적 이익과도 직접 이어집니다.

우리가 1.5℃ 목표를 달성할 수 있는지를 가르는 시점은 바로 지금부터 2035년 안팎 사이입니다. 2030~2035년, 일단 온실가스 배출량을 반으로 줄이는 것부터 달성하고, 그 이후 2050년까지 탄소중립을 이룩해야 가능한 일이죠. 우리가 선택할 수 있는 길은 오직 하나뿐입니다. 바로 지금 당장 감축에 나서는 것 말입니다."

3

사계절은 옛말,
봄날은 갔다

지구는 아주 오래전부터 우리에게 나름의 경고를 하고 있었습니다. 적도 부근 나라나 극지방에만 경고한 것이 아니었습니다. 사계절이 고루 분포된, 이상적인 기후 조건을 자랑하던 한반도에도 자연의 경고는 계속됐습니다. 몇 년 전으로 시간을 거슬러 올라가 그 메시지들을 살펴볼까요?

2018년의 이상한 여름

2018년, 서울은 1907년 기상관측 이래 가장 높은 공식 최고기온인 39.6℃까지 달궈졌습니다. '대프리카'라는 말처럼 '지역명 + 아프리카'와 같은 별명이 더는 대구의 전유물이 아니게 됐습니다. 서울은 서프리카, 광주는 광프리카로 불렸죠. 게다가 그해 강원도 홍천에선 41.0℃가 기록되면서 그간 대구가 쥐고 있던 '전국 역대 1위' 기록도 깨졌습니다. 2018년 여름, 전국 폭염 일수는 31.4일에 달했습니다. 역대 최장입니다. 그해 서울의 밤 역시 역대 가장 뜨거웠습니다. 역대 1~3위가 모두 2018년 한 해에 나왔는데요, 그 여름 서울의 최저 기온은 30.3℃를 기록했습니다. 밤사이 아무리 열이 식어도 30℃를 넘어섰다는 뜻입니다. 서울만 그랬을까요? 인천(29.1℃), 포항(29.3℃), 대구(28.6℃) 등도 여름철 최저 기온이 모두 역대 1위였습니다. 이렇게 밤사이 기온이 높았던 만큼 전국의 열대야 일수도 17.7일로 역대 최장 기록이 세워졌고요.

학창 시절에 고온다습하다고 배운 북태평양 고기압은 2018년에 이례적으로 아주 강하게 발달했습니다. 게다가 우리나라 서쪽에서 발생한 티베트 고기압도 한반도를 더욱 뜨겁게 달구는 데 일조했습니다. 평소 같으면 봄까지 눈으로 뒤덮여 있어야 할 티베트의 고원이 평소와 다르게 더워지면서 티베트 고기압이 동쪽으로 이동해 '북쪽은 차고 남쪽은 더운' 본래의 균형이 깨진 겁니다.

그런가 하면 8월 말 제주도엔 19호 태풍 솔릭이 곳곳에 흔적을 남기고 지나갔습니다. 우리나라와 가까워지면서 가장 위력이 강했던 시기, 저는 눈앞에서 태풍을 맞이했습니다. 건장한 체구임에도 이따금 몸이 휘청거릴 만큼 바람은 강했고, 그 강한 바람에 날리는 빗방울에 볼이 따가울 정도였습니다. 강풍 피해를 본 곳을 돌아다닐 땐 마치 해변에서 바람에 모래 알갱이가 정강이를 때리는 것처럼 잘게 깨진 유리 조각들이 정강이를 때렸죠. 불과 며칠 전까지 이어지던 기록적인 폭염은 머릿속에서 지워질 정도였습니다.

취재를 마친 뒤 상황의 위험성과 심각성, 시급성을 가득 안고 거짓말처럼 파래진 하늘을 건너 서울로 돌아왔는데, 내륙에선 이미 태풍이 잊힌 뒤였죠. 태풍이 제주를 지나 내륙을 향하면서 급격히 힘이 빠진 겁니다. 지구가, 기후변화가 한반도에 준 신호는 그렇게 잊히고 말았습니다.

2019년의 이상한 가을, 겨울

이듬해인 2019년도 안 더웠던 것은 아닙니다. 7월 5일, 서울에 폭염경보가 내려졌죠. 여름에 폭염경보가 대수냐 싶을 수 있겠지만, 폭염 특보제를 시작한 이래 첫 폭염경보 발령 지역이 서울이었던 것은 그때가 처음이었습니다. 역대 1위 폭염이 찾아왔던 2018년만 해도, 서울에 처음으로 폭염경보가 내려진 것은 7월 16일. 그러니 7월 첫 주부터 내려진 폭염경보에 걱정은 커질 수밖에 없었습니다. 그다음 날인 7월 6일, 서울과 인천은 기상관측 이래 가장 기온이 높았습니다. 이렇게 일찌감치 달궈진 적이 없었던 거죠.

그러나 2019년의 이상한 현상을 꼽자면 '가을 태풍'과 '겨울인 듯 겨울 아닌 겨울 같은 겨울'이라고 할 수 있습니다. 그해 한반도에 영향을 미친 태풍의 수는 7개에 달했습니다. 근대 기상 업무를 시작한 1904년 이후로 가장 많은 수라는 것이 기상청의 설명입니다. 평년(3.1개)의 2배를 넘는 수죠. 2018년 태풍 솔릭이 준 경고는 현실로 찾아왔고, 남부 지방에서 서울에 이르기까지 태풍 피해가 전국 곳곳에서 발생했습니다.

태풍이 만들어지는 태평양의 바닷물은 평년보다 뜨겁게 달궈졌고, 계속해서 바다에선 태풍이 발생했습니다. 얼마나 물이 달궈졌는지 '가을 태풍'이라는 말과 함께 온 국민이 태풍 소식에 귀를 기울여야 했고, 태풍의 고향에선 가을이 지나 겨울의 길목에 접어든 11월에만도 6개의 태풍이 만들어졌습니다.

물이 천천히 데워지고 천천히 식는다는 것은 잘 알려진 사실이죠. 바다가 달궈지면서 당시의 겨울도 '본 적 없는' 겨울이 됐습니다. 2019년 12월부터 2020년 2월까지의 겨울은 역대급 겨울로 손꼽힙니다. 역대 가장 '따뜻한' 겨울이었던 겁니다. 한파를 찾아보기 어려웠을 정도였죠. 당시 한파 일수는 전국 평균 0.4일에 불과했습니다. 역대 가장 적은 일수입니다. 평년보다 무려 5.1일이나 적을뿐더러, 한파 일수 역대 최저 2위인 1973년 (1.3일)의 3분의 1 수준이었습니다. 특히 2020년 1월엔 한파 일수가 0일이었습니다. 1월의 평균 최저 기온은 -1.1℃였습니다. 2019년 12월은 -1.7℃, 2020년 2월은 -1.2℃였고요. 통상 겨울 (12~2월) 중 가장 낮은 온도를 보였던 1월이 도리어 덜 추웠던 겁니다. 기상청도 당시 2020년 1월을 '한반도 기상 역사를 다시 쓴 따뜻한 1월'이라고 일컬었습니다. 전국 56개 지점의 일평균 기온, 일최고 기온이 역대 5위 안에 들 정도였습니다.

2019년 12월부터 2020년 2월까지, 전국의 평균 기온은 3.1℃

2019년 12월~2020년 2월 지구 기압계 모식도 (자료: 기상청)

로 평년보다 2.5℃나 높았습니다. 최고 기온은 8.3℃로 평년보다 2.2℃가, 최저 기온은 -1.4℃로 평년보다 무려 2.8℃나 높았습니다. 이러한 변화의 원인으론 크게 세 가지가 꼽힙니다. 시베리아 고기압의 약화, 북극 제트(한대전선제트류)의 강화, 높은 해수온입니다. 바로 이 현상들 때문에 우리나라가 역대 가장 덜 추운 겨울을 보낸 것이죠.

그렇다면 이런 현상은 왜 나타났을까요? 오호츠크해 기단과 함께 학창 시절의 어렴풋한 기억으로 남아 있는 것, 바로 시베리아 고기압입니다. 시베리아의 차고 건조한 공기가 겨울철 우리나라에 많은 영향을 미쳐(찬 북서풍) 덩달아 춥게 만들곤 했죠.

그런데 2020년엔 시베리아에 따뜻한 남서풍이 자주 불어왔습니다. 그러다 보니 시베리아가 평년보다 3℃ 넘게 따뜻해지면서 시베리아 고기압이 제대로 발달하지 못한 겁니다.

북극 찬 공기의 테두리인 북극 제트도 유독 강했습니다. 북극 제트는 저기압의 덩어리로, 이 제트기류가 강하면 북극의 찬 공기가 극지방에 꽁꽁 묶이고, 느슨해지면 찬 공기가 우리나라 정도 되는 위도까지도 영향을 미치곤 합니다.

반면 우리나라에 영향을 주는 서태평양의 수온은 평년보다 높았습니다. 한반도 아래에 따뜻하고 습한 고기압이 발달하게 됐죠. 그러니 겨울이 겨울다울 수 없었던 겁니다.

2020년의 이상한 사계절

요지경은 계속됐습니다. 봄도 심상치 않았죠. 3월엔 역대급으로 따뜻하더니 4월엔 역대급으로 쌀쌀했고, 5월엔 다시 평년과 비슷해졌습니다. 3월의 전국 평균 기온은 7.9℃를 기록했습니다. 전국 40여 곳에 걸쳐 관측망을 만들어 전국 평균이라는 통계를 만들어 낸 이래로 두 번째로 높은 기온입니다. 평년보다 2℃가 높았습니다. 반면 4월엔 10.9℃로 역대 다섯 번째로 낮았습니다. 5월엔 17.7℃로 평년(17.2℃)과의 격차가 줄었고요.

이유가 뭘까요? 3월엔 북극의 찬 공기를 가둬 놓은 북극 제트가 제 역할을 하면서 한반도로 찬 공기가 내려오는 것을 막았습니다. 반면 그 전 여름부터 평소보다 뜨겁게 달궈졌던 태평양과 거기서 생겨난 이동성 고기압은 우리나라에서 볼 때 온풍기 역할을 했습니다. 그런데 4월엔 점차 고온 현상으로 원래 추워야 할 북극에서 그 균형이 깨지는 일이 일어났습니다. 그렇게 되면 북극 찬 공기를 가두는 제트기류가 물결 모양을 그리며 늘어지게 되는데, 그 제트기류가 늘어져 내려온 부분이 한반도에 걸린 겁니다.

이처럼 지구 차원에서 벌어진 이상 현상에 이상한 봄은 해외에서도 마찬가지였습니다. 러시아 모스크바에선 130년 만에 기온이 가장 높은 이상 고온 현상이 발생했습니다. 호주에선 전년도 가을부터 폭염과 산불이 이어지더니 남동부엔 최대 619mm의 폭우가 내렸습니다. 반면 캐나다와 이탈리아, 이집트, 파키스탄, 인도, 태국에 이르기까지 넓은 지역에선 이상 저온이나 폭설 등의 현상이 나타났습니다. 일본과 태국에선 각각 36년, 40년 만에 최악의 가뭄이 발생했고요.

그렇게 온탕과 냉탕을 오가던 봄이 지나 여름이 찾아왔고, 역대급 장마가 이어졌습니다. 6월 말부터 8월 중순까지, 중부 지방 기준으로 무려 54일의 장마였는데, 1973년 관련 통계를 집계한 이래로 가장 길었습니다. 단순히 기간만 길었던 것이 아니라 강수량도 역대 손꼽힐 만큼 많았습니다. 그 결과, 전국 38개 시·군·구에 특별 재난 지역이 선포됐죠. 역대 가장 긴 장마는 기온마저 뒤바꿔 놨습니다. 7월이 6월보다 선선한 기온 역전 현상이 일어난 겁니다. 통상 7월은 6월보다 월평균 기온이 3℃가량 높습니다. 그런데 2020년 6월 평균 기온은 21.2℃였고 여름이 더욱 무르익었어야 하는 7월엔 평균 기온이 22.7℃에 그쳤습니다. 이 역시 기상관측 이래 처음 있는 일이었습니다.

물난리로 점철되는 여름을 보낸 후, 한반도엔 태풍이 잇따라 찾아왔습니다. 이른바 가을 태풍입니다. 8호 태풍 바비와 9호 태풍 마이삭, 10호 태풍 하이선이 연이어 우리나라를 향한 겁니다. 세 태풍이 한반도를 덮친 간격은 일주일이 채 안 됐습니다. 역대급 긴 장마에 가을 태풍까지 이어지면서 전국에선 6175건의 산사태가 발생했습니다. 피해 규모만도 1343ha에 달하면서 역대 세 번째로 큰 상처를 남겼죠.

이처럼 짧은 기간에 여러 개의 태풍이 발생하고, 강력한 위력으로 발달할 수 있는 배경으론 거의 모든 전문가가 기후변화를 꼽습니다. 기후변화로 해수온이 높아지면서 바다가 품은 에너지인 '해양 열용량'이 증가했기 때문입니다. 그뿐 아니라 해수온 상승으로 대기 중 수증기가 많아지면서 강한 태풍이 만들어질 가능성은 더욱 커집니다. 마치 근력 운동을 하는 사람이 단백질 보충제를 먹는 것처럼, 수증기는 태풍에 계속해서 힘을 공급해 주는 원천이기 때문입니다. 기상청은 최근 10년간 한반도에 영향을 미친 태풍의 강도를 분석한 결과, 강도 '매우 강'인 태풍의 발생 빈도가 절반을 차지했으며, 최근 들어 강한 태풍이 더 많이 발생하고 있다는 분석을 내놓기도 했습니다.

소위 물 폭탄이 쏟아지던 수개월이 지나고, 2020년 10월엔 역대급으로 건조한 날씨가 이어졌습니다. 10월 한 달간 전국의 강수일수는 불과 2.6일, 강수량은 10.5mm에 그쳤죠. 기상관측 이래 두 번째로 적은 비였습니다. 서울(0.0mm), 춘천(0.1mm), 강릉(0.6mm), 인천(1.9mm) 등의 지역에선 '역대 최저 10월 강수량'이 기록됐고요. 그러다 11월엔 이례적으로 많은 비가 쏟아졌습니다. 가을장마라는 말이 무색하지 않을 정도였는데요, 2020년 11월 19일, 서울과 춘천, 북강릉에선 '역대 최다 11월 일 강수

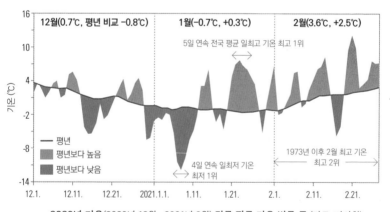

2020년 겨울(2020년 12월~2021년 2월) **전국 평균 기온 변동 폭** (자료: 기상청)

량'이 기록됐습니다. 서울과 춘천의 경우 10월엔 역대 가장 적은 비가 오더니 11월엔 역대 가장 많은 비가 온 겁니다. 비만 쏟아진 것이 아닙니다. 11월 17~19일, 기온이 갑작스레 오르면서 전국 일평균 기온 역대 1위 기록이 매일 경신됐습니다.

달마다 혹은 날마다 갑작스레 뒤바뀌는 날씨는 겨울에도 계속됐습니다. 2020년 겨울(2020년 12월~2021년 2월)의 기온 변동 폭은 역대 두 번째로 컸습니다. 특히 2021년 1월의 변덕은 기상관측 이래 최악이었습니다. 평균 기온의 변동 폭은 5.3℃, 평균 최고 기온의 변동 폭은 5.6℃, 평균 최저 기온의 변동 폭은 5.7℃에 달했죠.

이렇게 2020년엔 1년 내내 이상 기상 현상이 가득했습니다. 코로나19로 모두가 외출을 자제하고 거리를 두며 환경 변화에 둔감해진 상황에서도 지구는, 한반도는 계속해서 이례적인 날씨에 시달렸던 겁니다. 기후변화로 예년, 평년, 통상, 평소와 같은 표현은 아무런 도움이 되지 못하는 상황에 이르렀습니다. 말그대로 이상(異常)의 일상(日常)화입니다.

4

뜯어 보면
더욱 확연한
한반도 기후변화

사계절의 균형을 깨 버린 기후변화

2021년 3월 24일을 기억하는 사람은 그리 많지 않을 겁니다. 이날은 그해 서울에 첫 벚꽃이 핀 날입니다. 정확한 날짜는 기억하기 어려워도 벚꽃의 기억은 희미하게나마 남아 있을 겁니다. 코로나19 팬데믹으로 예년처럼 꽃구경 가기는 어려운 상황이었지만 출퇴근길에 피어 있는 봄꽃들을 보며, 그래도 봄은 다시 찾아오는구나, 생각하곤 했을 겁니다. 그런데 이렇게 반가운 마음도 잠시뿐, 벌써 꽃이 필 때가 됐나? 하는 생각과 함께 걱정도 덩달아 커졌습니다.

서울에서 3월 24일에 벚꽃이 개화한 것은 지난 1922년 관측을 시작한 이래로 가장 이른 기록입니다. 바로 전 해에도 마찬가지로 '역대 가장 이른 개화'였는데, 그 기록을 이듬해에 또 갈아치운 거죠. 직전 해보다 사흘 앞당겨진 데다 평년(4월 10일)에 비하면 17일이나 빠릅니다. 이유야 누구나 짐작하듯, 더워졌기 때문입니다. 2021년 2월, 서울의 평균 기온은 2.7℃로 평년보다 2.3℃ 높았습니다. 3월 평균 기온은 8.3℃로 평년보다 3.2℃나 높았고요. 기온만 높은 것이 아니었습니다. 일조 시간도 훨씬 길었죠. 2~3월 두 달간의 일조 시간은 339.5시간으로 평년보다 37.9시간 더 길었습니다.

이는 서울만의 일도, 벚꽃만의 일도 아닙니다. 국가기후데이터센터에 따르면, 최근 30년 사이 매화, 개나리, 진달래 등 다양한 봄꽃들이 피어나는 날짜가 앞당겨졌습니다. 특히 매화는 2011~2020년 평균 3월 12일에 꽃이 피었습니다. 이는 1980년대에 비하면 무려 21일이나 앞당겨진 수준입니다. 2~3월 평균 기온이 상승하면서 그 추세에 따라 개화일 역시 앞당겨지고 있는 것이죠.

이렇게 성큼성큼 앞당겨지는 봄꽃 소식은 지구가 우리에게 보내는 경고이기도 합니다. 그리고 이 경고는 쌓이고 쌓여 평년값을 바꿔 버릴 정도가 됐고요. 우리가 기온을 비롯한 여러 기상 현상을 이야기할 때 기준으로 삼는 것이 있습니다. 바로 '평년'입니다. 평년값은 최근 30년의 평균을 의미하는데, 10년에 한 번씩 새롭게 업데이트합니다. 2021년 3월, 이 평년값이 10년 만에 새로 바뀌었습니다. 1991년부터 2020년까지의 평균값을 새로 구한 것이죠.

결론부터 말하자면 더워졌습니다. 1981~2010년의 평균값과 1991~2020년의 평균값을 비교했을 때, 기온과 관련된 값들은 예외 없이 모두 올랐습니다. 연평균 기온은 0.3℃ 올랐고, 폭염 일수는 1.7일, 열대야 일수는 1.9일 늘었습니다. 그런 만큼 한파 일수는 0.9일 줄었고요. 이는 자연스레 계절의 변화로 이어졌습니다. 1981~2010년 30년간 평균과 1991~2020년 30년간의 평균을 비교했을 때, 봄은 87일에서 91일로 나흘 늘었습니다. 여름도 114일에서 118일로 나흘 늘었고요. 반대로 가을은 70일에서 69일로 하루 줄었고, 겨울은 94일에서 87일로 무려 일주일이 줄었습니다.

	전국	서울	강릉	대전	청주	광주	전주	부산	대구	제주
1월	-0.6	-1.9	0.9	-1.0	-1.5	1.0	0.0	3.6	1.1	6.1
2월	1.5	0.7	2.7	1.4	1.0	2.9	2.0	5.4	3.5	6.8
3월	6.4	6.1	7.0	6.6	6.5	7.5	6.8	9.1	8.4	9.8
4월	12.3	12.6	13.1	13.0	13.0	13.4	12.9	13.8	14.5	14.2
5월	17.5	18.2	17.9	18.5	18.7	18.7	18.5	17.9	19.7	18.3
6월	21.6	22.7	21.3	22.7	23.0	22.7	22.8	21.0	23.4	21.7
7월	24.8	25.3	24.7	25.5	25.8	25.9	26.2	24.4	26.3	26.2
8월	25.3	26.1	25.0	26.0	26.2	26.5	26.5	26.1	26.7	27.2
9월	20.7	21.6	20.5	21.2	21.3	22.2	21.9	22.6	22.1	23.3
10월	14.6	15.0	15.6	14.6	14.6	16.1	15.4	17.9	16.2	18.6
11월	7.9	7.5	9.5	7.7	7.5	9.6	8.8	11.9	9.4	13.3
12월	1.5	0.2	3.3	1.0	0.6	3.2	2.2	5.8	3.0	8.3

새 평년값에 따른 주요 도시의 월별 평균 기온 (자료: 기상청, 단위: ℃)

우리가 기후변화로 인한 기온 상승을 겪을 때 흔히 듣는 표현이 있죠. 우리나라가 점차 아열대성 기후로 변하고 있다는 이야기 말입니다. 그렇다면 아열대의 기준은 무엇일까요? 미국의 지리학자 글렌 트레와다는 '연중 평균 기온 10℃가 넘는 달이 8개월 이상'이면 아열대라고 정의했습니다. W. 쾨펜의 기후 구분에 따르면 '연중 4~11개월가량 월평균 기온이 20℃ 이상'이면 아열대에 속하고요. '가장 추운 달의 평균 기온이 6.1℃ 이상'인 경우를 아열대로 보는 기준(A. 밀러)도 있습니다. 이 가운데 가장 빡빡한 기준이라고 할 수 있는 '최한월 평균 기온 6.1℃ 이상'을 적용했을 때, 제주는 아열대에 해당합니다. '연중 8개월 이상 평균 기온 10℃'를 적용하면 제주와 부산까지도 아열대에 속합니다. 그리고 '연중 4~11개월 월평균 기온 20℃ 이상'의 기준으로는 전국 대부분 지역이 아열대에 해당하죠.

자세히 살펴보면 상황이 더욱 심각합니다. 오른쪽 그래프는 1981~2020년까지의 40년을 다시 10년 단위로 쪼개 살펴본 것인데요, 그 상승세가 더 명확한 것을 알 수 있습니다. 10년 단위로 나눠 보면, 평균 기온이 0.3℃씩 꾸준히 오르는 모습이 나타납니다. 1980년대와 2010년대의 평균 기온 차이가 0.9℃에 달하죠. 앞서 30년 단위의 평년값으론 평균 기온의 상승 폭이 0.3℃에 그쳤었는데, 예전 평년값(1981~2010)과 새 평년값(1991~2020)의 처음과 끝 지점을 놓고 보면 그 차이가 1℃에 육박하는 겁니다.

마찬가지로 폭염 일수와 열대야 일수도 10년 단위로 살펴보면 더 큰 변화를 실감하게 됩니다. 앞서 설명한 대로 30년 평균으로는 폭염 일수가 1.7일, 열대야 일수가 1.9일 늘었습니다. 그런데 1980년대와 2010년대를 비교하면 폭염 일수는 5.1일, 열대야 일수는 5.8일이나 늘었습니다. 1991~2010년 20년간의 증

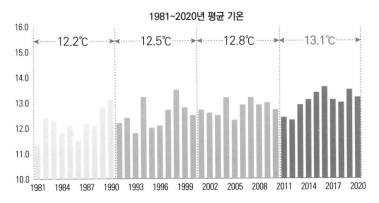

1981~2020년 평균 기온

12.2℃   12.5℃   12.8℃   13.1℃

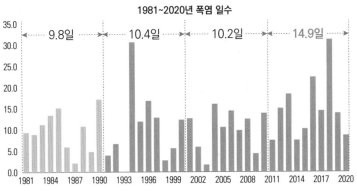

1981~2020년 폭염 일수

9.8일   10.4일   10.2일   14.9일

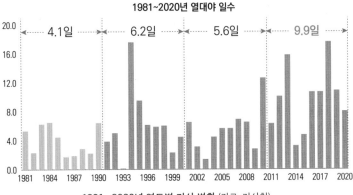

1981~2020년 열대야 일수

4.1일   6.2일   5.6일   9.9일

1981~2020년 연도별 기상 변화 (자료: 기상청)

가 폭보다 최근 10년의 증가 폭이 훨씬 큰 겁니다. 1980년대에서 1990년대, 1990년대에서 2000년대에 1일 안팎으로 증가하던 것이 2010년대 접어들면서 껑충 뛰어올랐습니다. 이와 달리 한파 일수는 8.0일(1981~1990년), 4.4일(1991~2000년), 4.7일(2001~2010년), 5.3일(2011~2020년)로 1980년대에서 1990년대로 접어들 때 큰 폭의 변화가 있었습니다.

기온을 기준으로 구분하는 계절 역시 10년 단위로 살펴보면 달라지는 모습이 두드러집니다. 봄과 여름은 일평균 기온이 각각 5℃(봄), 20℃(여름) 이상 올라간 후 다시 떨어지지 않는 첫날을 그 시작으로 봅니다. 가을과 겨울은 일평균 기온이 각각 20℃(가을), 5℃(겨울) 미만으로 떨어진 후 다시 올라가지 않는 첫날이 시작일이고요. 2010년대, 여름은 넉 달이 넘도록 이어졌고, 겨울은 석 달이 채 되지 않아 끝났습니다. 1980년대와 2010년대를 비교해 보면 여름은 113일에서 127일로 무려 2주나 늘었습니다. 반면 겨울은 102일에서 87일로 보름이 줄었고요.

달라진 것은 기온만이 아닙니다. 강수의 양상도 달라졌습니다. 한 해 전체 강수량으로 따졌을 땐 예전 평년값(1307.7mm)과 새 평년값(1306.3mm)이 큰 차이를 보이지 않았습니다. 하지만 수해를 부르는 집중호우의 경우는 달랐습니다. 시간당 30mm 이상의 비가 쏟아지는 집중호우 일수는 크게 늘었습니다. 30년 단위의 평년값 기준으로는 1.5일이 늘었지만, 10년 단위로 살펴보면 1980년대에 26일이었던 집중호우 일수가 2010년대에는 30.6일에 달했습니다.

또 다른 시그널, 사라지는 고산 침엽수

해발 1200~1600m 사이의 서늘한 아고산대에서 자라는 침엽수를 흔히 '고산 침엽수'라고 부릅니다. 한반도에선 남쪽 제주도의 구상나무에서 남부 지방의 가문비나무, 북쪽 분비나무까지 위도에 따라 서로 다른 다양한 종류의 침엽수가 살아가고 있습니다. 이 나무들이 살아가는 데는 서늘한 기온이 필수인 만큼, 기후변화에 따른 기온 상승에 직접적인 타격을 입게 되죠. 구상나무, 가문비나무, 분비나무, 주목 등이 대표적인 기후변화 지표종으로 꼽히는 이유입니다.

2019년과 2021년, 두 차례에 걸쳐 환경단체인 녹색연합과 함께 고산 침엽수가 분포한 산을 올라 봤습니다. 2019년엔 발왕산, 2021년엔 오대산을 찾았죠. 2021년 9월 초의 오대산국립공원엔 선선하고도 상쾌한 공기가 가득했습니다. 꽤나 더운 날이었고 한낮이었는데도 고도가 높아질수록 기온은 18℃ 안팎까지 떨어졌습니다. 그런데 산을 따라 올라가면서 하나둘 잎사귀하나 없이 말라 죽은 나무가 눈에 띄기 시작했습니다. 얼핏 멀

쩡해 보이지만 이파리 끝이 갈색빛으로 변한 나무, 잎 하나 없이 말라 죽어 버린 나무, 맥없이 쓰러진 나무, 아예 뿌리째 뽑힌 나무……. 벌레 때문도, 병 때문도 아니었습니다. 기온은 높고, 눈이나 비는 적게 내리면서 고사한 겁니다.

고산 침엽수의 고사는 나무의 아래에서 위로, 바깥쪽에서 안쪽으로 진행됩니다. 그 과정은 크게 초기, 중기, 말기 총 세 단계로 구분할 수 있습니다. 초기엔 잎끝이 갈색으로 변하다 조금씩 떨어져 나갑니다. 그러다 중기엔 나무의 윗부분에서도 잎의 갈변이 나타나면서 바늘잎의 '숱'이 줄어들기 시작하죠. 그러다 말기엔 남은 잎이 거의 없이 줄기만 남고, 급기야 나무의 껍질이 벗겨집니다. 오대산에서 고산 침엽수의 고사가 본격화한 것은 2016~2017년 즈음. 한 번 고사가 시작되면 정상적인, 건강한 상태로 돌아오지 않습니다. 고사가 시작된 나무는 6개월에서 길게는 1년 넘는 시간 동안 시름시름 앓다 죽고 말죠. 오대산을 오르는 길, 멀쩡한 분비나무는 거의 없었습니다. 대부분이 고사했거나 고사가 진행 중이었습니다. 분비나무만의 일이 아니었습니다. 산줄기를 따라 자라던 주목과 잣나무 역시 고사 현상을 피하지 못한 상태였습니다. 잎들이 노랗게 변하며 떨어지기 시작한 겁니다.

도대체 왜 이런 일이 벌어질까요? 나무들이 받는 '기후 스트레스'가 원인으로 지목됩니다. 기온이 오르고, 비나 눈도 적게

오는 등 이전에 경험한 적 없는 기후에 적응하지 못하고 죽어가는 겁니다. 활엽수와 달리 침엽수들은 사시사철 상록을 유지합니다. 그러려면 겨울에도 충분한 광합성과 수분 공급이 필수죠. 그러니 한반도의 기온 상승은 고산 침엽수에 치명적일 수밖에 없습니다. 한겨울에 내린 눈은 봄철까지 쌓여서 고산 침엽수의 수분 공급원이 되었는데, 이제는 눈이 많이 내리지도 않죠. 게다가 과거엔 한 번 내린 눈이 일주일 넘게 쌓여 있었다면 최근엔 이틀 안팎에 다 사라져 버리는 것도 문제였습니다. 기후변화 피해를 오롯이, 말 그대로 온몸으로 맞고 있는 겁니다.

2019년 5월, 국립산림과학원은 국내 고산지역 멸종위기 침엽수종의 실태를 조사하고 분석한 결과를 발표했습니다. 2017~2018년, 2년간의 조사 결과입니다. 전국 모든 구상나무의 33%, 분비나무의 28%, 가문비나무의 25%가량에서 고사가 시작된 상태였습니다. 산마다, 나무마다의 고사 통계도 나왔습니다. 한라산에선 구상나무의 39%가 고사 상태였고, 지리산에선 구상나무와 가문비나무의 쇠퇴 정도가 각각 25%였습니다. 소백산에선 분비나무의 38%가, 태백산과 청옥산에선 분비나무의 35%가 정상적인 상태가 아니었고요.

국립산림과학원은 기온 상승과 가뭄, 폭염, 적설량 감소 등으로 인한 수분 스트레스로 고산 침엽수의 쇠퇴가 빨라지고 있다고 분석했습니다. 이렇게 생리적 스트레스로 고사하는 나무들이 생기면 숲의 구조가 변하면서 강풍과 차고 건조한 바람으로 인한 피해가 늘어나는 악순환이 이어진다는 것이 과학원의 설명입니다.

또 위성 영상을 토대로 시대에 따른 침엽수림의 변화도 살펴봤습니다. 전국 54곳을 분석했는데, 고산 침엽수림 분포 면적은 20년 새 평균 25%가량 줄었습니다. 2010년대 중반 한라산의 고산 침엽수림 분포 면적은 1990년대 중반보다 30.5% 줄어들었습니다. 같은 기간, 설악산에선 30.5%, 지리산에선 14.6% 감소했습니다.

전문가들은 사라져 가는 고산 침엽수를 지키기 위한 첫걸음으로 '멸종위기종 등재'를 꼽습니다. 고사 현황을 정기적으로 자세히 들여다보고, 앞으로의 관리 대책 등을 수립하려면 제도적 근거가 필수이기 때문입니다. 특히 우리나라 자생종인 구상나무는 한반도에서 고사해 사라지면 지구상에 더는 존재하지 않게 됩니다. 이 때문에 국제자연보전연맹(IUCN)은 2013년에 구상나무를 멸종위기종으로 지정했습니다. 국제자연보전연맹의 적색 목록(red list)에 'Korean Fir'라는 이름으로 올라 있습니다. '미평가 - 정보 부족 - 관심 대상 - 위기 근접 - 취약 - 절멸 위기 - 절멸 위급 - 야생 절멸 - 절멸' 이렇게 총 아홉 단계로 나뉜 등급 가운데 '절멸' 단계로 분류됐습니다. 그런데 2021년 기준, 정작 우리나라의 멸종위기 야생 생물 목록엔 빠져 있습니다.

그나마 다행인 점은 산림청과 산림과학원 등 관계 기관에서 본격적인 연구와 조사에 나섰다는 겁니다. 산림과학원은 정기적으로 멸종위기에 처한 고산 침엽수들에 대한 실태 조사를 진행하고 있고, 구상나무 복원을 위한 DNA 확보와 시험림 조성에 나섰습니다. 하지만 중앙 부처의 무관심이 이어진다면 연구는 연구로만, 조사는 조사 보고서로만 남을 수밖에 없습니다. 현장을 바꿀 정책과 그 원동력은 부처에서 비롯되니까요.

또 다른 시그널, 달라지는 해양 환경

변화는 바다에서도 포착됩니다. 아름다운 절경을 자랑하는 한려해상공원이지만 그 생태계를 뜯어 보면 그저 아름답다고만 하기 어려운 상황입니다. 괭이갈매기의 번식기는 4월 11일(2003년 기준)에서 4월 1일(2019년 기준)로 열흘 당겨졌습니다. 날이 그만큼 일찍 따뜻해졌기 때문입니다. 홍도의 연평균 기온은 1970년대 13.8℃였지만 2010년대엔 14.8℃로 1℃ 올랐습니다. 불과 40년 만에 나타난 변화입니다. 높아진 기온은 괭이갈매기의 번식기뿐 아니라 식물 생태계도 바꿔 놓았습니다. 선인장이 홍도를 뒤덮은 겁니다. 제주에서만 볼 수 있었던 아열대성 식물인 고깔닭의장풀도 이제 홍도에서 만날 수 있습니다.

물속에서도 위험한 변화는 이어지고 있습니다. 한려해상공원의 바닷속에선 온대성 어종인 돌돔에 자리돔과 범돔 등 각종 아열대성 어종도 찾아볼 수 있습니다. 2018년, 이미 홍도 앞바다의 어종 가운데 절반 이상(55%)은 아열대 종이 차지했습니다. 40년 새 홍도의 연평균 기온이 1℃ 올랐다면, 같은 기간 해수온은 17.96℃에서 18.55℃로 0.6℃ 가까이 올랐습니다.

점점 달궈지는 바다는 해양 생태계의 변화를 부르는 데서 그치지 않습니다. 높은 해수온은 강력한 태풍을 부르죠. 2019년은 역대 가장 많은 태풍이 한반도에 영향을 미쳤던 해로 기록됐습니다. 그해, 태풍의 '원산지'인 태평양에서 가장 자주 태풍이 만들어졌던 것은 9월이었습니다. 한 달 새 6개의 태풍이 만들어졌습니다. 그리고 이 6개 중 절반이 한반도에 직간접적인 영향을 미쳤습니다. 바로 링링과 타파, 미탁입니다. 13호 태풍 링링은 9월 2일, 17호 태풍 타파는 19일, 18호 태풍 미탁은 28일에 발생했습니다. 이듬해 한반도에 상륙한 태풍들은 그 간격이 훨씬 더 짧았습니다. 2020년 8호 태풍 바비는 8월 22일, 9호 태풍 마이삭은 28일, 10호 태풍 하이선은 9월 1일에 발생해 각각 한반도에 영향을 미쳤죠. 거의 매주, 한반도가 태풍을 겪은 겁니다.

이러한 현상에 대해 당시 한국기상산업협회의 김승배 본부장은, 해수온이 평년보다 높아 10호 태풍 하이선뿐 아니라 이후 11호, 12호 등이 이어서 발생하기 쉬운 상태라고 경고했습니다.

그리고 바다가 품은 에너지인 해양 열용량 역시 높다고 지적했습니다. 그는 당시 상태가 태풍이 만들어질 수 있는 기본 여건을 2~3배 웃돈다며, 이것이 바로 바다에서 일어나는 기후변화의 현실이라는 분석도 내놨습니다.

기후변화는, 그로 인한 기온 상승은 태풍에 여러모로 영향을 미칩니다. 기온이 오르면 대기 상층이 하층에 비해 따뜻해집니다. 이로 인해 위아래 공기의 대류가 적어집니다. 이는 곧 태풍이 더 적게 발생한다는 것을 의미합니다. 그런데 한 번 발생하면 전에 없던 강력한 태풍이 만들어진다는 게 문제입니다. 기온 상승은 해수온 상승과 수증기 증가를 부추깁니다. 그 결과, 태풍이 힘을 키우기 좋은 환경이 만들어지는 겁니다.

우리가 온실가스 배출량을 줄이지 않고 지금처럼 내뿜는다면 당장 우리나라에 영향을 주는 북서 태평양에선 어떤 변화가 일어날까요? 이미 우리가 지구를 달궈 놓은 상태다 보니 온실가스 저감 정책이 상당히 실행되는 경우(RCP 4.5)의 시나리오에선 태풍 발생이 29.2% 늘고, 태풍의 잠재 강도는 27.9% 증가할 전망입니다. 현재 추세대로 온실가스를 배출하는 경우(RCP 8.5)엔 태풍 발생이 57.5% 늘고, 강도는 42.1% 증가합니다. 아니, 발생 횟수는 줄어든다면서? 하는 의문이 들 수도 있습니다. 그렇습니다. 태풍 '원산지'에서의 발생 횟수는 줄어듭니다. 그런데 지구 전반의 기온이 오르면서 태풍이 발생하는 지역의 위도가 이

태풍 발생 수가 줄어드는 이유	강한 태풍이 늘어나는 이유
지구 온난화로 지구 표면 온도 상승	지구 온난화로 지구 표면 온도 상승
↓	↓
열대 대류권 상층의 기온이 하층에 비해 따뜻해진다. (기온감률 감소)	열대 대류권 하층에서 수증기 증가
↓	↓
대기 안정화	일단 안정화된 대기 중에서 태풍 발생
↓	↓
열대의 대류 활동 약화	높은 수온, 풍부한 수증기 공급 가능
↓	↓
태풍 발생 수가 줄어들 가능성이 크다.	강한 태풍이 발생할 가능성이 크다.

미래 기후에서 태풍 발생 수와 강도의 변화 이유 (자료: 기상청)

전보다 높아지게 됩니다. 따라서 우리나라는 태풍 횟수도 늘고 강도도 강해지는 것입니다.

지금까지 살펴본 것처럼 기후위기는 차츰 현실로 다가왔습니다. 해마다 새로운 분석과 전망이 나왔고, 그럴 때마다 앞날은 더욱 어두워 보였습니다. 위험이 임박했다는 과학의 경고에도 아랑곳없이 우리 인간이 뿜어내는 온실가스 배출량은 계속 늘었기 때문이죠. 하지만 그 위험이 '임박'을 넘어 '현실'로 다가오면서 조금씩 변화의 움직임이 나타났습니다. 일부 환경단체를 넘어 정부와 국가, 기업들이 하나둘 온실가스 감축과 탄소중립에 관심을 보이기 시작한 것이죠. 수십 년 동안 이어진 '경고'보다 눈앞의 '손실'이 행동을 부르는 데는 더 효과적이었던 셈입니다. 탄소중립을 향한 우리의 여정은 그렇게 시작됐습니다.

II
탄소중립,
글로벌 의제로 거듭나다

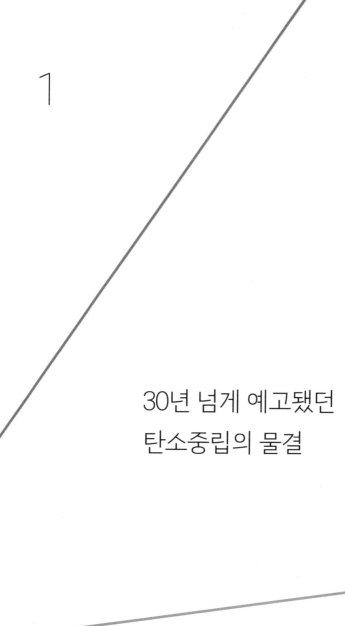

1

30년 넘게 예고됐던
탄소중립의 물결

기후위기 대응의 두 축, 감축과 적응

"세계 곳곳에서 기후변화를 대하는 대중의 생각이 점차 깨어나고 있습니다. 청년들은 기후변화에 관해 놀라운 통솔력과 동원력을 보여주고 있습니다. 점점 더 많은 개별 도시, 금융기관, 기업 들도 1.5℃ 시나리오를 맞추려 노력하고 있습니다. 그런데 여전히 부족해 보이는 것이 있습니다. 바로 정치인들의 의지입니다."

2019년 12월, 유엔기후변화협약 제25차 당사국총회(COP25)를 앞두고 안토니우 구테흐스 유엔사무총장이 한 말입니다. 지금껏 유엔이 국제사회에, 각국 정부에 기후변화와 관련해 이처럼 강력한 비판을 한 적이 있을까 싶을 만큼 강한 어조였습니다. 좀처럼 줄어들 기미를 보이지 않는 온실가스 배출 실태 때문입니다.

기후위기 대응은 크게 두 축으로 구성됩니다. 바로 '감축'과 '적응'입니다. 감축은 말 그대로 온실가스 배출량을 줄이는 일을 의미합니다. 개인 차원에선 에너지를 절약하고, 자가용 대신 대중교통을 이용하는 행위가 감축에 해당합니다. 정부 차원에선 석탄 발전을 줄이고 재생에너지 비중을 늘리는 에너지 계획을 세우거나 기업들의 탄소 배출을 규제하는 것을 예로 들 수 있습니다. 그리고 적응은 기후변화로 인한 파급 효과에 대처하는 일을 일컫습니다. 폭염이나 혹한에 외출을 자제하는 것부터 가뭄에 대비해 저수지를 늘리고 상하수도 시설을 점검하는 일 등도 적응에 속합니다. 감축과 적응 두 가지를 모두 잘 이행해야 지속가능한 사회, 지속가능한 지구가 될 겁니다. 물론 둘 중에서 '첫걸음'을 꼽자면 감축이겠죠. 온실가스는 줄이지 않고 적응만 해 간다면 지구는 남아나지 않을 테니까요.

그런데 그 첫걸음이 참 어렵습니다. 감축의 'ㄱ'자만 꺼내도 불가능하다거나 과도하다는 등 각계의 불만과 저항이 쏟아지기 때문입니다. 또 온실가스에 대한 오래된 선입견은 감축을 대하는 우리의 마음가짐에도 많은 영향을 미쳤습니다. 다름 아닌 '온실가스 증가 = 경제 성장'이라는 프레임 말입니다.

우리 정부는 5년마다 '기후변화대응 기본계획'이라는 것을 세웁니다. 5년마다 새롭게 개정하기는 해도 전체적으로는 20년짜리 중장기 계획입니다. 2019년엔 2차 기본계획이 나왔습니다. 앞으로의 계획뿐 아니라 앞선 1차 기본계획에 대한 평가와 지금까지의 온실가스 추이 변화에 대한 분석도 담겼습니다. 국가 목표를 설정했고, 기후변화 대책을 수립했으며, 제도적 기반을 구축했고, 전문 역량을 강화했을뿐더러, 국제사회에서 리더십을 발휘하며 이바지했다는 것이 1차 기본계획 이후에 대한 정부의 자평이었습니다.

정부가 뭘 했는지 좀 더 자세히 살펴보겠습니다. 우선, 2016

년에 2020년과 2030년을 목표로 온실가스를 감축하기 위한 기본 로드맵을 수립했습니다. (2018년에는 수정안도 발표했습니다.) 재생에너지 보급을 확대하기 위해 '재생에너지 3020 이행 계획'도 만들었죠. 20'30'년까지 재생에너지 발전 비중을 '20'%로 끌어올린다는 계획입니다. 또 국제사회에서 선도적인 수준으로 온실가스배출권거래제(ETS)를 안착시키기도 했습니다. 온실가스종합정보센터도 만들어 문을 열었습니다. 앞으로의 계획도 짰고, 온실가스 배출량을 줄이기 위한 수단도 만들었으며, 컨트롤타워도 세운 셈입니다.

그런데 왜 배출량은 좀처럼 줄어들지 않았을까요? 2017년에 7억 900만t으로 역대 최고를 기록한 데 이어 2018년에도 7억 2500만t으로 또다시 기록을 깼습니다. 목표치보다 2017년엔 약 9500만t, 2018년엔 1억t 넘게 더 뿜어낸 겁니다. 대책도 세우고, 제도도 마련하고, 전문 역량도 키웠는데, 어떻게 된 일일까요?

"1인당 국내총생산(GDP)의 증가가 온실가스 배출량 증가의 주된 요인으로 작용했다." 정부가 2차 기본계획을 내놓으면서 온실가스 증가의 원인을 분석한 내용입니다. '경제 성장 = 온실가스 증가'라는 이야기죠. 그런데 정말로 GDP를 늘리려면 온실가스도 늘어날 수밖에 없는 것일까요?

여기, '경제 성장 = 온실가스 증가' 프레임을 깨는 사례를 하나 준비했습니다. 바로 유럽의 성과입니다.

유럽연합은 1990년부터 꾸준하게 탄소 배출을 줄여 왔습니다. 2017년 기준, 배출량은 22% 줄었고 농도는 무려 50%나 줄었습니다. 그 사이 GDP는 58%나 늘었습니다. 물론 이 같은 성과는 유럽과 우리나라의 경제구조가 다르다는 데서도 기인합니다. 소위 '굴뚝 산업'에 대한 비중에 따라 탄소 배출량이 좌우되기 때문이죠. 하지만 유럽연합이라고 해서 모든 회원국이 '국제금융의 허브'인 것은 아닙니다. 자동차 산업을 비롯해 온실가스를 다량 배출하는 업종이 유럽에서도 주요한 비중을 차지하고 있습니다. 유럽이라고 굴뚝이 아예 없진 않다는 얘깁니다.

이 같은 성과에 힘입어 유럽연합은 온실가스 감축목표를 더 높이고 더욱더 적극적인 규제를 논의하고 있습니다. 여기서 '적극적인 규제'라 함은, 유럽연합 역내를 넘어 역외에도 규제를 가하겠다는 겁니다. 이런 움직임은 일찍이 2019년 9월, 뉴욕에서 열린 유엔총회와 기후행동정상회의에서도 감지됐습니다. 특히 유럽연합 회원국 중에서도 프랑스는 자체적으로 탄소세(석유나 석탄처럼 온실가스를 배출하는 화석 에너지의 사용량에 따라 부과하는 세금)를 도입하겠다는 의지도 나타냈고요. 당시 이 소식을 접한 우리 환경부 고위 관계자는 허울뿐인 말에 불과하다며 평가 절하했습니다. 해당 공직자 한 사람이 개인적으로 이런 생각을 가졌던 것이 아닙니다. 회의 내용을 환경부 출입 기자들에게 설명하는 자리에서 공식적으로 밝힌 입장이었습니다.

우리는 알고 있었다, 무려 30년 전부터

문득 궁금해집니다. 과연 우리는 언제부터 온실가스 감축을 이야기해 왔을까요? 그리고 지금의 '위기'를 언제부터 알고 있었을까요? 지금으로부터 30여 년 전인 1990년으로 거슬러 올라가 봅니다. 1990년대, 지금의 기후위기 문제를 두고 '온난화'라는 표현을 쓰던 때입니다. 미국에선 빌 클린턴 대통령 시절, 앨 고어 부통령이 적극적으로 지구 온난화의 심각성을 알리고 나섰던 시기죠. 당시의 언론 보도들을 살펴보겠습니다.

"지구 온난화를 막기 위해 탄소 배출량을 제한하는 국제협약을 체결하려는 움직임이 구체화하고 있다. 우리나라도 이에 적극적으로 대처해야 한다는 지적이 나온다. 온실가스를 현재와 같이 계속 방출할 경우, 2025년에는 1℃, 2100년에는 3℃ 기온이 높아질 것으로 예측된다."

"에너지와 환경의 문제는 별개로 다룰 수 없다. 21세기에는 석유 자원의 고갈도 문제지만, 에너지 사용으로 인한 지구 온난화 등 환경 파괴가 심각해질 것이다."

모두 국내 통신사가 보도한 뉴스에 담긴 내용입니다. 심지어

1994년엔 미국과 유럽의 탄소세 도입에 대한 우려도 큰 화제를 모은 뉴스 중 하나였습니다.

"미국과 유럽연합, 일본 등 선진국 그룹이 석탄과 석유 등 화석연료에 탄소세를 부과할 때, 자국 상품의 대외 경쟁력이 약해지는 것을 막으려 수입품에 대해 상계관세를 부과하거나 국경세를 조정할 것으로 예상된다. 탄소세 부과 시 우리나라 주력 상품 15종의 수출은 연간 16.3억 달러의 타격을 입을 것으로 추정됐다. 상계관세로만 미국에 2.4억 달러, 일본에 7천만 달러, 유럽연합에 5천만 달러를 내야 할 수 있다는 것이다."

2021년에 유럽연합이 공식 발표한 탄소국경조정제도(CBAM)가 떠오를 수밖에 없는 내용입니다. 유럽연합은 이 제도를 2023년부터 시범 도입하고, 2026년부터 본격 적용하기로 했습니다. 유럽연합의 이러한 조치에 이어 미국에서도 탄소세에 해당하는 내용이 담긴 법안이 하원에 발의되기도 했습니다. 이 제도에 대해선 뒷부분(Ⅲ-3. 필수가 된 에너지 전환)에서 좀 더 자세히 이야기하겠습니다.

이러한 해외 각국의 움직임에 우리나라도 대응을 전혀 하지 않은 것은 아니었습니다. 바로 1998년 4월, 유엔기후변화협약에 대응하기 위한 범정부 대책 기구를 마련한 겁니다.

"정부가 기후변화협약에 효율적으로 대처하기 위해 범정부 대책 기구를 구성하기로 했다. 이 기구는 국무총리를 위원장으로 재정경제부(지금의 기획재정부) 등 10개 부처로 구성된다. 우리나라에 대한 선진국들의 감축 압박에 대비해 온실가스 배출 저감 계획을 수립하고, 에너지 소비 절약, 청정에너지 보급 확대, 에너지 저소비형 산업구조로의 전환 등을 추진할 예정이다."

당시만 해도 우리나라는 개발도상국 중 하나였습니다. 심지어 외환위기에 처해 '회복'과 '성장'에 모두가 집중하던 때였습니다. 여러 나라가 온실가스 감축을 이야기할 때, 우린 아직 경제 성장이 필요한 상황이라며 감축에 난색을 보이던 때이기도 합니다. 그런데도 더는 미룰 수 없다는 압박에 온실가스를 줄이기 위한 대책 기구를 마련한 거죠.

그뿐이 아닙니다. 2000년 12월, 대통령 직속 기구인 지속가능발전위원회가, 앞으로 개발과 보전을 함께 추구하는 지속가능한 발전을 본격 논의할 것이라고 발표했습니다. 1998년 당시 '청정에너지'라고 표현한 것이 2년 후 '지속가능한 에너지'로 바뀌긴 했어도 재생에너지 수급 대책은 변함없이 주요 논의 사항 중 하나였습니다. 또 우리나라의 산업구조를 환경친화적으로 전환하기 위한 각종 경제적 유인책도 검토하기로 했죠. 유엔 기후변화협약에 대응할 방안 역시 핵심 논의 대상이었습니다.

1998년의 대책 기구가 범정부 차원이었다면, 2000년대 지속가능발전위원회는 민간과의 협력도 꾀했습니다.

그런 와중에 2001년 3월, 미국이 돌연 교토기후변화협약(교토의정서)을 탈퇴한다는 방침을 내놨습니다. 교토협약은 파리협약보다 앞선 1997년 12월에 일본 교토에서 열린 제3차 당사국총회(COP3)에서 채택된 기후협약인데요, 조지 W. 부시 당시 미국 대통령이 국익에 도움이 안 된다며 탈퇴를 선언한 겁니다. 그러자 유럽을 비롯한 국제사회가 미국을 강력하게 비난하고 나섰습니다. 우리 정부도 미국의 결정에 우려를 표하면서 "한국은 지속해서 온실가스 감축 노력을 기울일 것"이라고 밝혔고요.

그런데 이러한 우리 정부의 말과 선언, 각종 정책과는 정반대로 한국의 온실가스 배출량은 계속해서 늘어만 갔습니다. 외환위기 영향으로 1998년에 전년 대비 무려 14.1%가 줄었던 것을 제외하곤 계속해서 증가세를 이어 갔습니다. 그냥 늘어난 것도 아니고 경제협력개발기구(OECD) 최고 수준이었죠. 2001년에 프랑스 파리에서 열린 OECD 환경장관회담에서 우리나라는 이같이 부끄러운 성적표를 받았습니다.

온난화라는 표현은 기후변화로, 기후위기로 차츰 달라졌습니다. 이를 나타내는 상징적인 이미지도 달라졌고요. 빨간 수은주를 입에 물고 땀을 뻘뻘 흘리는 지구의 모습은 비쩍 마른 북극곰의 모습으로, 다시 곳곳에서 발생한 폭우와 산불로 피해를

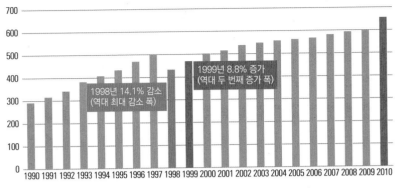

한결같이 상승세를 보인 우리나라 온실가스 배출량
(자료: 환경부, 단위: 백만 톤 CO₂eq)

본 우리 인간의 모습으로 바뀌었습니다. 1990년, IPCC는 "지금처럼 온실가스를 배출하면 10년에 0.3℃씩 지구 평균 기온이 올라 2025년엔 1℃, 2100년엔 3℃ 오를 것"이라고 경고했습니다. 그런데 우리는 1990년대 기준에서 본 '지금'처럼 배출한 것이 아니었습니다. 해마다 역대 최고를 경신했죠. 그 결과, 지구는 이미 산업화 이전 평균(1850~1900년)보다 1.09℃나 더워졌고, 극한 고온 현상은 산업화 이전보다 4.8배 증가했습니다. 우리나라가 대응을 미룬 30년 사이, 한반도의 기후도 달라졌고요. 1991~2000년 전국 평균 10.4일이던 우리나라의 폭염 일수는 2011~2020년 평균 14.9일로 늘어났습니다. 열대야 일수도 6.2일에서 9.9일로 늘어났고요. 같은 기간, 113일이었던 여름의 길이는 127일로 2주가 늘었습니다. 우리나라의 위상도 달라졌죠.

개발도상국에서 OECD 가입국으로 그리고 국제 공인 선진국으로 말입니다.

그렇다면 탄소중립을 향한 여정과 온실가스 감축이라는 목표를 과연 갑작스러운 변화라고 이야기할 수 있을까요? 과거의 30년은 나름대로 여유 부릴 수 있는 시간이었을지라도 앞으로의 30년은 다릅니다. 지금 당장 지구가, 한반도가 처한 환경으로 보더라도, 우리나라의 국제적인 지위로 보더라도 말이죠. 더는 물러설 곳도, 대응을 주저할 시간도 없습니다. 지구의 평균 기온 상승 폭을 1.5℃ 이내로 묶을 수 있는 시나리오는 단 하나뿐입니다. 지금 당장 온실가스 감축을 시작해 2030년엔 50% 감축, 2050년엔 탄소중립을 이룩하는 바로 그 시나리오 말입니다.

2

기후위기는 안보 위기

기후위기와 에너지 안보

기후변화는 그저 우리가 날마다 경험하는 날씨의 변화에 불과할까요? 그렇지 않습니다. 기후변화는 인류의 삶 전반에 영향을 미치는데요, 각 나라의 안보(安保)에도 커다란 영향을 미칩니다. 그중에선 '에너지 안보'를 빼놓을 수 없습니다. 해마다 세계에너지총회(WEC)는 '에너지 건전성'을 평가해 그 결과를 공개합니다. 에너지 안보(30%), 에너지 형평성(30%), 환경적 지속가능성(30%)과 함께 국가 고유 특성(10%)을 반영해 100점 만점으로 평가하는 거죠. 이 중 에너지 안보는 에너지 수요를 안정적으로 충족할 수 있는지, 공급 혼란을 얼마나 최소화할 수 있는지를 따집니다. 형평성은 에너지 가격이 얼마나 적정한지, 또 시민들이 에너지에 대해 보편적인 접근성을 고루 갖는지 등을 따져 봅니다. 지속가능성은 기후변화에 대한 대응 능력과 노력을 살펴보고요. 우리나라는 몇 점, 몇 위였을까요?

2019년 에너지 건전성 평가 결과, 우리나라는 종합 점수 71.7점, 세계 37위를 기록했습니다. OECD 36개 회원국 중 31위로 최하위권입니다. 한국보다 낮게 평가받은 나라는 터키와 폴란드, 칠레, 그리스, 멕시코뿐입니다. 평가의 3요소 가운데 우리나라의 점수를 많이 깎아 먹은 건 안보와 지속가능성이었습니다. 우리나라보다 한참 뒤처진 중국(72위)도 에너지 안보 측면에선

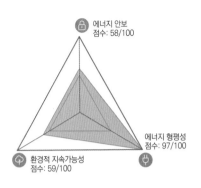

에너지 안보
점수: 58/100

에너지 형평성
점수: 97/100

환경적 지속가능성
점수: 59/100

종합 순위	국가명	안보	형평성	지속 가능성
1	스위스	11위	11위	1위
2	스웨덴	1위	40위	3위
3	덴마크	2위	28위	2위
4	영국	28위	19위	6위
5	핀란드	3위	33위	28위
9	독일	16위	30위	23위
15	미국	17위	14위	54위
31	일본	82위	32위	39위
37	한국	69위	16위	80위
72	중국	35위	70위	108위

2019 에너지 건전성 평가 결과 우리나라의 항목별 점수(왼쪽)와 순위
(자료: 세계에너지총회)

세계 35위로 우리(69위)보다 훨씬 우위에 있습니다. 우리가 에너지원 대부분을 수입에 의존하는 데다 재생에너지의 발전 속도가 여전히 더디기 때문입니다.

위의 순위표를 보면 하나의 흐름을 읽을 수 있습니다. 에너지 안보와 지속가능성이 모두 좋은 나라는 에너지 정책에 선도적인 역할을 합니다. 그리고 화석연료가 풍족한 나라들은 에너지 안보가 탄탄한 반면, 미래 에너지엔 무관심한 나머지 지속가능성이 작습니다. 우리나라는 어떨까요? 우리나라처럼 안보와 지속가능성 모두 하위권인 나라는 적어도 중진국 이상의 나라에선 찾아보기 어렵습니다. 안보가 약하면 지속가능성이라도 키워야 하는 게 당연한 전략적 판단입니다. 에너지 안보 측면에선 세계 최하위권이지만 지속가능성 측면에선 우리보다 한참 앞선 일본처럼 말이죠.

흔히 말하듯 '기름 한 방울 안 나는 나라'에서 재생에너지는 안보와 지속가능성 모두를 잡을 수 있는 카드입니다. 현재 전 세계에서 가장 적극적으로 기후변화에 대응하고 있는 유럽연합도 기후위기 대응과 에너지 전환에서 안보적 요소를 고려하고 있습니다. "에너지 공급과 수급의 안정성이 유럽연합 에너지 정책의 첫 번째 우선순위다." 지난 2019년 11월, 미할 트라트콥스키 유럽연합집행위원회(EC) 에너지총국 미디어담당관이 한 말입니다. 유럽연합은 이를 위해 기존 에너지의 공급망을 다변화하는 동시에 대체에너지를 마련하고 있습니다. 액화천연가스(LNG)를 공급할 파이프라인을 곳곳에 증설하면서도 곳곳에 태양광 패널과 풍력 터빈을 설치하는 거죠.

이와 더불어 에너지 안보를 위해 유럽연합 역내 모든 국가가 최소 90일간 사용할 수 있는 에너지를 비축하도록 제도를 마련해 놨습니다. 역외에서 그 어떤 에너지원도 수입할 수 없는 비상사태에도 각 나라가 최소한의 기능을 할 수 있도록 하기 위함입니다. 여기에도 재생에너지의 비중은 상당합니다. 포르투갈을 예로 들면, 재생에너지만으로도 최소 3일 정도를 버틸 수 있을 정도입니다.

유럽연합은 이렇게 공급의 안정성을 도모함과 동시에 시민들의 수요에도 많은 변화를 도모하고 있습니다. 궁극적으로 최종 소비자가 자체적으로 에너지를 생산 – 소비 – 보유하는 것이 현재 유럽연합의 목표라고 트라트콥스키 미디어담당관은 설명했습니다. 이 같은 움직임은 그저 계획 단계에만 머물러 있지 않았습니다. 벌써 시작됐죠. 2019년 4월 이후 유럽연합 역내에서 새롭게 짓는 건물들은 자체적으로 에너지를 생산하도록 하고 있습니다. 필요한 에너지의 100%를 모두 충당할 수는 없더라도 자체적인 생산 시설을 둬야 하는 겁니다.

기후위기와 식량 안보

에너지 안보는 우리의 일상생활부터 군사 분야에 이르기까지 많은 부문에서 중요한 위치를 차지합니다. 그런데 에너지 못지 않게, 어떻게 보면 에너지보다 더 원초적인 안보 분야가 있습니다. 바로 '식량 안보'입니다. 기후변화는 식량 안보에도 영향을 미칩니다. 에너지 안보와 마찬가지로 식량 안보도 해마다 각 나라의 순위가 매겨집니다. 단순히 전시나 재난 상황에서 식량을 확보할 수 있는지가 아니라 장기간에 걸쳐 양질의 식량을 충분히 적시·적소에 공급할 수 있는지를 따져 보는 겁니다.

2019년 세계식량안보지수 평가 결과, 우리나라는 종합 점수

100점 만점에 73.6점을 받았습니다. 조사 대상이었던 113개 나라 가운데 29위입니다. 1위는 싱가포르로 87.4점을 기록했고, 미국(83.7점)은 3위, 일본(76.5점)은 21위, 중국(71.0점)은 35위였습니다.

113개국 중 29위면 나쁘지 않다고 볼 수 있겠죠. 하지만 OECD 국가 가운데선 이마저도 하위권에 속합니다. 게다가 '천연자원과 회복력' 부문에서 우리나라는 썩 좋지 않은 평가를 받았습니다. 이 항목은 식량 안보 측면에서 기후변화 영향에 얼마나 대비했는가가 나타나는 부문인데요, 식량 안보에 영향을 받을 정도로 기후변화에 노출됐는지, 천연자원 오염이 얼마나 심각한지 등을 평가한 겁니다. 이 부문에서 우리나라는 61위에 그쳤습니다. 그리고 종합 점수로 1위였던 싱가포르도 이 항목에서는 최하위권인 109위를 기록했습니다. 반면 일본은 15위로 상위권이었습니다.

우리나라를 비롯한 아시아의 식량 위기를 우려하는 조사 결과가 또 있습니다. 글로벌 컨설팅 회사인 PwC와 네덜란드 은행 라보방크, 싱가포르의 국부펀드 테마섹이 발간한 〈아시아 식량 도전 보고서〉입니다. 이 보고서에서 '아시아'라 함은 한국, 중국, 일본과 인도, 동남아시아를 포함합니다. 보고서는 이들 지역에서 농산물 수요가 높은 점에 특히 주목했습니다. 인구는 늘어나는데 기후변화로 작황이 나빠지게 됐기 때문입니다.

조사에 따르면, 아시아는 식량 자급이 불가능한 것으로 드러났습니다. 아시아가 식량을 미국, 유럽, 아프리카 등으로부터 수입하는 데 의존하고 있다는 것이 이 보고서의 분석입니다. 10여 년이 지나면 아시아의 인구가 2억 5천만 명이나 늘어나는데, 토지는 한정적이고 기후변화로 생산량은 줄어들고 있다는 겁니다. 또 아시아 지역에서 식량 소비에 쓰는 돈은 2019년 약 4조 달러에서 2030년 8조 달러를 넘어설 것이며, 향후 10년 안에 8천억 달러의 투자가 이뤄지지 않으면 아시아 식품업계는 수요를 맞추기 어려울 것이라고 내다봤습니다. 이와 더불어 조금은 무서운 우려도 보고서에 담겼습니다.

"식량은 민감한 주제다. 역사 속 많은 전쟁과 내전이 식량 때문에 일어났다. 우리는 식량을 지나치게 외부에 의존하고 있다. 이를 해결하지 못하면 문제가 우리 발 앞에 바로 떨어질 것이다."

유엔세계식량계획(WFP)이 발표한 '2019 기아 지도'(88쪽)를 보면, 식량 안보가 미치는 영향을 좀 더 쉽게 이해할 수 있습니다. 전 세계 인구 가운데 8억 2100만 명이 식사를 충분히 하지 못하는 것으로 조사됐습니다. 9명 중 1명꼴입니다.

영양부족 인구의 비율이 매우 높은 곳은 아프리카 대륙의 마다가스카르, 말라위, 우간다, 잠비아, 중앙아프리카, 짐바브웨,

2019 기아 지도 (자료: 유엔세계식량계획)

차드, 콩고 그리고 북한과 아이티로, 그 비율이 35%를 넘습니
다. 전체 인구에서 25~34.9%가 영양부족을 겪는 곳도 많습니
다. 나미비아, 모잠비크, 보츠와나, 아프가니스탄, 예멘, 이라크,
케냐, 탄자니아 등으로, 대부분 중동·아프리카 지역에 밀집된
것을 확인할 수 있습니다.

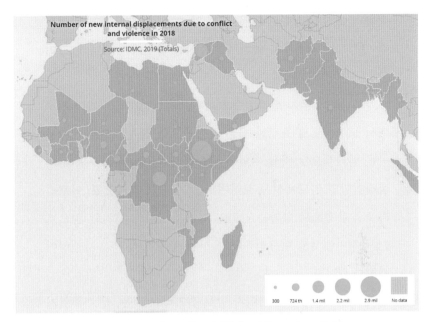

갈등이나 폭력으로 인한 국내실향민 수 (자료: 국제이주기구)

　기아 지도엔 그저 영양부족을 겪는 나라가 표시됐을 뿐입니다. 하지만 이는 각 나라의 경제적·정치적 안정도를 간접적으로 보여 주는 지표이기도 합니다.

　위에 있는 또 다른 지도는 나라 안에서 내전이나 테러 단체 간의 충돌로 갈등과 폭력 사태가 빚어져 '국내실향민'이 된 인구수를 집계한 자료입니다. 국경을 넘어 다른 나라로까지 가진 못했지만 자기가 나고 자란 동네를 떠날 수밖에 없던 사람들 말입니다. 두 지도를 나란히 놓고 보면 영양부족 인구의 비율이 높을

수록 국내실향민 수도 많은 것을 알 수 있습니다. 경제적·정치적 안정도가 낮을수록 이처럼 이주자는 늘어나게 됩니다. 그리고 그 이주자의 대다수는 난민이 되곤 합니다.

기후변화가 점차 빨라질수록 유엔세계식량계획의 기아 지도에서 노란색으로 표시된 곳은 주황색으로, 주황색으로 표시된 곳은 빨간색으로 바뀔 수밖에 없습니다. 국제이주기구(IOM)의 국내실향민 지도에선 동그라미의 크기가 더 커지겠죠. 아프리카에서 유럽으로 향하는 난민이 최근 급증하는 것처럼, 앞으로는 아시아에서도 아프리카와 유사한 상황이 벌어질 가능성이 커지는 겁니다.

기후위기가 경제 위기이자 안보 위기라는 것은, 곧 기후위기 대응에 범정부·범시민 차원의 노력과 행동이 필요하다는 뜻입니다. 환경부든 산업통상자원부든 농림축산식품부든 모든 부처가 함께 머리를 맞대야 합니다. 좌우 진영 논리에 상관없이 모든 정당과 시민이 함께 행동해야 합니다.

3

기후위기는 경제 위기

기후위기로 불거지는 양극화

기후위기가 미치는 영향 그 자체뿐 아니라 기후위기에 대응하는 정책 과정에서 가장 맞닥뜨리기 쉬운 것은 다름 아닌 '양극화의 심화'입니다. 국제통화기금(IMF)은 해마다 〈세계경제전망〉이라는 보고서를 발표하는데요, 2017년 보고서에서 양극화 현상을 경고하기도 했습니다. 기온 상승이 농업과 제조업의 생산성을 크게 떨어뜨리게 되는데, 상대적으로 낙후한 지역일수록 농업과 제조업의 비중이 크다는 게 IMF의 설명입니다. 또 선진국 내에서도 낙후한 지역과 그렇지 않은 지역의 격차가 커질 거라고 내다봤습니다. 기후변화로 똑같이 기온이 올라도 빌딩 숲 가득한 도시가 받는 영향보다 논, 밭, 공장 등이 있는 도시가 받는 영향이 더 크다는 겁니다. 경제 규모나 인프라에 따라 국가 간 양극화도 심각해지지만, 한 나라 안에서도 양극화가 심해진다는 분석입니다.

IMF는 기온 상승에 악영향을 받는 산업 분야로 농업, 임업, 광업, 제조업, 건설업, 운송업 등을 꼽았습니다. 미국이나 유럽의 경우, 낙후 지역에서의 노동 생산성이 2100년에 2~3%p(퍼센트포인트)까지 떨어질 수 있다고 분석했습니다. 기후변화 자체를 인지하고 나름의 노력을 기울이고 있는 선진국이라 할지라도 양극화를 피하기 어려울 거라는 우울한 전망입니다.

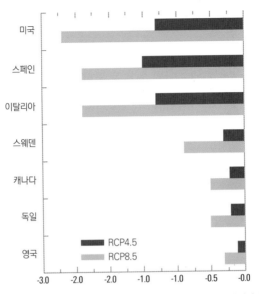

RCP 시나리오에 따른 낙후 지역의 노동 생산성 저하량 (자료: IMF 〈세계경제전망〉)

설마 기후변화 때문에 사회적 양극화까지 심해지겠냐고 의심하는 분들이 있을 수도 있습니다. 하지만 코로나19 팬데믹 초기에 천정부지로 치솟았던 마스크 가격을 보면, 불과 며칠 전까지만 해도 쉽게 구할 수 있던 마스크가 어느 순간 사라지고 사재기가 일어나는 것을 보면, 마스크를 구매하기 위해 끝을 찾기 어려울 만큼 긴 줄을 섰던 우리를 기억해 보면, 그 의심은 사라질 겁니다.

기후변화를 넘어 기후위기 시대를 살아가는 우리는 또 다른 양극화와 마주하게 됩니다. 누구보다 지구를 걱정하고, 그래서 좀 더 '지구 친화적' 소비를 하고 싶어도 금전적인 부담이 커져서 주저하게 되는 일이 적지 않습니다. 기후변화를 늦추기 위한 소비재 가운데 대표적인 것으로 전기차를 꼽을 수 있습니다. 전기차의 가격은 여전히 동급 내연기관차에 비해 비쌉니다. 이 간격을 좁히기 위해 정부가 보조금을 지급하고 있지만, 게다가 우리나라의 경우 그 보조금이 해외보다 많은 편이지만, 그런데도 여전히 가격 측면에선 부담스러운 수준입니다.

전기차 보조금은 시간이 지날수록 점차 줄어들고 있습니다. 보급률이 높아질수록 보조금이 줄어드는 것은 합리적인 일입니다. 언제까지고 계속해서 보조금을 줄 수는 없으니까요. 2020년 기준, 가장 많은 보조금을 받을 수 있는 자동차 중 하나를 예로 들어보겠습니다. 현대자동차의 '코나 일렉트릭'입니다. 출시 가격은 트림(제작 사양)에 따라 4690만~4890만 원으로, 옵션을 더하다 보면 5600만 원이 훌쩍 넘습니다. 정부 보조금 820만 원에 지자체 보조금 400만(세종시)~900만(전북) 원을 더하면 최소 1220만~1720만 원까지 할인을 받을 수 있습니다. 그러면 실제 소비자가 내야 하는 차량 가격은 3900만~4400만 원이 되죠. 가격만 놓고 보면, '아반떼'급의 자동차를 원하는 옵션을 충분히 선택한 '그랜저' 가격으로 사는 셈입니다.

가장 대중적인 브랜드를 예로 들었지만 다른 브랜드도 마찬가지입니다. 소위 가성비로는 전기차가 기존의 내연기관차를 대체하기 어려운 상황이죠. 이렇다 보니 최근 전기차 '타이칸'을 출시한 포르쉐는 애초 "우리의 고객층은 '책임감 있는 부유층'으로 테슬라와 명확히 다르다"고 밝히기도 했습니다. 제품군의 3분의 2가 1억 원 넘는 차량으로 구성된 테슬라인데도 말이죠. (테슬라의 '의문의 1패'입니다.)

한편에선 전기차는 연료비가 적게 들므로 비싼 구매비를 상쇄할 수 있다는 의견도 있습니다. 맞는 말이기도 합니다. 주행 거리에 따라 달라지겠지만 5~10년가량 운행한다면 가능한 이야기입니다. 다만, 소비자가 아직 실현되지도 않은 이익을 내다 보고 미리 수천만 원을 더 쓰는 결정을 내리기란 여간해선 쉽지 않습니다. 또 전기차 충전료 역시 '정상화'의 길로 들어섬에 따라 이 5~10년이라는 시간은 더 길어질 수도 있습니다.

전기차의 충전료는 기본료와 사용료로 구성됩니다. 그런데 2020년 1월 기준, 기본료는 '면제'이고 사용료는 '50% 할인'인 상태로, 전기차 운전자들은 킬로와트당 평균 64원을 냈습니다. 정부는 이런 할인율을 점차 줄여 나갈 계획입니다. 그러면 기본료는 100% 다 내고 50% 할인받던 사용료도 역시 100% 다 내야 하는 겁니다. 사용자 편에선 '요금 정상화'로 느껴지기보단 '요금 상승'으로 느껴질 수밖에 없습니다.

그러니 전기차 보급 정책을 세우는 데도 '스위트스폿(sweet spot, 소비자들의 구매 의사를 불러일으키는 제품의 가격대)'을 찾는 일이 중요하다고 할 수 있겠죠. 요금을 정상화하는 속도와 전기차의 판매 가격, 좀 더 정확히는 전기차의 제조 원가를 낮추는 속도가 잘 맞아야 할 겁니다. 차량의 가격이 지금처럼 고공 행진을 유지하는데 정부만 보조금을 줄이고 요금을 올리면(정상화하는 것이지만) 그 결과는 '친환경차 보급목표 달성 실패'로 돌아올 것입니다.

기후위기에 대응하려던 방안이 오히려 양극화 문제를 자극하게 된 예를 우리는 이미 목격했습니다. 2018년 연말부터 이듬해까지 프랑스 전역을 뒤흔든 '노란 조끼' 집회입니다. 프랑스에선 화물차든 승용차든 사고에 대비해 형광 노란색 조끼를 자동차에 의무적으로 두어야 합니다. 그런데 시민들은 왜 자동차에서 이 조끼를 꺼내 입고 거리에 나왔을까요?

에마뉘엘 마크롱 프랑스 대통령은 기후변화 대응 정책의 하나로 탄소세 도입을 강하게 밀어붙였습니다. 탄소를 배출하는 일에 세금을 더 부과하겠다는 거죠. 탄소 배출을 억제하려는 목적이었습니다. 유류세의 경우, 2018년 경유(디젤)는 23%, 휘발유(가솔린)는 15%를 인상하고, 2019년엔 추가로 더 높일 거라는 계획이 발표됐습니다.

이 정책으로 당장 가장 큰 타격을 입는 사람은 서민들이었습니다. 우선 파리만 예를 들어 보겠습니다. 우리와 같은 전세 개념도 없을뿐더러, 파리의 비싼 월세를 감당하지 못하는 서민들이 많습니다. 정부가 월세의 일정 부분을 보조금으로 지급하기도 하지만 가족 단위의 생활을 하는 사람으로선 시내에 집을 두기가 매우 어려울 정도입니다.

그렇다 보니 많은 사람이 파리 근교에서 거주하며 시내로 출퇴근을 합니다. 시외지만 파리의 경계선과 조금이라도 가까운 곳에서 지내려면 월세가 매우 높습니다. 요즘의 시세는 잘 모르지만, 10여 년 전에는 한 달에 300~400유로가량의 월세를 내고 20m²(약 6평)의 방에서 지낼 정도였습니다. 집이 시내에 있으면 촘촘하게 이어진 지하철과 버스, 벨리브(서울의 '따릉이' 같은 공유 자전거) 등을 이용해 어디든 쉽게 갈 수 있지만 교외, 그것도 도시 경계선과 꽤 떨어진 곳에 살수록 자동차가 필수적으로 느껴질 수밖에 없습니다. 이들의 선택은 주로 작고 낡았으나 실용적인 디젤 해치백(뒷좌석과 트렁크가 합쳐진 형태의 차량)이고요.

이런 상황에서, 안 그래도 유류세를 올리는 게 치명적인데 휘발유는 15%, 경유는 23%를 올린다고 하니 서민들에겐 더 가혹하게 느껴졌을 겁니다. 보다 극단적으로는 배신당했다고 느꼈을지도 모릅니다. 진보적 성향일 거라 믿고 뽑은 대통령이었기에 한 번, 경제 부양을 위해 기업들에 여러 세제 혜택을 주려던 와중에 나온 정책이었기에 또 한 번.

그런데 이렇게 세금을 활용해 에너지 사용이나 탄소 배출을 억제하는 정책은 비단 프랑스에서만 시행하는 게 아닙니다. 우리나라를 포함한 모든 정부가 가장 손쉽게 수요를 조절하는 대표적 방법이죠. 전기료를 올리거나 유류세를 올리면 당장 사용량이 눈에 띄게 줄어들 것이기 때문입니다.

이러한 통제를 무조건 부정적으로만 보기도 어렵습니다. 한겨울, 유럽에서는 많은 이들이 난방을 줄이고 집에서도 스웨터 같이 두꺼운 옷을 입고 지내는 모습을 심심치 않게 볼 수 있습니다. 유독 유럽 사람들이 한국인보다 더 지구를 생각해서 그런 것일까요? 꼭 그렇지만은 않습니다. 비싼 비용 탓에 어쩔 수 없이 절약하게 된 것이죠. 이 문제도 결국엔 스위트스폿을 찾는 일이 관건일 겁니다. 적당히 소비를 줄이면서도 크게 불편이 생기지 않는, 생계에 영향을 미치지 않는 지점을 찾는 일 말입니다. 시민사회와의 소통 없이, 공감 없이 진행되는 정책의 결과는? 프랑스의 노란 조끼가 바로 그 답입니다.

커지는 불확실성

2020년, 국제결제은행(BIS)은 〈그린스완: 기후변화 시대의 중앙은행과 금융 안정성〉이라는 제목의 보고서를 발표했습니다. '화이트스완'이나 '블랙스완'은 들어 봤어도 웬 '그린스완'? 낯설게 느끼는 분들이 많을 겁니다. 이미 그린스완의 위험성이 세계 금융 시장에서 거론된 지 오래고, 이에 대응하는 발 빠른 움직임이 잇따랐습니다. 그런데도 2021년 3월이 되어서야 국내 금융기관들이 탄소중립 선언을 했으니, 낯설게 느껴지는 것도 어찌 보면 당연한 일일 듯합니다.

그린스완, 즉 녹색 백조는 기후변화로 인한 경제의 '파괴적 위기'를 의미합니다. 지난 2008년 국제금융위기의 경우 블랙스완이라고 불렸죠. 그런데 블랙스완과 그린스완은 접근 방식 자체가 다릅니다. 블랙스완의 경우엔 경제 전문가가 곧 분석과 해결책을 내놓는 이들이었지만, 그린스완은 경제 전문가만으론 예측도 해결도 불가능합니다. 그 어떤 유능한 분석전문가도, 노벨상을 받은 경제학자도 기후변화와 그로 인한 극단적 이상 기상현상을 예측할 수는 없으니까요.

"기후변화는 각국 중앙은행들과 규제 당국 및 감독 기관 등에 새로운 도전으로 다가왔다. 중앙은행의 대응만으론 기후변화를 완화할 수 없다. 이는 각계각층의 복잡한 행동의 문제로, 정부와 민간, 시민사회와 국제사회 등 다양한 차원에서 서로 조율하고 협력하는 행동이 필요하다."

국제결제은행이 보고서에서 내놓은 분석입니다. 보고서에 따르면, 기후변화는 수요와 공급 모두에 영향을 미치는 것으로 나타났습니다. 국제결제은행은 세부적으로 투자, 소비, 무역, 노동력 공급, 에너지와 식량, 자본금, 기술 등에서 겪을 충격을 예측했습니다. 기후 리스크의 불확실성 증대로 투자가 위축되며, 홍수 등으로 일반 가정의 피해가 증가해 소비도 줄어들고, 바다와 하늘에서의 이상 기상 현상으로 수출입에도 혼란이 빚어질 것이라는 게 국제결제은행의 설명입니다. 또 극단적인 재난·재해의 증가로 근무 가능 시간이 줄어서 노동력 공급에 손실이 발생하죠. 식량 생산성이 떨어지면서 식량 부족 현상이 빚어질뿐더러 극한의 이상 기상 현상은 자본 그 자체를 손상하고, 각종 사회경제적 자원이 재난·재해로 인한 피해를 복구하는 데 더 많이 투입될 우려도 있습니다. 기술을 개발하는 데 투입해야 할 자본이 복구에 쓰일 거라는 거죠. 즉, 기술 진보가 아닌 현상 유지에만 급급하게 될 수 있다는 경고입니다.

대기 오염으로 인한 실질적 피해

다시 되돌릴 수 없는, 회수할 수 없는 것을 '매몰 비용(sunk cost)'이라고 부릅니다. 시간과 돈을 쏟아부었음에도 결과가 시원찮을 때, 쉽사리 접지 않고 어떻게든 시간과 돈을 더 투자하는 것 역시 매몰 비용 때문이기도 하죠. 이러한 결정을 하게 되는 이유는 크게 두 가지입니다. 하나는 '조금만 더 하면 이 비용을 다 거둬들일 만큼 성과를 거둘 수 있다'는 기대 때문이고, 다른 하나는 '지금껏 여기에 들인 시간과 돈이 얼마인데' 하는 미련 때문입니다.

우리가 매몰 비용 문제를 이야기할 때 빠지지 않고 등장하는 예가 있습니다. 바로 초음속 여객기 콩코드입니다. 단순히 예를 드는 것을 넘어 '콩코드 오류(Concorde fallacy)'라는 용어가 생기기까지 했죠. 프랑스와 영국 두 나라의 정부가 자존심을 걸고 도입한 첫 초음속 여객기가 적자를 거듭하다가 끝내 탑승자 전원이 숨지는 폭발 사고를 겪고 나서야 운항 중단을 결정한 일을 두고 하는 말입니다.

전 세계 금융기관에서 공통으로 지목한 '좌초 자산(stranded asset)' 화석연료는 대표적인 콩코드 오류 사례로 꼽힙니다. '미래 먹거리'를 찾는 글로벌 투자자들은 화석연료 관련 산업과 철강, 시멘트 산업 등을 좌초 위기 산업으로 치부한 지 오래입니다. 실제로 탈화석연료 캠페인에 동참한 금융·투자기관은 점점 늘고 있습니다. 2021년 초 기준, 1308곳의 기관이 탈석탄에 나섰고, 이들이 화석연료에서 회수한 금액만도 14.5조 달러에 달합니다. 우리 돈으로 1경 6051조 5000억 원에 달하는 액수입니다. 불과 반년 새 기관 수는 115곳, 액수는 3600억 달러 증가했습니다.

화석연료 사용으로 생기는 피해는 단순히 매몰 비용으로 인한 '미래의 피해'만 있는 것이 아닙니다. 이미 발생한 피해도 상당합니다. 미국 하버드대, 영국 유니버시티칼리지런던, 버밍엄대, 레스터대 공동 연구팀은 2021년, 화석연료로 인한 대기 오염으로 얼마나 많은 사람이 숨졌는지 연구한 결과를 발표했습니다. 수치는 충격적이었습니다. 전 세계 사망자 가운데 18%, 거의 5명 중 1명이 석탄과 석유 같은 화석연료 연소에 따른 대기 오염 때문에 숨졌다는 겁니다. 2018년 기준, 그 수는 870만 명에 달합니다.

공동 연구팀은 이러한 결과가 그나마 최근 중국의 탈석탄 정책 등 대기 질 관리 강화로 나아진 것이라고 설명했습니다. 2012년엔 그 수가 1천만 명을 넘어섰을 정도라는 거죠. 비율로는 21.5%에 달합니다. 연구팀은 2018년보다 더욱 심각했던 2012년의 사례를 좀 더 면밀하게 분석했습니다.

그런데 이 같은 피해는 먼 나라 이야기가 결코 아니었습니다. 당장 화석연료 연소로 인한 초미세먼지(PM2.5) 농도를 살펴보니 우리나라는 세계에서 손꼽힐 정도였습니다. 오른쪽 지도를 보면 붉게 물든 곳뿐 아니라 주황빛인 지역도 그리 많지는 않은데요, 그중 한 곳이 바로 한반도입니다.

초미세먼지 농도만 높은 것이 아니었습니다. 그로 인한 사망자 수 역시 한국은 전 세계에서 손꼽히는 수준입니다. 연구

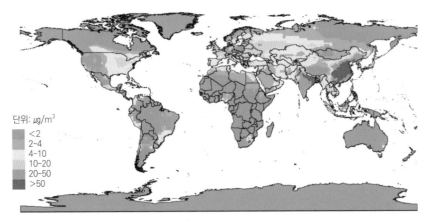

단위: μg/m³
- <2
- 2~4
- 4~10
- 10~20
- 20~50
- >50

화석연료 연소로 인한 초미세먼지 농도 (자료: 하버드대 공동 연구팀)

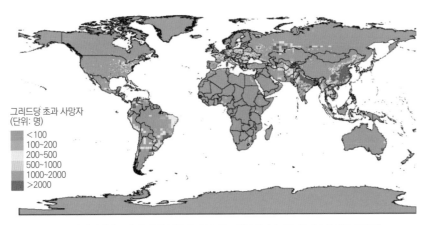

그리드당 초과 사망자
(단위: 명)
- <100
- 100~200
- 200~500
- 500~1000
- 1000~2000
- >2000

초미세먼지에 노출돼 숨진 것으로 추정되는 사망자 수 (자료: 하버드대 공동 연구팀)

결과에 따르면, 그해 우리나라의 14세 이상 사망자 수는 26만 5641명이었는데, 그중 8만 962명이 화석연료 연소에 따른 대기오염으로 숨졌습니다. 사망자 수만 놓고 보면 일본(128만 4769명

중 24만 2561명)보다 적지만 비율은 30.5%로 일본(18.9%)보다 훨씬 높았고 인도(30.7%)와 비슷한 수준이었습니다. 전체 조사 대상 국가에서 우리나라보다 비중이 높았던 나라는 인도와 중국(40.2%), 방글라데시(36.5%)뿐이었습니다.

이 연구 논문의 공동 저자로, 대기 오염의 위험성을 측정하는 새 모델을 만든 조엘 슈워츠 하버드대학교 환경전염병학 교수는, 우리가 화석연료 연소의 위험성을 논할 때 대부분 탄소 배출이나 기후변화의 맥락에서만 이야기하다 보니 온실가스와 함께 배출되는 다른 대기 오염 물질의 영향을 간과하고 있다고 지적했습니다. 그는 이번 연구로 화석연료 연소가 건강에 끼치는 영향을 정량화함으로써, 정책 결정자들뿐 아니라 재생에너지로 전환해 이익을 얻게 되는 이해 당사자(시민사회) 모두에게 좀 더 명확한 메시지를 보낼 수 있게 됐다고 덧붙였습니다.

우리나라의 석탄 발전과 그로 인한 피해를 집중적으로 분석한 연구도 있었습니다. 우리나라가 탄소중립을 선언한 것이 2020년, 탄소중립이 법으로 자리매김하게 된 것이 2021년인데요, 이때도 석탄 발전은 우리나라 전체 발전 부문에서 가장 큰 비중을 차지하고 있었습니다.

핀란드의 국제 대기 오염 연구기관인 에너지청정대기연구센터(CREA)는 한국이 석탄화력발전소로 입은 피해와 앞으로 입게 될 피해를 시뮬레이션해 그 결과를 공개했습니다. 얼마나 많은 사람이, 어떤 종류의 건강 피해를 보았는지, 그로 인해 얼마만큼 비용이 발생했는지 따져 본 겁니다. 대기 확산 모델과 화학 수송 모델, 인구 데이터와 질병 발생률 통계 등 다양한 데이터가 투입됐습니다. 이를 분석함으로써 우리나라의 석탄 발전으로 인한 피해를 처음으로 구체화할 수 있었습니다.

결론부터 이야기하겠습니다. 500MW(메가와트)급 이상의 대규모 석탄화력발전소를 가동하기 시작한 1983년부터 지난 2020년까지, 석탄화력발전소를 이용함으로써 발생한 사회적 비용은 160억 달러, 우리 돈 약 17조 8천억 원에 달한 것으로 추산됐습니다. 인명 피해도 상당했습니다. 9500명에서 많게는 1만 3천 명이 조기 사망한 것으로 나타났습니다.

석탄화력발전소에선 다량의 황산화물과 질소산화물이 배출됩니다. 이 물질들은 초미세먼지를 유발하는 물질이기도 하죠. 석탄화력발전소에서 비롯된 초미세먼지 농도가 높은 지역은 이미 우리에게도 익숙한 곳이었습니다. 수도권과 충청권, 호남권, 즉 고농도 때마다 언론 보도를 통해 흔히 접하는 '서쪽 지역' 말입니다. 시뮬레이션 결과, 총 열두 곳의 석탄화력발전소는 해마다 4만 5400t의 이산화황과 4만 8100t의 질소산화물, 3000t의 미세먼지를 뿜어내는 것으로 나타났습니다. 현재 건설 중인 네 곳(7기)까지 추가할 경우, 해마다 전국의 석탄화력발전소에서는

5만 5300t의 이산화황과 5만 6500t의 질소산화물, 4700t의 미세먼지가 나올 전망이고요. 이쯤 되면 비단 온실가스만이 문제가 아닌 셈입니다.

혹시 배출량 자체가 크게 와닿지 않는다면 오염 물질 농도는 어떨까요? 발전소 인근 34km²에 거주 중인 5800명의 주민은 시간당 최고 200μg/m³의 이산화질소에 노출됩니다. 이산화황의 경우 더 심각합니다. 발전소 인근 140km²에서 주민 2만 3천 명이 시간당 최고 211.267μg/m³의 이산화황에 노출됩니다.

문제는 여기서 끝나지 않습니다. 미세먼지와 이를 유발하는 물질 말고도 인체에 해로운 물질은 더 있으니까요. 에너지청정대기연구센터는 석탄화력발전소로 말미암아 시민들이 수은에 노출될 위험도 지적했습니다. 국내 석탄화력발전소에서 해마다 600kg의 수은이 뿜어져 나온다는 것이 시뮬레이션 결과입니다. 이 가운데 절반은 땅과 담수 생태계에 쌓입니다. 보고서는 이 중 135kg가량의 수은이 농경지에 쌓이고, 이를 통해 한국인의 주식인 쌀에도 심각한 영향을 미치게 된다고 지적했습니다. 논에 있던 무기수은이 메틸수은(유기수은)으로 바뀌고 먹이사슬을 통해 궁극적으로 인간에게도 영향을 미치는 것이죠.

게다가 석탄화력발전소가 해안가에 있는 만큼, 연근해 어업에 영향을 미칠 수도 있습니다. 연간 1ha의 공간에 125mg의 수은이 쌓이면 어업에도 위험한 수준이라고 합니다. 그런데 시뮬

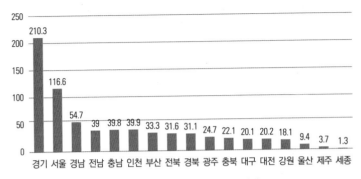

석탄화력발전소로 인한 연간 조기 사망자 수
(자료: 에너지청정대기연구센터, 단위: 명)

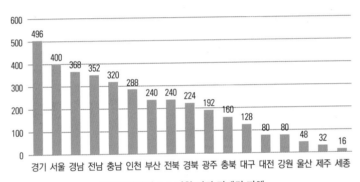

석탄화력발전소로 인한 연간 경제적 피해
(자료: 에너지청정대기연구센터, 단위: 인구당 달러)

레이션 결과, 이 수치를 넘는 지역의 면적이 2700km²에 달하고 영향을 받는 인구수는 37만 6천 명에 이릅니다.

또 2019년 기준, 국내 석탄화력발전소의 대기 오염으로 인한 조기 사망자의 수는 연간 716명, 최대 987.3명에 이르는 것으로 드러났습니다. 경제적으로는 그 피해 규모가 연간 10억 3370만 달러, 최대 14억 4270만 달러에 달하는 것으로 조사됐습니다. 해마다 수백 명의 사람이 조기에 숨지고, 1조 6천억 원의 경제적 피해가 발생한다는 겁니다.

이러한 피해는 수도권에 집중되는 것으로 나타났습니다. 조기 사망자의 약 45%가 경기도(210.3명, 최대 290.2명)와 서울(116.6명, 최대 160.8명)에 집중된 겁니다. 가장 많은 수의 석탄화력발전소가 모여 있는 충청남도(39.9명, 최대 55.3명)보다도 훨씬 많은 수입니다. 연구센터는 이 같은 조사 결과로 석탄화력발전소의 영향이 해당 지역에만 그치지 않음을 알 수 있다고 설명했습니다. 더불어 서울과 인천, 부산 등 인구가 밀집한 대도시들은 지역 내에 석탄화력발전소가 없더라도 인근 석탄화력발전 밀집 지역의 영향에 노출될 수밖에 없다고 분석했습니다.

조기 사망자의 수뿐 아니라 경제적 피해 역시 수도권에 집중됐습니다. 지역별 석탄화력발전소로 인한 연간 경제적 피해액은 전체 피해액으로도, 인구 1인당 피해액으로도 모두 경기도와 서울이 압도적으로 많았습니다. 경기도의 경우 전체 3억 310만 달러(1인당 496달러), 서울은 전체 1억 6840만 달러(1인당 400달러), 경남은 전체 7920만 달러(1인당 368달러) 순이었습니다.

그런데 지금보다 앞으로가 더 문제입니다. 보고서엔 이를 가장 효과적으로 살펴볼 수 있는 그래프가 담겼습니다. 개별 발전소들로 인해 얼마나 많은 사람이 해마다 죽을지, 해마다 얼마나

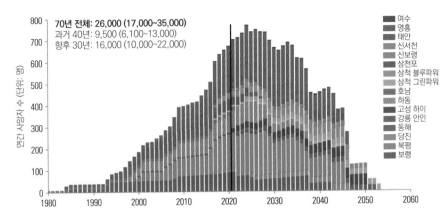

800	70년 전체: 26,000 (17,000~35,000)		여수
700	과거 40년: 9,500 (6,100~13,000)		영흥
600	향후 30년: 16,000 (10,000~22,000)		태안

국내 모든 석탄화력발전소가 가동을 종료하는 2054년까지 연간 사망자 수
(자료: 에너지청정대기연구센터)

많은 경제적 피해를 부를지 그래프로 만든 겁니다.

현재 건설 중인 석탄화력발전소가 30년의 수명을 다한다고 가정했을 때, 우리나라에선 탄소중립 목표 시점인 2050년을 넘어 2054년까지 이들 발전소가 가동됩니다. 석탄 발전을 이용한 과거 40년간 9500명, 최대 1만 3천 명이 석탄 발전으로 숨졌다면 앞으로 30년간은 이보다 훨씬 많은 1만 6천 명, 최대 2만 2천 명이 추가로 숨질 것이라는 전망이 과학적 시뮬레이션의 결과입니다. 70여 년의 석탄 발전 역사가 남긴 인명 피해 규모는 2만 6천 명, 최대 3만 5천 명에 이르게 되는 것이죠.

개별 석탄화력발전소가 만드는 사망자 수를 계산한 결과, 어떤 발전소가 가장 많은 사망자를 만들어 낼지 역시 시뮬레이션

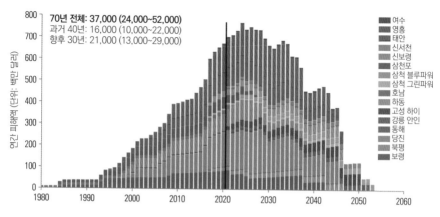

국내 모든 석탄화력발전소가 가동을 종료하는 2054년까지 연간 경제적 피해 규모
(자료: 에너지청정대기연구센터)

결과에 담겼습니다. 충남 당진에 있는 당진화력발전소입니다.
발전 시설이 총 10기에 달하는 대규모 발전소인 만큼 그로 인한
피해도 컸습니다. 특히 당진과 영흥, 태안, 보령의 석탄화력발
전소로 인해 조기에 숨진 사람의 수가 지금까지 석탄화력발전
소로 인한 전체 조기 사망자 수의 60%에 달한다는 것이 에너지
청정대기연구센터의 분석입니다. 그 피해가 가장 커지는 시점
은 2024년, 바로 수명을 다한 석탄화력발전소들과 새롭게 가동
하는 석탄화력발전소가 교차하는 시점입니다.

조기 사망을 비롯한 각종 건강 피해는 곧 경제적 피해로 이어
집니다. 1983년부터 2020년까지 석탄 발전에 따른 대기 오염으
로 인한 경제적 비용은 160억 달러에 이르는 것으로 추산됩니

다. 또 2021년부터 2054년까지 추가로 210억 달러의 피해가 발생할 것으로 예측됐습니다. 이 경제적 피해의 68%는 당진, 영흥, 태안, 보령의 석탄화력발전소에서 비롯되는 것으로 계산됐습니다.

이렇듯 인적·물적 피해는 과거 40년보다 앞으로의 30년이 더 큰 것으로 나타났습니다. 분명 시간도 짧고, 신규 발전 설비는 과거의 설비보다 조금이나마 효율이 더 높고 오염 물질 저감 장치도 개선됐을 텐데 말이죠. 에너지청정대기연구센터는, 수도권이나 영호남에 있는 발전소 인근 대도시들이 인구 밀도가 매우 높은 점을 지적하며, 인구 측면으로나 GDP 측면으로나 석탄화력발전소에서 비롯된 오염에 따른 피해가 향후 더 커질 수밖에 없다고 설명했습니다. 사람도 돈도 점차 대도시에 집중되면서 그 피해 역시 커진다는 겁니다.

피해 규모를 보여 주는 값들이 충격적일 만큼 큰 수치들인데도 에너지청정대기연구센터는 "매우 보수적으로 추산한 것"이라는 단서를 달았습니다. 그러면서 한국 정부가 석탄 발전 부문에 신규 투자를 중단해야 할 뿐 아니라 탈석탄에 더욱 박차를 가해야 한다고 촉구했죠.

이들은 정부뿐 아니라 한국의 '석탄 투자 큰손' 국민연금을 향해서도 좀 더 적극적인 변화를 요구했습니다. 라우리 밀비르타 선임분석가는, 한국이 석탄에 계속 투자할 경우 어떤 대가를 치

러야 하는지를 이번 연구가 처음으로 보여 주었다며, 지금이야
말로 화석연료에서 재생에너지로 신속히 전환해 가야 할 때라
고 강조했습니다. 한국의 '석탄 미련'에 대한 경고가 나라 밖에
서까지 쏟아진 셈인데요, 이러한 경고에도 우리나라가 석탄을
포기하기까진 꽤 오랜 시간이 걸렸습니다.

4

교토에서 파리로,
새로운 기후 체제의
등장

변화의 시작, 국제 시민사회의 인식 변화

2021년 1월, 국제사회 차원에서 진행한 한 조사 결과가 공개됐습니다. 유엔개발계획(UNDP)이 옥스퍼드대학교와 함께 전세계 120만 명을 대상으로 설문 조사를 벌인 것인데요, 역대 최대 규모입니다. 단순히 대상자 수만 많았던 것이 아닙니다. 전세계 50개국에서, 특히 18세 이하 미성년자들에 대해서도 조사가 진행됐습니다. 그 수만도 50만 명에 달합니다. 이들은 당장 기후위기의 영향과 피해를 가장 크게 겪을 연령대입니다. 하지만 그간의 각종 설문 조사에선 비중 있게 다뤄지지 못했죠. 통상 조사를 성인만을 대상으로 해 오기도 했거니와 미성년자를 상대로 설문 조사를 진행하는 절차나 방법 등에도 어려움이 있었기 때문입니다. 그러다 이번에 미성년자까지 조사 대상에 포함한 결과, 국가별·연령대별 다양한 의견들을 종합할 수 있었습니다. 응답자 전체의 64%는 기후변화가 긴급한 문제라고 대답했습니다. 그런데 지역 혹은 그룹별로는 이 같은 기후위기 인식에 다른 모습을 보였습니다.

먼저, 그룹별 답변부터 살펴보겠습니다. 유엔개발계획은 조사 대상인 50개 나라를 선진국과 중진국, 후진국 그리고 소규모 도서 국가로 구분했습니다. 가장 높은 위기의식을 지닌 그룹은 소규모 도서 국가들이었습니다. 해수면 상승을 비롯해 기후변

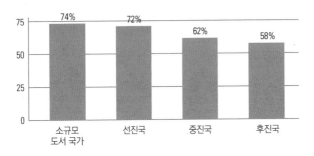

기후위기에 대한 나라 그룹별 위기의식 (자료: 유엔개발계획)

화로 인한 이상 기상 현상의 직격탄을 맞는 지역들이죠. 기후변화가 전 세계적인 비상사태라는 인식에 선진국과 중진국 간의 차이는 10%p로 적지 않았습니다. 물론 가장 수치가 낮게 나타난 후진국도 58%로 과반 넘는 이들이 기후위기의 심각성을 인지하고 있었죠.

그렇다면 이렇게 심각한 기후위기 사태에 어떻게 대응해야 할지에 관해서는 어떤 답변들을 내놨을까요? 국가의 경제력에 상관없이 모두가 뜻을 모은 의견은 하나였습니다. 바로 '필요한 모든 조치를 즉각 해야 한다'는 것이죠. 전체 응답자의 59%가 이렇게 답했습니다. 그룹별로도 정도의 차이만 있을 뿐, 즉시 필요한 모든 조치를 해야 한다는 답변이 역시 1위였습니다.

하지만 기후위기의 시급성을 인정하는 사람 중에서도 '정확한 방법을 찾을 때까지 천천히 행동한다', '이미 충분히 하고 있다', '아무것도 하지 않는다' 이 세 가지 답변을 한 사람의 비율이 총 41%에 달했습니다. 기후변화가 비상사태라고 응답한 사람들 가운데 41%나 이렇게 생각하고 있다는 것이죠. 이 같은 결과에 대해 유엔개발계획은, 이미 기후변화에 대해 걱정하는 사람들에게도 그 심각성과 시급성을 알리는 교육을 더 해야 한다고 분석했습니다.

유엔개발계획은 총 열여덟 가지의 대표적인 기후변화 대응 정책들을 시민들이 얼마나 알고 있는지도 조사했습니다. 전체 응답자의 절반 이상이 알고 있으며 지지하는 정책들은 무엇이었을까요? 가장 많은 지지를 받은 것은 숲과 토양 보호(54%), 재생에너지 사용(53%), 기후 친화적 농업 기술(52%), 녹색산업과 일자리에 더 많이 투자하기(50%)였습니다.

그렇다면 그룹별 답변에선 어떤 차이를 보였을까요? 선진국에서 기후 정책으로 대중에 많이 알려진 것들과 세계적으로 두루 알려진 것들 사이에는 약간의 차이가 있었습니다.

전반적으로 선진국에서는 좀 더 많은 사람이 개별 정책들에 대해 잘 인지하고 있었습니다. 오른쪽 그래프를 보더라도 순서와 상관없이 모든 정책에서 선진국 사람들이 인지하고 지지하는 비율이 세계 평균보다 더 높았습니다.

인지도가 높은 정책의 순서는 세계 평균과 선진국의 순서가 조금 달랐습니다. 숲과 토양 보호가 1위인 것은 같지만 선진국

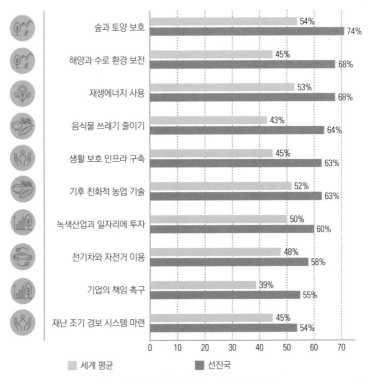

숲과 토양 보호	54%	74%
해양과 수로 환경 보전	45%	68%
재생에너지 사용	53%	68%
음식물 쓰레기 줄이기	43%	64%
생활 보호 인프라 구축	45%	63%
기후 친화적 농업 기술	52%	63%
녹색산업과 일자리에 투자	50%	60%
전기차와 자전거 이용	48%	58%
기업의 책임 촉구	39%	55%
재난 조기 경보 시스템 마련	45%	54%

■ 세계 평균　　　■ 선진국

인지도가 높은 기후 정책 (자료: 유엔개발계획)

에서는 해양과 수로 환경 보전이 2위를 차지했습니다. 세계 평균으로는 6위에 해당했던 항목입니다. 또 선진국에서 재생에너지 다음으로 중요하게 꼽은 음식물 쓰레기 줄이기 역시 전체 평균으로는 9위에 그쳤고요. 기업이 환경오염의 대가를 지급하도록 해야 한다(기업의 책임 촉구)는 항목은 선진국에서 과반이 넘는 55%의 지지를 얻었으나 전체 평균에선 39%에 그쳤습니다.

이 응답을 지역별로 구분했을 때도 차이가 보였습니다. 서유럽·북미와 아시아·태평양 지역, 동유럽·중앙아시아, 중남미에선 전체 평균과 마찬가지로 숲과 토양 보호가 1위였습니다. 반면 중동·북아프리카 지역에선 기후 친화적 농업 기술과 재생에너지 사용이 공동 1위로 꼽혔고, 사하라 이남 아프리카 지역에선 재생에너지 사용이 1위였습니다. 전문가들은 이러한 차이를 만든 이유 중 하나로 지역마다 사회·경제적 배경이 다른 것을 꼽았습니다.

한편, 유엔개발계획은 기후 정책 가운데 전 세계적으로 관심이 가장 큰 열 가지 분야를 꼽아 집중적으로 분석하기도 했습니다. 그 열 가지는 청정에너지, 녹색경제, 삼림 및 토지 이용, 기업 규제, 해양 및 수로, 도시와 도시화, 농업과 식량, 극단적 기후로부터의 시민 보호 및 기후재난 보험, 폐기물 저감, 채식입니다. 이 가운데 청정에너지와 경제 관련 분야 그리고 채식에 대해 이야기해 보겠습니다.

이 조사에서 유엔개발계획은, 에너지 분야에서 국가가 어떤 정책을 펼치길 바라는지 물었습니다. 가장 많이 나온 대답은 태양광과 풍력 등 재생에너지를 확대하는 것이었습니다. 이 결과는 전력과 열 공급 등으로 에너지 분야 온실가스 배출량이 많기로 손꼽히는 나라들에서도 마찬가지였습니다. 에너지 분야 온실가스 배출량이 열 손가락 안에 드는 나라 중 과반이 넘는 8개 국에서 재생에너지를 확대하자고 외친 것이죠. 이는 향후 에너지 분야에서 전 세계 온실가스 배출량이 크게 줄어들 것을 기대해 볼 만한 결과입니다. 온실가스 다(多)배출 국가에서 적극적으로 에너지 전환에 나선다면 전체적인 배출량 감소 폭이 더욱 커질 테니까요.

유엔개발계획은, 정부가 기후 정책을 결정할 때 시민사회의 지지 여부가 그 정책의 강도를 더욱 높일 수 있다고 조언했습니다. 그리고 설문 조사 결과를 보면 각국 정부들이 기후변화 문제를 다루는 데 많은 기회가 열려 있음을 알 수 있다고 덧붙였습니다.

기후변화 대응뿐 아니라 코로나19 팬데믹으로 인한 경제 위기에 대응하는 차원에서도 '녹색'은 중요한 키워드로 부상하고 있습니다. 환경의 중요성을 강조한 그린뉴딜(Green New Deal)을 외친 나라는 한국만이 아닙니다. 유럽연합은 우리보다 앞서 그린뉴딜에 나서며 관련 분야에 역대급 투자를 이어 가고 있습니다. 바이든 행정부가 이끄는 미국 역시 모든 경제 분야에서 탈탄소 움직임이 포착되고 있고요.

녹색경제와 녹색일자리를 위해 더 많이 투자해야 한다는 항목에 대해, G20 국가 대다수에선 지지의 목소리가 컸습니다. 이

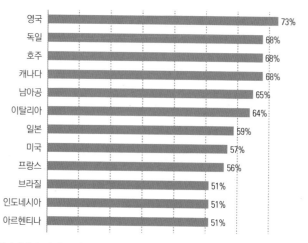

녹색경제에 투자하는 정책에 대한 G20 국가들의 지지도 (자료: 유엔개발계획)

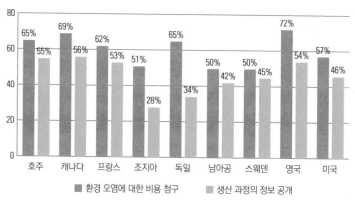

기업의 책임을 촉구하는 정책에 대한 지지도 (자료: 유엔개발계획)

에 대한 시민사회의 지지는 비단 유럽연합과 영국 등 일부 나라에만 해당하는 것이 아니었습니다. 남아프리카공화국에서도, 브라질과 아르헨티나에서도, 인도네시아에서도 코로나19로 인한 경제 위기를 극복하는 방편으로 '녹색'의 중요성에 공감하는 사람이 절반을 넘었습니다.

응답자들이 그저 뜬구름 잡는 이야기로 여기고 이 같은 답변을 한 것일까요? 그렇지 않았습니다. 그들은 꽤 구체적인 지식과 그에 따른 확신으로 이를 지지하고 있었습니다.

왼쪽의 두 번째 그래프에서 주황색은 기업이 배출하는 오염 물질에 대한 비용을 기업이 지급하도록 해야 한다(환경 오염에 대한 비용 청구)는 의견을, 살구색은 제품이 만들어지는 과정에 대한 더 많은 정보를 공개하도록 기업에 요구해야 한다(생산 과정의 정보 공개)는 의견을 의미합니다.

과반이 넘는 응답자가 기업의 책임을 촉구했고, 과반 가까운 시민들은 소비할 때 탄소발자국(사람이 활동하거나 상품을 생산·소비하는 과정에서 직간접적으로 발생하는 이산화탄소의 총량)과 같은 정보를 살펴 합리적인 소비를 하겠다고 뜻을 밝혔습니다. 기업의 책임뿐 아니라 시민 개개인으로서도 책임 있는 소비가 중요하다고 생각하는 것입니다.

이미 다수의 기업은 자신들이 한 해 동안 얼마나 많은 양의 에너지를 사용했고, 얼마나 많은 물을 썼으며, 얼마나 많은 대기 오염 물질을 배출했는지 홈페이지 등을 통해 공개하고 있습니다. 기업의 사회적 책임이 점차 중요한 가치로 떠오르고 있기 때문이죠. 스웨덴의 자동차 회사 볼보가 대표적인 예입니다. 볼

Absolute values related to net sales	2019	2018	2017	2016	2015	2014
Energy consumption (GWh; MWh/SEK M)[1]	2,118; 5.1	2,196; 5.8	2,068; 6.4	2,076; 7.1	2,077; 6.8	2,168; 7.9
Direct CO2 emissions, scope 1 (1,000 tons; tons/SEK M)[1]	211; 0.5	223; 0.6	207; 0.6	211; 0.7	220; 0.7	231; 0.8
Indirect CO2 emissions, scope 2 (1,000 tons; tons/SEK M)[1]	113; 0.3	198; 0.5	192; 0.6	196; 0.7	192; 0.6	218; 0.8
Water consumption (1,000 m3; m3/SEK M)	5,706; 13.6	4,870; 12.9	4,817; 14.9	4,430; 15.2	4,919; 16.2	4,982; 18.1
NOX emissions (tons; kilos/SEK M)	311; 0.7	360; 1.0	301; 0.9	333; 1.1	344; 1.3	332; 1.2
Solvent emissions (tons; kilos/SEK M)	1,488; 3.6	2,148; 5.7	1,681; 5.2	1,792; 6.1	1,885; 6.2	2,472; 9.0
Sulphur dioxide emissions (tons; kilos/SEK M)	9.6; 0.02	13.6; 0.04	13.3; 0.04	12.9; 0.04	32.1; 0.1	37.9; 0.1
Hazardous waste (tons; kg/SEK M)	51,724; 122.0	38,601; 102.0	31,941; 98.6	27,649; 94.9	27,824; 91.6	24,944; 90.4
Net sales, SEK bn	418.4	378.3	323.8	291.5	303.6	276.0

볼보그룹의 환경 영향 (자료: 볼보)

보는 이미 수년 전부터 지나치게 자세하다 싶을 만큼 상세한 정보를 소비자들에게 공개해 왔습니다.

볼보는 탄소중립 선언을 하기 전부터 위와 같은 정보를 공개해 왔습니다. 자신들이 자동차를 만드는 과정에서 환경에 얼마나 영향을 미쳤는지 파악한 것이죠. 전력을 얼마나 많이 사용했으며, 직·간접적으로 탄소를 얼마나 내뿜었는지, 얼마나 많은 물을 썼고, 질소산화물이나 황산화물 등은 얼마나 뿜어냈는지 말입니다. 어찌 보면 자신들이 환경에 얼마나 영향을 미치는지 이렇게 상세히 알고 있었던 만큼 기업 스스로 탄소중립이라는 표현을 쉽사리 꺼내지 못했던 것일지도 모릅니다. 그 말이 지닌 막대한 책임과 무게를 누구보다 잘 알고 있을 테니까요.

지금까지의 설문 조사 결과만 보면, 기후변화 자체에 대한 위기 인식과 기후변화 대응에 관한 세부 정책들에 이르기까지 대중들은 매우 상세히, 많이, 잘 알고 있다고 할 수 있습니다. 특히 숲과 토양 보호, 기후 친화적 농업 기술에 대한 지지와 관심은 대륙을 넘어, 국가별 소득 수준을 넘어 한마음 한뜻이었습니다.

그런데 우리의 밥상과 관련된 부분에선 생각이 엇갈렸습니다. 채식에 대한 인식은 조금 달랐는데요, 전체 평균 30%의 지지밖에 얻지 못했습니다. 이 같은 결과에 관해 유엔개발계획은, 그 어떤 나라에서도 채식 정책은 시민사회 다수의 관심을 받는

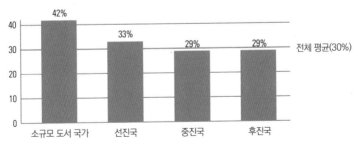

나라 그룹별 기후 정책으로서 채식에 대한 지지도 (자료: 유엔개발계획)

데 성공하지 못했다고 평가했습니다.

채식이 기후변화 대응 정책들 가운데 하나로 인정받지 못한 결과에 대해 유엔개발계획은, 일부 국가에선 채식이라는 선택지 자체가 없고, 그 밖에도 채식의 중요성에 대한 인식이 부족하며, 채식은 정책이 아닌 개인의 선택이라는 인식이 강하기 때문이라고 분석했습니다. 실제로 식용 가축을 키우는 과정에서 발생하는 메테인의 문제점을 지적하는 목소리도 있지만, 과도한 기계식·공장식 사육이 아니라면 목장 자체에서 기후변화 대응 측면의 이득을 볼 수도 있다는 목소리도 없지 않습니다.

온난화에서 기후변화로, 기후변화에서 기후위기로 용어는 달라졌지만, 사실 우리가 이 본질을 처음 알게 된 지는 꽤 오래됐습니다. 학창 시절에 빨간 수은주를 입에 물고 있는 지구의 모습을 담아 포스터를 그리기도 했고, 깨진 해빙 위에 위태롭게 서 있는 하얀 북극곰의 사진과 영상은 이미 30년 전에도 '밈'과 같았죠.

그런데 왜, 그 긴 시간 동안 우리는 그저 지켜보기만 했던 걸까요? 오른쪽 그래프를 보면 조금은 설명이 될지도 모르겠습니다. 상단의 초록색 그래프는 국가별 기후위기 인식도 조사 결과입니다. 그 옆의 주황색 그래프도 국가별 조사 결과이나 연령대를 '60세 이상'으로 한정한 결과입니다. 그 어떤 나라도 60세 이

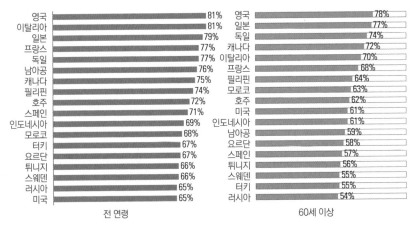

전 연령		60세 이상	
영국	81%	영국	78%
이탈리아	81%	일본	77%
일본	79%	독일	74%
프랑스	77%	캐나다	72%
독일	77%	이탈리아	70%
남아공	76%	프랑스	68%
캐나다	75%	필리핀	64%
필리핀	74%	모로코	63%
호주	72%	호주	62%
스페인	71%	미국	61%
인도네시아	69%	인도네시아	61%
모로코	68%	남아공	59%
터키	67%	요르단	58%
요르단	67%	스페인	57%
튀니지	66%	튀니지	56%
스웨덴	66%	스웨덴	55%
러시아	65%	터키	55%
미국	65%	러시아	54%

국가별 기후위기 인식도 (자료: 유엔개발계획)

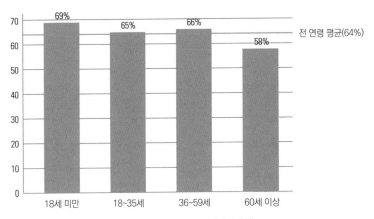

연령대별 기후위기 인식도 (자료: 유엔개발계획)

상의 수치가 해당 국가의 전 연령 평균보다 높게 나타난 곳은 없었습니다.

전 세계 120만 명을 대상으로 한 조사 결과를 국가별이 아닌 연령대별로 나눠 보면, 그 차이는 더욱 두드러집니다. 앞쪽(125쪽)의 하단 그래프를 보면 기후위기 인식에 대한 18세 미만과 60세 이상의 차이는 무려 11%p에 달합니다.

과연 기후변화, 기후위기가 누군가에게는 '남의 일', 누군가에게는 '나의 일'인 것일까요? 한국을 비롯한 많은 나라가 탄소중립 시점 목표로 잡은 2050년. 물론 앞으로 30년 후의 세상이 남의 일이라고 치부해 버릴 사람들이 있을 수도 있습니다. 하지만 지금 이렇게 된 책임은 누가 더 크다고 할 수 있을까요? 자칫 되돌릴 수 없을 지경이 될지도 모를 만큼 달궈진 지구. 태어난 지 20년도 안 된 미성년자의 책임이 더 클까요, 수십 년간 온실가스를 뿜어 온 어른 세대의 책임이 더 클까요?

이 같은 설문 조사 결과는 연령대만 놓고 볼 때 다음과 같이 해석할 수도 있습니다. 11%p라는 차이는 곧 정책을 만들고 국정을 운영하는 이들, 그중에서도 실제 결정권이 있는 이들과 앞으로 기후위기 시대를 살아갈 수밖에 없는 청소년들 사이의 간격을 의미한다고 말이죠. 이 간격을 좁히는 방법은 서로 소통하는 것, 서로의 책임과 의무에 대해 알아 가는 것뿐입니다. 즉, 기후위기의 심각성과 그 대응법에 관해 '공부'하는 일 말입니다.

유엔개발계획은, 기후위기에 관한 의견에 가장 큰 영향을 미치는 것은 '교육 수준'이라는 사실을 이번 조사 결과로 알 수 있

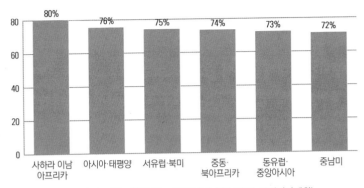

고등교육을 받은 사람들의 기후위기 인식도 (자료: 유엔개발계획)

었다고 설명했습니다. 어떤 나라에서든, 지역과 소득에 상관없이, 교육 수준에 따라 기후위기의 심각성을 인식하는 정도가 달랐다는 것이죠. 당장 위 그래프만 얼핏 보더라도 지금껏 이 보고서에 나온 그 어떤 백분율보다 더 높은 수치가 쓰여 있음을 알 수 있습니다.

지역별로도 교육의 중요성은 뚜렷이 나타났습니다. 흔히 (실제 조사 결과에서도) 서구와 북미 지역에서 기후위기에 대한 인식이 가장 높은 것으로 알려져 있는데, 고등교육을 받은 사람으로 한정하면, 사하라 이남 아프리카 지역에선 기후위기의 심각성을 인지하고 있는 사람의 비율이 무려 80%에 이릅니다. 또 아시아·태평양 지역도 마찬가지로 높은 수준을 보였고요.

보고서에선 '고등교육'이라고 표현됐으나, 이는 기후위기와 관련한 정보에 얼마나 노출됐는지를 의미한다고 해석하는 편이 맞을 것으로 보입니다. 국가별, 지역별로 고등교육의 기회나 환경에 차이가 있는 것이 현실입니다. 하지만 당장 우리가 처한 기후위기에 대해 그것이 기초교육이든, 고등교육이든, 무엇이든 올바로 알릴 수만 있다면 전 지구적 차원에서 유의미한 변화를 불러올 것입니다. 아는 만큼 실천할 수 있고, 아는 만큼 판단할 수 있으니까요. 더불어 그런 실천과 판단은 각 나라의 정부 당국자와 정치인들에게도 궁극적으로 영향을 미칠 테니까요.

달라진 시민 인식이 부른 정치권의 변화

파리협약에 앞서 국제사회는 이미 온실가스 감축에 관한 약속을 한 차례 한 바 있습니다. 바로 교토협약입니다. 1997년에 채택된 이 조약은 '선진국만' 의무적으로 온실가스를 감축하도록 명시했습니다. 이밖에도 탄소배출권거래제와 같은 제도가 만들어졌고, 언제까지 몇 퍼센트의 온실가스를 줄이자는 구체적인 목표가 제시됐습니다. 이 협약은 2005년부터 발효돼 2020년에 만료됐습니다.

2020년 만료를 앞두고는 교토협약을 대체하는 약속도 만들어졌습니다. 2015년 12월 12일, 프랑스 파리 근교의 르부르제 전시장에서 열린 제21차 유엔기후변화협약 당사국총회(COP21)

에서 말이죠. 195개 당사국들이 기후변화를 막기 위해 채택한 협약, 바로 파리협약입니다. 교토협약에선 개발도상국으로 분류되어 감축 의무가 없었던 우리나라가 파리협약에선 감축을 반드시 해야 하는 상황이 됐습니다. 그리고 파리협약 체제는 이전보다 더 강력한 이행을 촉구하게 됐죠. 교토협약에도 불구하고 전 세계 온실가스 배출은 늘어만 갔고, 지구의 평균 기온 역시 맹렬히 높아졌기 때문입니다.

처음에 파리협약은 '산업화 이전 대비 지구 평균 기온 상승 폭을 2℃ 이내로 묶는 것'을 주요 내용으로 했습니다. 그리고 온실가스 감축 의무를 선진국에만 한정했던 교토협약에서 한 걸음 더 나아가 195개 당사국 모두에 감축 의무를 부과했습니다. 국제사회가 다 함께 공동으로 노력하기로 한 최초의 '보편적' 기후 합의인 셈입니다. 파리협약은 교토협약이 만료된 뒤, 그러니까 2021년부터 발효됐습니다.

그런데 이 협약이 발효되기 전, 2018년 10월에 인천 송도에서 열린 제48차 IPCC 총회에서 국제사회는 〈지구 온난화 1.5℃〉 특별 보고서를 만장일치로 채택했습니다. 2015년에 약속했던 2℃가 아니라 1.5℃로 기온 상승 폭을 더 줄여야 한다는 데 모두가 합의한 것이죠. 단순히 더 강한 목표를 위해서, 지구를 좀 더 지키기 위해서 이런 약속을 한 것이 아니었습니다. 시뮬레이션을 하면 할수록, 2℃면 충분할 줄 알았던 것이 그렇지 않다는 사실이 드러났기 때문이죠. 0.5℃ 차이로 인간을 포함한 지구 전체가 겪는 피해 규모는 상상을 초월할 만큼 컸습니다. 2℃와 1.5℃. 불과 0.5℃ 차이. 우리가 몸으로 느낄 수도 없을 정도의 차이일 뿐인데 말입니다.

기온이 오르면서 북극과 남극의 얼음이 녹아내린다는 뉴스는 많이 접해 보셨을 겁니다. 극지방은 지리적으로 멀뿐더러 살면서 한 번이라도 찾아가기 어려운 곳이다 보니 그저 먼 나라 이야기처럼 느껴지기에 십상이죠. 그런데 녹아내린 얼음은 곧 해수면 상승을 부릅니다. 3면에 바다를 접한 우리나라 처지에선 신경을 안 쓸 수 없는 일입니다. IPCC는 2100년까지 해수면이 110cm가량 오를 거로 내다봤습니다. 지난 2013년 보고서에선 60~98cm가량 오를 것으로 예측했는데, 어느새 상황이 더 나빠진 겁니다.

해양 온난화의 속도가 최근 2배로 빨라졌다는 게 IPCC 과학자들의 분석 결과입니다. 북극에 이어 남극 빙하까지 녹아내리기 시작했고, 그 영향은 예상보다 더 커졌습니다. 해수면이 상승하는 것은 물론이고, 지금은 100년에 한 번 겪을 슈퍼 태풍 같은 극한 현상이 2050년이면 해마다 발생할 것으로 예측됐습니다. 불과 30년 후의 일입니다.

이 같은 데이터들을 기반으로 지역별 피해 인구수를 산출한 기관이 있습니다. 미국에 기반을 둔 국제 기후변화 연구 단체

'기후중심(Climate Central)'입니다. 전 세계가 시뮬레이션 대상이었고, 여기엔 우리나라도 포함돼 있습니다. 시뮬레이션 결과, 2050년이면 전 세계 3억 명의 인구가 1년에 최소한 한 번은 침수 피해를 보게 됩니다. 대략 100명 중 4명꼴입니다. 피해는 특히 아시아 지역에 집중될 전망입니다. 지금처럼 이산화탄소를 뿜어내면, 우리나라에선 2050년에 130만 명, 2100년이면 280만 명이 침수 피해를 겪을 것으로 예측됐습니다.

교토 체제의 종료를 1년가량 앞둔 시점인 2019년 연말, 유럽연합에선 폰데어라이엔 체제가 출범했습니다. 새롭게 유럽연합 집행위원장 자리에 오른 우르줄라 폰데어라이엔은 집행위원장 취임 첫날 "2050년, 유럽이 최초의 탄소중립 대륙이 되길 원한다"고 밝혔습니다. 그리고 유럽연합집행위원회는 이에 발맞춰 빠르게 움직이기 시작했습니다.

폰데어라이엔 체제의 출범을 앞두고, 국내에선 다양한 예측들이 쏟아졌습니다. 한국무역협회는 유럽연합이 기후변화 대책과 무역협정 이행 감시를 강화하기 위해 탄소국경세(자국보다 이산화탄소 배출이 많은 국가에서 생산·수입되는 제품에 대해 부과하는 관세)와 통상감찰관제도(교역 상대국의 환경 감시를 강화하는 제도)를 도입할 것이라 내다봤습니다. 교역하는 물건을 만드는 과정에서 배출된 이산화탄소를 토대로 새로운 관세가 도입되는 셈입니다.

여기엔 지구 전체 차원에서 탄소 배출을 줄이겠다는 의도만 있는 것이 아니었습니다. 유럽연합 역내 기업들은 탄소 저감 압박을 크게 받는 만큼 이미 상당한 비용을 투자하고 있었죠. 그러니 마음껏 이산화탄소를 뿜어내며 제품을 만드는 역외 기업들보다 가격 경쟁력에서 불리할 수밖에 없습니다. 즉, 탄소국경세의 취지는 역내 기업을 보호하고, 탄소 배출도 줄이겠다는 것입니다.

한국무역협회 브뤼셀지부는, 탄소국경세 도입은 곧 온실가스를 많이 배출하는 석유화학, 알루미늄, 철강, 펄프 및 제지 수출업체의 비용 상승을 의미한다고 분석했습니다. 한국과 유럽연합 간의 자유무역협정(FTA)으로 우리 수출에 활력이 생기기 무섭게 탄소국경세라는 새로운 관세가 등장한 셈입니다. 물론 이때만 하더라도 유럽연합의 이 같은 움직임과 예측에 회의론도 많았습니다. 유럽연합 회원국 내에서도 경제 상황이나 기후변화에 대한 대응 수준이 천차만별인 만큼, 실제로 실행하기는 어려울 거란 이유에서 말입니다.

기후위기에 대한 깊이 있는 연구가 이어질수록, 기후위기가 우리에게 미치는 영향도 더욱 명확해졌습니다. 그저 '날씨가 좀 더워지는 것'에서 '여러 동식물의 생존을 위협하는 것'으로, 더 나아가 '인간을 포함한 모든 생태계를 위협하는 것'으로 말이죠. 이와 더불어, 기후위기를 가속하는 우리의 행동, 다시 말해 온실가스를 다량으로 뿜어내는 행위가 불러올 위험성도 명확해졌습니다. 이는 곧 온실가스 감축의 필요성과 목적이 명확해졌음을 의미합니다. 그저 '지구 온난화를 막기 위해 온실가스를 줄이자'가 아닌, '수천 명이 조기에 사망하니 온실가스를 줄이자', '수만 달러의 손실을 보게 되니 온실가스를 줄이자'로 말이죠. 보건, 경제, 산업, 외교, 안보······ 연구하면 할수록, 그 어느 것 하나 기후와 무관한 것이 없었습니다. 어느덧 이산화탄소는, 온실가스는 세계인의 의사 결정 과정에 중요한 기준으로 자리 잡게 됐습니다.

III
탄소중립,
글로벌 표준으로 자리 잡다

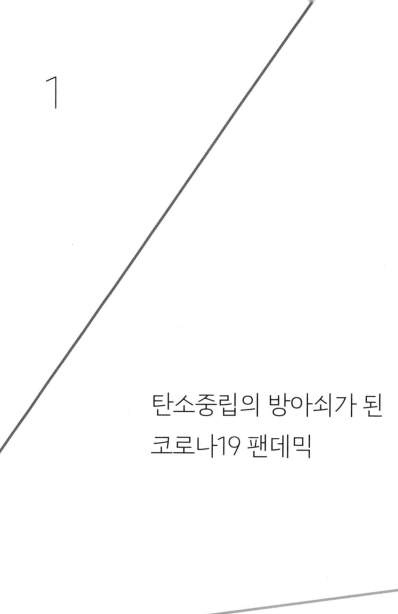

1

탄소중립의 방아쇠가 된
코로나19 팬데믹

2019년 12월 12일, 유럽연합 27개 회원국은 정상회의를 열고 2050년까지 탄소중립을 달성하자는 데 합의했습니다. 회원국 각각이 처한 상황과 조건이 모두 다름에도 뜻을 하나로 모은 겁니다. 예외국이 있기는 했습니다. 폴란드는 유럽연합 회원국 중에서도 석탄 의존도가 높은 편입니다. 이에 폴란드는 자국의 탄소중립 달성 시점을 2070년으로 늦춰 달라고 요청했습니다. 그리하여 프랑스 엘리제궁은 "폴란드가 현재 빠져 있긴 하지만 유럽 그린딜(Green Deal) 정책은 예정대로 집행될 것"이라고 발표했고, 면제를 요청한 폴란드의 마테우시 모라비에츠키 총리는 "우리의 속도에 맞춰 탄소중립 목표를 달성하겠다"고 뜻을 밝혔습니다.

유럽연합 각국 정상들은 탄소국경세에도 뜻을 함께했습니다. 역외 기업이나 시설은 좀 더 높은 국제 환경·안전 기준을 지킬 필요가 있다는 겁니다. 프랑스 정부는 유럽 기업과 똑같은 기후변화 대응 규칙을 따르지 않는 해외 기업의 제품에 세금을 매기는 제도가 탄소국경세에 포함될 것이라고 설명했습니다. '역외 기업'에 대한 규제인 만큼 유럽연합 회원국 모두의 뜻이 하나로 모였다고 볼 수 있죠.

그러던 차에 온 지구를 뒤집은 신종 감염병이 등장했습니다. 바로 코로나19입니다. 팬데믹을 겪으며 세계는 이 같은 위기 역시 기후변화와 무관하지 않음을 새삼스럽게 확인했습니다.

기후위기와 신종 감염병

전문가들은 꽤 오래전부터 기후위기와 새로운 감염병의 연관성에 주목했고, 경고해 왔습니다. 기후변화를 담당하는 주무 부처뿐 아니라 코로나19 상황의 컨트롤타워 역할을 맡은 질병관리청도 마찬가지였습니다. 기후위기와 신종 감염병, 이 둘은 어떤 관련이 있을까요? 그리고 전문가들은 어떤 부분을 걱정했던 걸까요?

[2009년, 한국보건사회연구원] "전 세계적으로 발생하는 기후변화는 사회적 변동, 인구 이동, 경제적 고난, 환경적 퇴화 등의 심각한 문제들을 초래하고 있으며, 인간의 건강 역시 온도나 강수 패턴, 폭풍, 홍수, 가뭄, 해수면 상승 등 기후변화에 영향을 받는 것이 사실이다. 특히 기후변화로 인해 날로 증가하고 있는 기후의 변이성은 매개체에 의한 전염성 질환에도 영향을 미칠 수 있기에……"

당시 한국보건사회연구원의 김동진 선임연구원은 IPCC가 내놓은 보고서를 인용하며 기후변화가 감염병에 영향을 미친다고 설명했습니다. 코로나19가 박쥐에서 인간으로 옮겨왔듯이 감염병은 매개체를 통해 질병이 옮겨집니다. 생태계 안에서 숙주, 매개체, 병원체가 상호작용을 하는 거죠. 그런데 기후변화는 바로 이런 상호작용 환경에 변화를 일으킵니다. 기후변화로 온도나 강수량, 습도가 달라지면 매개체의 생존 기간이나 성장 발달, 병원균의 성장 발달, 숙주의 분포와 개체 수 그리고 매개체의 서식지에 영향을 미치게 되며, 그로 인해 전염병 전파 시기와 강도, 질병 분포의 변화를 초래하게 되는 것이죠.

예를 들어, 기온이 오르면 모기(매개체)뿐 아니라 병원균의 개체 수가 늘어나는 등 생태적인 변화가 발생합니다. 장마에 비 구경하기 어렵도록 가뭄이 들면 쥐(매개체)의 서식지에 변화가 생기고, 반대로 집중호우 등으로 강수량이 늘면 쥐의 개체 번식에 영향이 미칩니다. 갑작스러운 폭우로 홍수가 나면 단순히 매개체의 서식지에만 변화가 생기는 것이 아닙니다. 흘러넘친 물로 인해 인간의 신체나 우리가 먹는 음식과 물 등이 쥐와 같은 설치류의 배설물에 노출되기 쉬워집니다.

기후변화 주무 부처인 환경부는 지난 2005년에 이미 '법정전염병 환자 발생 추이와 기후변화의 관련성'을 분석해 보고서를 발표했습니다. 보고서에 따르면 말라리아, 쓰쓰가무시병, 세균성 이질, 신증후군출혈열, 렙토스피라증, 발진열, 뎅기열, 리슈마니아증, 비브리오패혈증 등의 환자 수가 늘고 있으며, 이는 기후변화와 관련성이 높은 것으로 나타났습니다.

김동진 연구원 역시 2009년 보고서에서 영국, 미국, 캐나다, 일본, 독일 등 많은 나라에서 이미 기후변화가 건강에 영향을

기후 요인	곤충	병원균	척추동물(쥐)
기온 상승	• 생존력 감소 • 일부 병원체의 생존력 변화 • 개체 수 증가 • 사람과 접촉 증가	• 부화율 증가 • 전이 계절 증가 • 분포 확대	• 겨울이 따뜻해지면 쥐가 생존하는 데 유리함
강수량 감소	• 더러운 물이 고여 있어 모기가 알 낳을 곳 증가 • 오랜 가뭄으로 달팽이 수 감소	• 영향 없음	• 먹이 감소로 인해 개체 수 감소 • 사람 주변으로 이동하여 접촉 기회 증가
강수량 증가	• 개체 수의 질과 양이 증가 • 습도가 높아져 생존력 상승 • 홍수에 의한 서식지 제거 기능	• 직접적 영향에 대한 증거 없음 • 일부 자료에 의하면 말라리아 병원균이 습도와 관계있음	• 먹이가 늘어나 개체 수 증가 가능성 있음
홍수	• 홍수는 매개체의 서식지와 전이에 변화를 초래 • 서식지를 쓸어내림	• 영향 없음	• 동물의 배설물에 오염될 수 있음
해수면 상승	• 홍수의 영향으로 소금물에 알을 낳는 모기가 많아질 수 있음	• 영향 없음	• 영향 없음

매개체 관련 질병 전파에 대한 기후 요소의 영향
(자료: 한국보건사회연구원 / 참조 자료: IPCC, 2001: 박윤형 외, 2006)

미친다는 사실을 인지하고, 이에 대응하는 정책을 수립하거나 시행하는 중이라고 소개했습니다. 이 보고서에 사례가 소개된 나라 중 정책 수립이 가장 이른 곳은 미국(2000년)이었고, 독일은 2005년, 일본도 2008년엔 기후변화가 건강에 미치는 영향을 평가하고 대책을 세우는 계획을 내놨습니다. 보고서를 살펴보면 우리 정부도 여기에 '무대응'으로 일관하지는 않았음을 알 수 있습니다.

[2009년, 한국보건사회연구원] "보건복지가족부에서는 '기후변화 건강적응대책'을 수립, 추진 중이다. 여섯 가지 중점 추진 과제를 선정하고 있는데, 그중 하나로 '기후변화 대비 전염병 예방 관리 강화'가 설정되어 있다. 전염병 예방 관리 대책 중 매개체 전염병 감시 체계는 매개체에 의한 전염병 환자 발생 정보와 매개체 발생 정보가 분리되어 있던 것을 통합하고, 매개체와 환자 발생을 지리정보시스템에 기반을 두고 기후 요소를 고려하여 향후 발생 예측 시스템을 구축하는 것을 목적으로 하는 것으로서 기후변화 관련 전염병 대책의 핵심 대응 전략이라고 할 수 있다."

10년도 더 지난 과거의 발표인 데다 숨이 넘어갈 듯 긴 문장입니다. 하지만 한 가지는 분명해 보입니다. 다른 나라 못지않은, 지금 살펴보더라도 정말 탄탄한 전략을 우리 정부가 세웠었다는 거죠. 그런데 이 보고서의 결론에서 우려스러운 부분이 보였습니다.

[2009년, 한국보건사회연구원] "우리나라의 기후변화 관련 적응 정책은 적응의 개념과 필요성에 대한 이해가 부족하고, 국가 전략 없이

산발적인 적응 관련 연구만이 수행되고 있다. 또한 적응 관련 예산은 기후변화 전체 예산 16.6조 원의 약 0.1% 수준에 불과하다. 특히 적응대책의 수립 및 시행에 있어서 우선되어야 할 '미래 기후변화가 우리나라 생태계 및 국민의 건강 등에 미칠 영향과 그로 인한 취약성에 대한 과학적인 평가'가 아직 실시되지 않고 있으며, 기후변화에 대한 문제 인식 단계를 벗어나지 못하고 있다."

그런가 하면 이 보고서 말고도 기후변화와 감염병에 대한 우려를 나타낸 연구는 또 있었습니다.

[2011년, 국립수의과학연구원] "최근 사람에게서 사스, 신종 플루 등 신종 전염병이 세계적으로 발생하고 있으며, 이러한 신종 전염병 중에서 75% 이상이 동물에서 유래하는 인수공통 전염병이다. 특히 이들 병원체는 새로운 환경 변화에 적응하는 특성을 나타내고 있다."

국립수의과학연구원의 정석찬 연구관도 기후변화와 인수공통 감염병에 대한 분석 결과를 발표했습니다. 정 연구관은 세계보건기구가 제시한 자료를 바탕으로, 기후변화로 물이나 식품을 통해 확산하는 식품 매개성 질병(살모넬라, 병원성 대장균 등)이 늘어나는가 하면, 질병을 매개하는 동물 분포에도 변화가 생길 것이라고 설명했습니다. 기후변화로 자연환경에 변화가 생기고, 이러한 현상이 매개 동물이나 병원체의 성장 속도와 개체 수에 영향을 미친다는 것은 앞선 한국보건사회연구원의 설명과 궤를 같이합니다. 정 연구관은 여기에 더해 기후변화를 부추기는 우리의 행위 자체도 감염병에 영향을 미친다고 했습니다.

[2011년, 국립수의과학연구원] "산림자원 훼손, 땅의 경작 등으로 지표면에 물이 많아짐에 따라 매개체(모기, 쥐 등)의 번식이 증가하고, 화학물질 오염으로 인한 내분비 호르몬의 영향으로 숙주 동물(인간 등)의 면역기능이 약해지며, 국제 교류가 활발해지면서 매개 동물이나 병원체의 이동도 증가하는 등의 현상이 매개 전염병 등 인수공통 전염병 발생 증가의 위협 요인이 되고 있다."

그리고 기후변화로 인해 실제로 이미 늘어났거나 앞으로 증가할 것으로 예측되는 감염병으로도 마찬가지 질병들을 꼽았습니다. 일본뇌염이나 라임병, 쓰쓰가무시병 같은 매개체 감염병, 콜레라나 비브리오증 등의 수인성 감염병, 살모넬라증 같은 식품 매개 감염병뿐 아니라 렙토스피라증 등 설치류에 의한 감염병과 인플루엔자 같은 철새와 야생동물 이동에 따른 질병 등 말입니다.

[2011년, 국립수의과학연구원] "기후변화에 따라 홍수나 가뭄이 자

주 일어나고 설치류, 철새 등 야생동물의 수와 분포가 크게 변화할 것이며 이에 따른 병원체의 생존 범위나 기간 등이 달라질 수밖에 없다. 우리나라에서 아직 쓰쓰가무시병 등 일부 전염병을 제외하고는 기후변화와 관련한 전염병 발생 증가 징후는 두드러지게 나타나지 않은 것으로 생각되지만, 우리나라도 평균 기온 상승으로 인해 아열대성 전염병은 증가할 것으로 추측되며, 특히 전염병의 특성을 고려할 때 그 변화는 장기적으로 서서히 나타날 것으로 예상되므로 미리 살피고 대응해야 한다."

정석찬 연구관의 분석입니다. 그는 이 같은 감염병들을 관리하는 방안으로 조기 감시 및 경보 시스템과 재난 질병에 대응하는 국가통합시스템을 구축하고, 병원체를 신속하게 탐지하는 기술과 매개체 연구를 강화하며, 인수공통 감염병 정보 네트워크를 구축해야 한다고 강조했습니다. 또 기후변화로 전에 본 적 없는 새로운 감염병이 등장하는 만큼 전문가를 지속적·체계적으로 육성해야 한다고 덧붙였습니다. 그것도 2011년의 보고서에서 말이죠.

사스의 등장과 함께 이런 신종 감염병에 대한 우려가 커졌다가 시간이 지나며 그 우려가 시민사회에서 조금 엷어지던 때, 메르스라는 또 다른 신종 감염병이 등장했습니다. 사스와 마찬가지로 코로나바이러스 계열의 감염병입니다.

이러한 경고는 2015년에도 계속됐습니다. 메르스 대응 공로로 국무총리 표창을 받은 천병철 고려대학교 의대 교수는 2015년 건강보험심사평가원의 정책 동향지에 신종 감염병에 관한 글을 실으며 다음과 같이 밝혔습니다.

[2015년, 건강보험심사평가원] "세계보건기구에서는 신종 감염병을 '전에 알려지지 않은 새로운 병원체에 의해서 발생하여 보건 문제를 일으키는 질병'으로 정의하고 있다. 여기서 새롭다는 말은 인류가 처음 경험해 보는 감염병으로서, 이 질병에 대한 면역을 가진 인구의 비율이 없거나 매우 낮은 상태를 지칭하고, 보건 문제를 일으킨다는 것은 인간에게 임상적 질병을 일으키고 유행하는 능력이 있음을 의미한다. 신종 감염병은 왜 자꾸 발생할까? 신종 감염병은 어제오늘의 문제가 아니고 전부터 계속 있었던 문제다. 그런데 최근에 더욱 두드러지게 보이는 것은 신종 감염병이 발생할 수 있는 환경의 변화가 커지고, 실제 발생했을 때 미치는 영향력이 커졌기 때문이다."

사람에게 생기는 신종 감염병의 75% 이상이 인수공통 감염병이고, 인수공통 감염병의 대부분은 숙주가 야생동물이거나 가축인 만큼, 인간뿐 아니라 전체 생태계를 함께 고려해야 한다는 것이 천병철 교수의 설명입니다. 바로 '원 헬스(One Health)' 개념을 강조한 겁니다.

'원 헬스'는 인간과 동물 그리고 자연환경까지 하나로 연결된 만큼, 생태계 전반에 대하여 다학제적 접근을 해야 한다는 개념입니다. 인간에게만 이롭거나 동물에만 이로운 것, 혹은 자연에만 이로운 것이 아니라 모두에게 이로운 길을 찾아야 한다는 뜻이죠. 여기에 더해 세계화로 국제사회가 하나의 생활권으로 묶이는 경우가 많다 보니 '원 월드(One World)'라는 개념까지 등장했습니다.

이렇게 되면 고려해야 하는 요소들이 많은 만큼 예상치 못한 구멍도 나타나기 쉽습니다. 천 교수는, 새로운 감염병의 출현이나 기존에 있던 감염병의 재유행 등은 생태계의 변화에 민감하므로 인간이 지구 생태계 내에서 생존하는 한 새로운 인수공통 감염병의 위협은 계속될 수밖에 없다고 했습니다. 따라서 신종 감염병에 대해서는 철저하게 대비하고 유행이 시작되면 조기에 효과적으로 대응하는 것이 전략의 근본이라고 강조했습니다.

천 교수는 당시의 글에서 미국의학원이 꼽은 '신종 감염병이 최근 대두하는 아홉 가지 요인'도 소개했습니다.

[신종 감염병이 최근 대두하는 아홉 가지 요인]

① 인구 증가 및 인구구조 변화: 인구 증가, 도시화, 노령 인구 증가, 만성질환자와 면역저하자 증가 등

② 가축 대량 생산 체계: 육식 증가로 가축의 대량 밀집 사육 증가

③ 인간 행태의 변화: 성 행태의 변화, 외부 활동 증가, 국제 여행 증가, 약물 복용 증가

④ 동식물을 포함한 교역의 증대: 열대 및 아열대 조류, 파충류, 포유류 밀수

⑤ 기후변화: 강수량 증가, 기온 상승, 바다 온도와 염부의 변화 등

⑥ 생태 환경의 변화: 공업화, 삼림 파괴

⑦ 보건 의료 요인: 항생제 남용, 장기 이식 및 혈액제제 사용 등

⑧ 병원체의 적응과 변화: 항생제 내성, 독성의 변화

⑨ 공중 보건 활동의 감축: 훈련받은 감염병 전문가 부족, 질병 감시 및 관리 소홀

위 아홉 가지 요인은 모두 인간의 활동에서 비롯되는 것입니다. 그리고 이 중 다수의 요인은 기후변화를 부추기는 요소이기도 합니다. 무분별한 도시화와 가축의 대량 생산 체계, 공업화와 삼림 파괴는 모두 기후변화를 악화하는 일입니다. 감염병 역학 전문가인 천 교수는 다음과 같이 글을 마무리했습니다.

[2015년, 건강보험심사평가원] "우리 문 앞에는 사스나 메르스보다 더 큰 소도둑들이 많이 대기하고 있음을 이번에는 잊지 않았으면 한다. 메르스가 알려 준 교훈을 하나하나 장기간의 전략과 단계적 목표로 바꾸고 과감한 투자가 이루어져야 한다."

그리고 코로나19가 한국을 비롯한 전 세계를 뒤덮기 직전, 질병관리본부(현 질병관리청)도 비슷한 경고를 했습니다.

[2019년, 질병관리본부] "최근 50년간 신종 감염병이 급격히 증가한 이유는 병원체의 자연적 진화도 원인이 될 수 있지만, 대부분은 인간과 환경 간 상호작용의 변화 때문이다. 인구 증가, 도시화, 여행·교역의 증가, 빈부 격차, 전쟁, 경제 발달과 토지 개발에 따른 생태 환경의 파괴 등이 이러한 변화를 부르는 주요 요인이 된다. 인구 증가와 새로운 지리적 공간으로의 사회적 영역 확장, 해외여행 패턴 변화 등으로 인간은 병원체의 숙주인 동물 종과 접촉할 기회가 많아졌고, 이렇게 사람으로 전이된 병원체는 인구 밀도 및 인구 이동 증가라는 사회적 변화와 결합하여 신종 감염병 확산 및 공중 보건을 위협하는 요인이 되었다."

질병관리본부 미래질병대비과는 2019년 '미래 감염병'에 대한 해외 동향을 분석했습니다. 미래 감염병은 새롭게 등장한 신종 감염병 외에도 현재 존재하는 감염병 중 미래에도 지속하거나 늘어날 거로 예상되는 병까지 포괄하는 더 넓은 개념이라고 볼 수 있습니다. 여기서도 기후변화는 감염병 출현의 중요 요인으로 꼽혔습니다.

기후위기와 신종 감염병의 연관성이 절대 작지 않다고 이렇게 많은 전문가가 과학적인 연구를 통해 경고해 왔습니다. 공중 보건 체계를 탄탄하게 구축하는 일은 신종 감염병에 대응하는 데 필수 요소일 겁니다. 하지만 애당초 걱정거리를 만들지 않는 게 가장 좋은, 중요한 일이겠죠. 신종 감염병 발생 자체를 예방하는 길은 곧 기후변화를 막기 위한 우리의 행동에서 시작된다고 볼 수 있습니다. 단순히 온실가스를 줄이는 식의 행동이 아니라, 자연의 허파인 산림을 잘 가꾸고 보호하며, 생태계를 보전하는 원초적인 행동 말입니다.

2

탄소중립을 선언한
나라들

하루가 다르게 기후변화의 심각성을 경고하는 현상이 지구 곳곳에서 벌어지고 있습니다. 이젠 제법 눈에 보이는 일로 다가오면서 많은 사람이 기후위기 대응의 필요성을 느끼고 있죠. 전문가들은 어떻게 바라보고 있을까요? 평소 기후변화를 연구해온 전문가가 아닌, 경제를 연구하는 전문가들은 지금의 상황을 어떻게 받아들이고 있을까요?

경제학자들도 걱정하는 기후위기

미국 뉴욕대학교 법대 정책연구소는 2021년, 전 세계 경제학자 733명을 대상으로 설문 조사를 벌여 그 결과를 공개했습니다. 기후변화가 미칠 영향은 얼마나 될지, 기후변화 예측 모델에 따른 경제적 피해는 얼마나 될지, 이를 막으려면 어떻게 해야 할지 등을 경제학자들에게 물어본 것이죠.

경제학자들도 기후위기의 심각성을 체감하는 데는 일반 시민들과 크게 다를 바 없어 보였습니다. 최근 5년간 기후변화에 관한 관점에 무엇이 영향을 미쳤는지 묻는 항목에 응답자의 절반 이상이 기후변화로 인한 극한 기상 현상을 목격했기 때문이라고 답했습니다. 이밖에도 기후변화에 관한 과학자들의 연구 결과와 이와 관련한 경제나 사회과학 연구 결과 등이 경제학자들의 관점에 영향을 미친 이유로 꼽혔습니다. 우리 시민사회도 마찬가지였죠. 전에 본 적 없는 더위나 폭우, 초강력 태풍, 갑작스러운 한파나 폭설 등을 경험하고서 '와, 이게 정말 장난이 아니구나' 체감하게 됐으니까요. 바로 그런 이유로 조사에 참여한 경제학자 79%가 기후변화에 대한 우려가 전보다 더욱 커졌다고 답했습니다. 구체적으로는 어느 정도 늘었다는 답변이 38%, 매우 강하게 늘어났다는 답변이 41%였죠.

기후변화 대응에 관한 의견을 묻는 항목에선 이러한 변화가

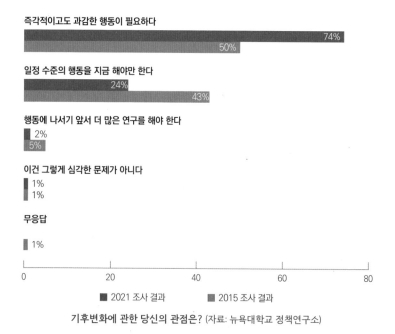

기후변화에 관한 당신의 관점은? (자료: 뉴욕대학교 정책연구소)

두드러지게 나타납니다. 뉴욕대학교 정책연구소는 지난 2015 년에도 경제학자들에게 같은 질문을 했습니다. 기후변화에 대한 경제학자들의 관점을 물은 것인데요, 왼쪽 그래프를 보면 즉각적이고도 과감한 행동이 필요하다는 답변은 2015년 50%에서 2021년 74%로 늘었고, 일정 수준의 행동을 지금 해야만 한다는 답변은 43%에서 24%로 줄었습니다. 그러니까 행동에 나서야 한다는 답변 전체는 93%에서 98%로 5%p 늘었는데, 특히나 즉각적이고도 과감한 행동에 빨리 나서야 한다고 보는 경제학자들이 급증한 겁니다. 또 아직 더 많은 연구가 필요하다는 회의론도 5%에서 2%로 줄었습니다. 조사 결과, 기후변화에 따른 대가가 상당하며, 재앙적인 수준으로 심각해질 수 있다는 데 경제학자들이 광범위한 공감대를 형성했다는 것이 정책연구소의 분석입니다.

이 조사에서 경제학자들은 전 세계적으로 문제가 되고 있는 양극화가 기후변화로 말미암아 더욱 심각해질 거라고 우려했습니다. 국가 간 양극화의 경우 응답자의 55%가 매우 심각해질 것이라고 답했고, 34%가 심각해질 가능성이 있다고 답했습니다. 후진국일수록 기후변화에 따른 영향에 더욱 취약하다는 판단에 섭니다. 후진국에서는 농업이나 그 밖의 야외 노동으로 소득을 얻는 만큼 자연환경에 영향을 받는 경우가 많은데, 이러한 기후변화 문제에 대응하기 위한 정부 차원의 예산은 턱없이 부족하기 때문입니다.

그뿐 아니라 응답자의 70%는 기후변화가 국가 안에서의 경제적 불평등도 심화할 것이라고 내다봤습니다. 이에 따라 정책연구소는, 정책 입안자들이 불평등 문제를 해결할 대책을 마련하는 데 더욱 관심을 가져야 할 것이라고 조언했습니다. 양극화는 그 자체로도 문제지만 그로 인해 기후변화 대응 비용 역시 증가하는 악순환으로 이어질 수 있기 때문입니다. 정책연구소는 국가 내, 지역 간, 글로벌 차원의 양극화 심화는 1인당 GDP 측면에서도 심각한 문제를 불러올 수 있다고 경고했습니다.

한편, 경제학자들은 재생에너지 확대와 탄소 저감 기술 발달에 대해선 낙관적으로 전망했습니다. 정책연구소는 이들에게 2050년이면 탄소 배출이 없는 에너지의 비중이 얼마나 될 것으로 예상하는지 물었습니다. 경제학자들의 답변을 취합한 결과, '절반이 넘을 것'이라는 의견이 중론이었습니다. 이미 유럽연합에선 재생에너지의 실제 발전량이 화석연료를 넘어섰고, 미국역시 발 빠르게 재생에너지 확대에 나선 만큼 재생에너지는 어느덧 '미래의 전유물'이 아니게 된 겁니다. 하지만 연구소는, 재생에너지를 비롯한 각종 청정에너지가 이처럼 확대된다고 하더라도 우리가 나아가야 하는 1.5℃나 2℃ 시나리오에는 충분치 않다고 지적했습니다.

탄소 배출을 줄이려는 노력과 함께 전 세계가 골똘히 연구 중인 것이 있습니다. 탄소를 포집, 활용, 저장하는 기술입니다. 배출량 자체를 줄이는 것도 당연하지만, 그걸로 모자라니 내뿜은 온실가스를 어떻게든 잡아 두겠다는 생각이죠. 아직까진 그 어디서도 실용화 단계까지 올라서지 못한 상태입니다. 그렇다면 경제학자들은 이에 대해 어떻게 생각할까요?

절반 가까운 응답자가 탄소포집활용저장(CCUS) 기술이 실현되는 시점을 40년 이내로 내다봤습니다. 막연한 '꿈의 기술' 혹은 '미래의 기술'이라기보단 어느 정도 실현 가능성이 있다고 판단한 겁니다. 물론 응답자의 25%가량은 별다른 의견이 없다고 답했고, 이와 같은 기술 자체가 아예 실현되지 못할 거로 생각하는 전문가도 일부 있긴 했습니다.

그렇다면 경제학자들은 기후변화로 인한 경제적 피해가 얼마나 심각할 거로 내다봤을까요? 경제학자들이 각각 제시한 경제적 충격을 종합해 보면 대략 다음 표(156쪽)와 같은 수치가 나옵니다. 연구소는 이 수치의 정확도를 높이기 위해 응답 가운데 상위 5%와 하위 5%에 해당하는 값은 제외하고 중앙값을 구했습니다.

표를 보면 2025년, 지구의 기온이 산업화 이전보다 불과 1.2℃ 높아지는 상황에서 이미 경제적 피해가 현실로 다가옵니다. 경제학자들이 예상한 연간 피해액은 무려 1조 7천억 달러,

연도	2025	2075	2130	2220
산업화 이전 대비 기온 상승 폭	1.2℃	3℃	5℃	7℃
경제적 피해(GDP 증감률) - 중앙값*	-1%	-5%	-10%	-20%
경제적 피해(단위: 조 달러) - 중앙값*	-$1.7	-$29.8	-$143.0	-$730.9
경제적 피해(GDP 증감률) - 평균	-2.2%	-8.50%	-16.10%	-25.20%
경제적 피해(단위: 조 달러) - 평균	-$3.8	-$50.6	-$230.3	-$920.9
표준편차	2.9	7.6	13.3	20.7

* 응답 가운데 상위 5%, 하위 5%에 해당하는 값 제외

기후변화로 인한 경제적 피해 예측 (자료: 뉴욕대학교 정책연구소)

우리 돈으로 약 1917조 6천억 원에 달합니다. 해마다 천조 단위로 피해가 발생한다는 겁니다. GDP로 따지자면, 전 세계 GDP가 연간 1% 줄어드는 거고요.

온실가스를 줄이지 않고 계속 뿜어내 2075년 지구의 평균 기온이 산업화 이전보다 3℃ 높아진다면 어떤 일이 벌어질까요? 전 세계 GDP는 5%가 줄어 연간 29조 8천억 달러, 우리 돈 3경 3614조 4천억 원의 손실이 해마다 발생한다는 것이 경제학자들의 예측입니다.

우리가 적극적으로 온실가스 감축에 나서지 않고, 그저 기후변화의 속도를 지금보다 조금 늦추는 수준에 그친다면 어떻게될까요? 지구의 평균 기온이 앞서 언급한 것과 같이 3℃ 오르지만, 그 시점이 2100년이 된다고 가정했을 때를 따져 본 건데요,

전 세계 GDP는 4% 감소하지만, 피해액은 연간 36조 1천억 달러에 달할 것으로 예상됐습니다.

도저히 가늠조차 할 수 없는 규모의 손실입니다. 이 때문에 응답자의 66%는 탄소중립 목표를 달성하는 데 들어가는 비용보다 그로 인한 편익이 더 크다고 판단했습니다.

뉴욕대학교 정책연구소는, 조사에 참여한 경제학자들이 양극화 심화와 전 세계 경제 성장률 감소 등 기후변화에 따른 많은 문제점을 우려하는 동시에, 태양광과 풍력발전 등에서 보여 준 극적인 기술 비용 감소를 통해 탄소중립 혹은 감축 관련 기술의 비용 역시 줄어들 것으로 내다봤다고 정리했습니다. 기후변화에 대응하는 즉각적이고도 대대적인 전략이 경제적으로도 정당성을 지닌다는 데 경제학자들의 뜻이 일치한다는 것이 명확해진 겁니다.

변화에 나선 나라와 도시들

탄소중립의 핵심은 에너지 전환에, 에너지 전환의 핵심은 재생에너지에 있습니다. 자동차와 같은 운송수단을 넘어 각종 장비와 설비 등 석유를 태워 움직이던 것들을 전기로 움직이게 바꾸고, 석탄으로 만들던 전기를 재생에너지로 만드는 일 말입니다. 이를 얼마나 잘 추진하느냐에 따라 탄소중립의 성패가 결정된다고 볼 수 있죠.

재생에너지를 전문적으로 다루는 국제 비영리단체 '21세기를 위한 재생에너지 정책 네트워크(REN21)'는 2021년 3월, 〈세계 도시 재생에너지 현황 보고서〉를 발표했습니다. 지구촌 곳곳의 재생에너지 정책을 시 단위로 평가한 겁니다. 전 세계 인구의 절반 이상인 55%가 도시에 살고 있습니다. 그런 만큼, 에너지 소비의 4분의 3이 도시에서 일어나고, 이산화탄소 배출량의 75%가 도시에서 나옵니다. 국가 단위의 분석도 중요하지만 좀 더 실질적인 변화와 성과를 살펴보기엔 도시별 분석이 더 중요한 이유이기도 합니다.

2020년은 한국뿐 아니라 전 지구 차원에서 탄소중립 여정을 출발한 해였습니다. 전 세계 1852개 도시가 '기후위기 비상선언'을 발표했습니다. 1327곳은 자체적으로 재생에너지 목표나 정책을 준비한 상태고요. 1327개라는 도시의 규모는 얼마나 클까요? 인구수로는 최소 10억 명, 전 세계 도시 인구의 25%를 차지하는 규모입니다. 이 가운데 단순히 심각하다고 비상선언을 하는 데서 그치지 않고 자체적으로 탄소중립 선언을 한 도시도 796곳에 달합니다.

또 전 세계에서 재생에너지 목표를 설정한 도시의 수는 834곳에 이르고, 이 중 '재생에너지 사용률 100%'를 목표로 계획을 세운 곳은 617곳이나 됩니다. 도시 및 지역 단위로 제시된 재생에너지 확대 계획만도 1088개에 이릅니다. 전체 60%에 달하는 657개가 2030년 이전을 달성 시점으로 제시했고, 이 중 135개 목표는 이미 달성한 상태였습니다. 지금까지 무려 43개 도시에서 화석연료 이용을 금지하는 법안이 통과됐고, 24곳에선 이러한 내용의 법안이 통과를 앞두고 있습니다. 이는 단순히 내연기관차만을 금지하는 것에 그치는 내용이 아닙니다. 난방에도 화석연료 사용을 전면 금지하는 등 도시 전체가 화석연료에서 벗어나겠다는 의지를 담고 있습니다.

탄소중립이나 재생에너지 확대와 같은 큰 폭의 변화는 아니더라도 온실가스 배출량 감축 계획을 세운 도시는 최소 1만 500곳에 달합니다. 이러한 움직임은 비단 북미나 유럽에서만 목격되는 것이 아니었습니다. 우리가 온실가스나 미세먼지 문제를

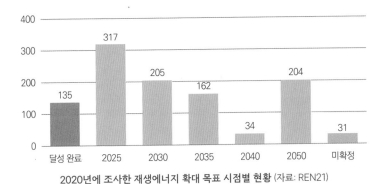

2020년에 조사한 재생에너지 확대 목표 시점별 현황 (자료: REN21)

이야기할 때마다 댓글 창에 '원흉'이라며 소환되는 인도와 중국도 이 흐름에 적극적으로 동참한 상태죠. 국제사회에선 한국 역시 '기후 악당'으로 불리고 있습니다만, 전 세계적으로 '공공의 적'처럼 여겨지기도 했던 인도와 중국은 도리어 우리나라보다 훨씬 더 큰 규모의 감축목표와 계획을 세우고 이행할 준비를 하고 있습니다.

그렇다면 REN21은 한국의 상황을 어떻게 분석했을까요? 보고서에는 우리나라가 압도적인 모습을 보여 준 분야가 있었습니다.

"한국의 지방정부들은 2020년 아시아 지역 기후위기 비상선언 건수 대부분을 차지하는 압도적인 모습을 보여 줬다. 전체 288건 중 한국의 선언이 228건이다."

한국이 지역 단위 기후위기 비상선언 행렬을 선도하고 있다는 얘깁니다. 위에서 말한 '한국발 선언' 228개 중 226개는 전국 기초지자체(기초지방자치단체)의 비상선언에 해당합니다.

우리나라가 글로벌 차원에서 앞서는 분야가 또 있었습니다. 전 세계에서 재생에너지 목표나 정책을 수립한 도시가 1327곳, 인구로는 세계 도시 인구의 25%를 차지하는 규모였는데, 한국의 경우 다섯 곳(서울과 인천, 세종, 수원, 당진)이 이를 준비한 상태입니다. 다섯 곳일 뿐인데 앞선다고 할 수 있나 싶을지도 모르지만, 인구로는 한국 인구의 55%에 해당하는 2600만 명을 차지하는 규모입니다.

전기차 보급도 앞서가는 편에 속했습니다. 우리나라 전체로 보면 재생에너지 비중 목표치가 그리 높지 않았지만, 전기차 보급 목표를 설정한 세계 67개 도시 가운데 두 곳이 한국 도시였던 거죠. 물론 단순히 보급목표만 세운 것이 아니라 아예 100% 전기차로 전환하겠다고 선언한 해외 도시들도 있었지만요. 어쨌거나 수송 부문을 중심으로 배터리 전기차뿐 아니라 수소차 보급과 개발에 적극적으로 나서는 몇 안 되는 나라 중 하나로 한국이 꼽혔습니다. REN21은 보고서에 다음과 같이 덧붙였습니다.

"지역 재생에너지 프로젝트 열기가 가장 뜨거운 지역은 여전히 유럽이지만, 2020년에 접어들어 다른 많은 나라도 이러한 흐름에 동참하기 시작했다. 한국과 남아프리카공화국, 미국이 대표적이다."

한편으로는 아쉬운 면도 있습니다. 재생에너지 전환 목표를 세우고 건물들에 적극적으로 태양광 패널을 설치하고 있음에도 여전히 재생에너지의 발전 비중이 너무 적다는 겁니다. 또 많은 사람이 재생에너지는 오로지 전기를 만드는 데만 쓰인다고 여기는 점도 앞으로 달라져야 할 부분입니다.

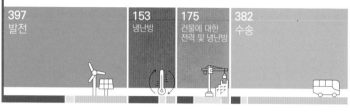

전 세계 799개 도시에서 시행하고 있는 재생에너지 정책 1107개

| 397 발전 | 153 냉난방 | 175 건물에 대한 전력 및 냉난방 | 382 수송 |

■ 보조 정책　　　■ 재정 및 세제　　　▦ 허가·촉진

분야별 재생에너지 정책 현황 (자료: REN21)

전 세계 799개 도시에서 시행하고 있는 1107개에 달하는 재생에너지 정책을 살펴보면 현재 우리의 정책을 얼마나 더 세분화하고 고도화해야 할지 알 수 있습니다. 재생에너지는 발전뿐 아니라 수송, 건축물의 자체적인 전력 확보와 냉난방 공급 등 다양한 분야에 이용되고 있고, 이를 보조하는 정책이 분야별로 뒷받침되고 있습니다. 정책 또한 규제보다 촉진책이 훨씬 더 큰 비중을 차지하고 있습니다. 또 도시 자체적으로 재정 및 세제 정책도 마련되어 있죠.

하지만 이 부분에서 우리나라는, 서울은 주저하는 모습을 보였습니다. 서울시의 탈석탄 금고 정책(시 금고를 운영할 금융기관을 선정할 때 탈석탄 실천 여부를 반영하는 정책)을 골자로 한 조례 일부 개정안이 시의회 문턱을 못 넘고 한참을 표류했습니다. 탄소중립을 선언한 도시인데, 정작 이를 이행하려는 움직임에선 주저하는 겁니다. 아쉬운 부분은 또 있습니다. 분명 기후위기 비상선언엔 모든 기초지자체가 참여했는데, 실제로 탄소중립 목표를 세워 정책화한 곳은 2021년 봄까지 서울과 당진, 단 두 곳뿐이었으니까요.

탄소중립과 그린뉴딜 이행에 관한 연구를 진행하고 있는 녹색전환연구소는 REN21의 보고서가 공개될 즈음 '기초지자체 그린뉴딜 계획 실행력 진단 토론회'를 열었습니다. 토론회에선 지역 단위 대응의 중요성과 한계에 대해 분석한 결과가 발표됐죠. 기초지자체는 정부의 그린뉴딜 정책이 실제로 집행되는 현장일뿐 아니라 지역 특성에 맞는 정책을 발굴하고 실행할 수 있는 만큼, 그 역할이 매우 중요하다는 것이 녹색전환연구소의 설명입니다. 스스로 기후위기 비상사태를 선언했으니 그 약속을 지킨다는 의미에서도 당연히 중요하고요.

물론 현실적인 한계도 있습니다. 녹색전환연구소는, 기초지자체의 권한과 자원의 한계, 예산, 제도적 장벽, 공무원과 각 부처의 역량, 온실가스 감축 계획 수립을 위한 기초 자료 부족 등 다섯 가지 한계점을 지적했습니다. 이로 인해 지자체가 목표와 이행 기반을 모두 갖춘 경우는 그리 많지 않고, 대부분이 계획만 수립한 상태인 것으로 파악됐죠.

정부는 원대한 목표를 발표하며 밝은 미래를 이야기하는데, 정작 현장에선 이를 따라 주지 못하는 상황을 우리는 이미 여러 차례 경험한 바 있습니다. 미세먼지 대응에 관해서 정부가 자동차 규제와 각종 단속을 확대하겠다고 천명했던 몇 년 전만 떠올려 보더라도 알 수 있습니다. 그 당시 정부가 발표한 목표는 그나마 여건이 나은 수도권을 제외하곤 사실상 실현 불가능한 수준이었는데, 현장 단속 인력이나 장비 확보 같은 실질적인 문제는 모두 지자체에 떠넘겨 버렸으니까요.

탄소중립 이행과 그린뉴딜 역시 섬세한 정책 설계 없이는 그때와 똑같은 결과를 마주할 수밖에 없습니다. 정부는 국가 차원의 목표나 큰 그림을 그리는 데 그치지 말고 기초단체 지원에도 동시에 나서야 합니다. 기초단체는 맞춤형 정책의 아이디어들을 모아 광역단체와 정부에 전하고, 이를 효율적으로 실행할 수 있는 구체적인 방안도 함께 제안해야 할 테고요. 단순히 위에서 아래로 혹은 아래에서 위로 향하는 일방적인 방식으로는 정책의 무게감도, 실현의 가능성도 보장할 수 없을 겁니다.

캠페인 그 이상, RE100

2019년 12월, 유럽연합을 시작으로 중국(2020년 9월), 일본(2020년 10월) 등 세계 각국은 잇따라 탄소중립을 선언했습니다. 2021년 연말 기준, 전 세계 136개국이 이 흐름에 동참했습니다. 전 세계 인구 중 62%, 배출량으론 78%, GDP로는 80%의 비중을 차지하는 나라들이 참여한 겁니다.

국가적인 선언만 있었던 것이 아닙니다. 실제 온실가스를 배출하는 주체인 기업들도 하나둘 온실가스 감축의 길로 발걸음을 옮기기 시작했습니다. 분명 자발적 모임인데도 생각보다 큰 강제력과 영향력, 구속력을 갖는 모임, 바로 재생에너지 100% 캠페인 'RE100(Renewable Energy 100)'의 사례입니다.

RE100은 '지구적 관점'에서 보자면 기후변화를 막으려는 기특한 캠페인입니다. 기업들이 자발적으로 나서서 제품 생산에 쓰이는 전기를 100% 재생에너지로 충당하기로 했으니까요. 그런데 '한국인 관점'에선 불안하기 그지없습니다. 2019년까지만 해도, 이 모임에 우리나라 기업은 단 한 곳도 없었습니다. 이제야 하나둘 가입하고 있죠. RE100 캠페인에 동참한 기업은 이미 300곳이 넘습니다. 우리가 잘 아는 기업들로는 애플, BMW, 버버리, 칼스버그, 코카콜라, 이베이, 메타(페이스북), GM, 골드만삭스, 구글, HP, 이케아, 존슨앤드존슨, 레고, 모건스탠리, 네슬레, 뉴발란스, 나이키, 파나소닉, P&G, 랄프로렌, 필립스, 소니, 스타벅스, 타타모터스(인도 자동차 회사로 우리나라의 타타대우, 영국의 재규어, 랜드로버 등을 거느림), 유니레버 등이 있습니다.

당장 이 캠페인의 영향권은 어떻게 될까요? RE100에 참여한 기업들뿐 아니라 이들 기업과 거래하는 협력사들도 영향을 받게 됩니다. 일례로 BMW는 배터리 등 부품을 공급하고 있는 LG

화학이나 삼성SDI 등에 재생에너지를 사용하라고 요구하고 있습니다. 또 자동차, IT(정보통신), 금융, 식음료 등 분야와 상관없이 많은 기업이 참여한다는 점에서 RE100은 앞으로 'ISO 인증'처럼 하나의 국제 표준이 될 가능성이 큽니다.

골드만삭스나 모건스탠리처럼 국제적인 투자사들의 RE100 동참도 눈여겨볼 부분입니다. 우리나라는 수출뿐 아니라 해외 투자에 대한 의존도가 높은데, 앞으로는 탄소 배출량 저감에 소극적인 기업은 투자를 받기 어려워질 수 있습니다. 또 투자자들이 이미 투자한 자금을 이유로 재생에너지 사용이나 탄소 배출량 저감을 요구할 수도 있고요.

실제 압박 사례를 살펴보겠습니다. 지난 2020년, 스마트폰뿐 아니라 PC와 노트북 시장에서 막대한 영향력을 미치는 한 기업이 탄소중립 선언을 했습니다. 2030년까지 제품 제조에서부터 공급에 이르기까지 100% 넷제로(net zero), 즉 탄소중립을 달성하겠다는 선언이었습니다. 유행을 이끄는 데 그치지 않고 실질적으로 시장 점유율에서 차지하는 비중도 큰 업체인 만큼, 이 기업의 움직임은 실제로 시장에 영향을 미치게 됩니다. 바로 애플의 이야기입니다.

그해 7월, 애플은 이 같은 내용의 선언과 함께 지금까지의 진전 상황을 공개했습니다. 공개된 내용에 따르면, 애플은 이미 넷제로를 향한 발걸음을 꽤나 옮긴 상태였습니다. 애플은 전 세

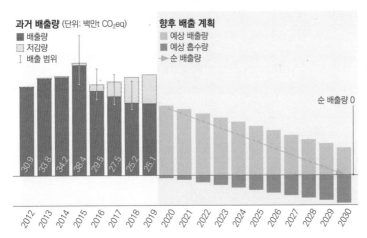

과거 배출량 (단위: 백만t CO₂eq)

향후 배출 계획

■ 배출량
▨ 저감량
I 배출 범위

■ 예상 배출량
■ 예상 흡수량
▶ 순 배출량

순 배출량 0

30.9 33.8 34.2 38.4 29.5 27.5 25.2 25.1

2012 2013 2014 2015 2016 2017 2018 2019 2020 2021 2022 2023 2024 2025 2026 2027 2028 2029 2030

탄소발자국은 2015년 자체 최고점을 기록한 이후 계속해서 줄고 있다. (자료: 애플)

계 44개국에 걸쳐 있는 애플의 모든 사무실, 매장과 데이터 센터가 100% 재생에너지로 가동된다고 밝혔습니다.

디지털화와 함께 데이터 센터의 규모는 점차 방대해지고 있습니다. 그렇다 보니 이를 운영하는 데 막대한 양의 전기가 쓰이고 있습니다. 데이터 센터가 온실가스 배출에 점차 큰 영향을 미치는 거죠. 그런데 현재 이 센터를 재생에너지로만 가동하고 있다는 것이 애플의 설명입니다. 이 같은 애플의 행보는 앞으로는 실제 물건을 만들어 내는 제조업이 아닌 IT 기업도 온실가스 감축을 외면할 수 없다는 방증이기도 합니다.

애플은 보고서를 발표해 자사의 과거와 현재 그리고 미래의 탄소 배출량을 분석, 공개했습니다. 위의 그래프는 2012년부터

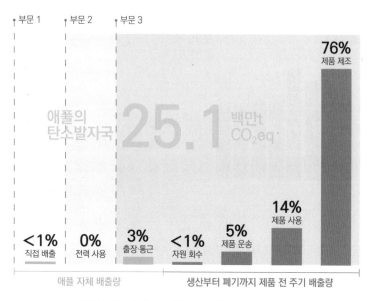

부문 1   부문 2   부문 3

76%
제품 제조

애플의
탄소발자국 **25.1** 백만t
CO₂eq

14%
제품 사용

<1%
직접 배출   **0%**
전력 사용   **3%**
출장·통근   **<1%**
자원 회수   **5%**
제품 운송

애플 자체 배출량   생산부터 폐기까지 제품 전 주기 배출량

2019년, 애플의 탄소발자국을 구성한 요소들 (자료: 애플)

2030년까지 애플의 탄소발자국을 나타낸 것입니다. 탄소발자국은 직접적인 온실가스 배출뿐 아니라 간접적인 배출까지 모두 포함한 개념입니다. 즉, 부품을 만들고 조립하고 운송하는 모든 과정을 포괄하는 것이죠. 애플의 탄소발자국은 2015년에 3840만t으로 최고치를 기록한 이후 계속해서 줄어들어 2019년엔 2510만t을 기록했습니다. 4년 전보다 35% 감축한 겁니다.

그렇다면 이 2510만t의 발자국은 어떻게 구성되어 있을까요? 위 그래프에서 가장 눈에 띄는 것이 두 가지 있습니다. 최고치와 최소치입니다. 먼저, 전력 사용에서 탄소 배출량이 0%라는 데는 큰 의미가 있습니다. 애플의 에너지 사용량이 줄어든 것은 절대 아닙니다. 일례로, 애플의 데이터 센터를 꼽을 수 있는데요, 데이터 센터의 전력 사용량은 2012년 이래로 꾸준히 늘어 왔습니다. 2019년, 애플의 전력 사용량은 30만MWh(메가와트시)가 넘습니다. 7년 전의 9배 수준입니다. 사용량이 이렇게 크게 늘어 왔음에도 2013년, 이미 재생에너지의 비중이 59%를 기록하며 절반을 넘었습니다. 2015년(85%), 2016년(98%), 2017년(99%), 2018년(99.8%) 해마다 비중이 커지다 2019년엔 마침내 100% 재생에너지만으로 운영하게 됐습니다.

상황이 이렇게 되면서 탄소 배출의 가장 큰 비중을 차지한 부문은 제조 과정이 됐습니다. 사실상 배출량 대부분이라고 볼 수 있을 정도입니다. 결국, 배출량을 줄이겠다는 말이 제조 과정에서의 배출량을 줄이겠다는 뜻인 거죠. 더 쉽게 말해, 부품 공급 업체들에 탄소중립을 요구하겠다는 겁니다. 탄소중립을 선언한 것은 애플이지만, 그 과제는 당장 애플에 부품을 공급하는 우리 기업들이 직면한 셈입니다.

지난 2015년, 애플은 '협력업체 청정에너지 프로그램'을 출범시켰습니다. 이후 이 프로그램에 참여하는 협력업체는 꾸준히 늘고 있습니다. 최근 애플이 밝힌 71개의 '재생에너지 사용률 100% 협력업체'엔 우리나라 기업도 포함되어 있습니다. 대상에스티와 SK하이닉스입니다. 대상에스티는 애플에 스마트폰 디

스플레이용 점착 테이프를 공급하고 있고, SK하이닉스는 메모리 반도체를 공급하고 있습니다. 두 기업은 2019년 4월, 애플이 이 프로그램의 업데이트 방침을 밝힌 이후 새롭게 100% 재생에너지를 사용하기로 약속했습니다.

과연 애플의 이 프로그램이 지구를 걱정하는 공급업체들의 선의에만 기댄 것일까요? 아닙니다. 이미 자사에서 사용하는 에너지를 100% 재생에너지로 충당하고 있는 애플이 제조 과정에서도 100% 재생에너지만 사용할 것을 선언한 만큼, 애플에 부품을 공급하려면 반드시 재생에너지만 사용해야 하는 산업 생태계가 구축된 결과입니다.

이 같은 변화는 애플뿐 아니라 다른 기업들에서도 감지됩니다. 마이크로소프트는 2030년까지 탄소중립이 아닌 '탄소 마이너스'를 달성하고, 2050년엔 회사가 설립된 1975년 이후부터 내뿜어 온 전체 탄소 배출량을 모두 없애겠다는 계획을 발표했습니다.

애플이, 마이크로소프트가 다른 기업보다 유달리 지구를 아껴서 이런 선택을 했을까요? 세계 각국은 탄소국경세를 준비하고 있습니다. FTA를 통해 관세 장벽이 없어진 상황에서 탄소 배출량이 하나의 새로운 장벽 또는 경쟁력으로 작용하게 된 것이죠. 지속해서 수익을 창출해야 하는 기업 처지에서 보면 선제적으로 온실가스 감축에 나서는 것이 곧 경쟁에서 우위에 서는 일임을 의미하게 됐습니다.

이렇게 기후변화는 어느덧 먼 미래가 아닌 오늘과 내일, '내일'로 찾아왔고, 우려와 전망은 이제 하나둘 '현실'로 다가오고 있습니다. 생산 과정에서 탄소 저감을 빠르게 실현하지 못한다면 우리나라 제품의 경쟁력은 그보다 더 빠르게 떨어질 것입니다. 애플의 탄소중립 선언에 "우와, 역시 애플!"이라고 외칠 것이 아니라 '잠깐, 우린 어떡하지?' 심각하게 고민하고, 행동에 나서야 할 때인 겁니다.

3

필수가 된
에너지 전환

유럽연합이 쏘아 올린 '제법 큰 공'

유럽은 현재 세계에서 가장 강력하게 탄소 감축에 고삐를 조이고 있는 지역입니다. 단순히 유럽연합 차원의 선언에 그치지 않고, 배출량을 줄이기 위한 각종 규제를 내놓고 있죠. 유럽연합 역내 기업들은 막대한 비용을 들여 기존의 산업 설비를 개보수하거나 새로운 시설들을 만들고 있습니다. 인프라에도 많은 투자가 이뤄졌습니다. 주요 거점마다 한두 곳씩 있던 대규모 발전소에서 각지로 전기를 보내던 과거와 다르게 이제는 바다, 해안가, 산, 도심 곳곳에서 태양광과 풍력발전이 이뤄지면서 발전 설비와 송·배전망의 변화도 불가피해졌기 때문입니다.

그 결과, 당장은 비용이 늘었지만 실제로 온실가스를 줄이는 효과를 얻었죠. 해마다 우상향하던 온실가스 배출 그래프의 방향을 꺾는 데는 많은 고통이 따랐습니다. 남들은 여전히 기존 방식대로 양껏 탄소를 배출하며 저렴하게 제품을 만들고 있는데 왜 우리만 손해를 봐야 하느냐? 이런 목소리가 거셀 법도 합니다. 하지만 그 목소리는 예상보다 크지 않았습니다. 우리가 지금 이렇게 고생하면 정부가 그에 상응하는 대책을 내놓을 거라는 신뢰 덕분입니다.

그렇게 유럽연합에서 시작된 탄소중립 정책의 여파가 본격적으로 한반도를 향하고 있습니다. 유럽연합집행위원회는 2030

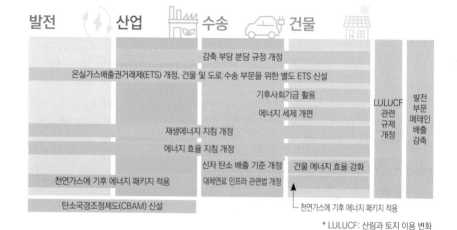

핏포55 법안 주요 내용 (자료: 브뤼헐)

년 탄소 배출량 감축목표와 탄소국경조정제도 등 다양한 기후 위기 대응법안이 담긴 '핏포55(Fit for 55)' 패키지를 발표했습니다. 2030년까지 1990년 대비 온실가스 배출량을 55% 줄이겠다는 목표와 이를 달성하기 위한 다양한 방안들이 담긴 법안 패키지입니다. 우르줄라 폰데어라이엔 유럽연합 집행위원장이 취임 첫날 "2050년, 유럽이 최초의 탄소중립 대륙이 되길 바란다"며 그린뉴딜을 이야기했을 때만 해도 유럽연합이 쏘아 올린 탄소중립의 공은 '작은 공'이었습니다. 하지만 그 공은 날마다 구르며 눈덩이처럼 커져 2021년 7월엔 세계 각국에 영향을 미치는 '제법 큰 공'이 됐습니다.

핏포55 법안 패키지엔 재생에너지를 얼마나 확대할지, 부문

CBAM	2023~2025년 (시범 기간)	2026년~
대상	철강, 알루미늄, 시멘트, 전력, 비료 먼저 시작해 점차 품목 확대	
방식	수입품의 탄소 배출량과 생산국에서 지불한 탄소 비용을 수입자가 신고	수입자가 수입품의 배출량만큼 CBAM 인증서 구매 (EU 배출권거래 가격 연동)
기준	• 부문 1: 생산 과정에서의 배출량 • 부문 3: 투입된 원자재 생산 과정에서의 배출량	• 부문 1: 생산 과정에서의 배출량 • 부문 2: 전력 소비를 통한 간접 배출(검토 중) • 부문 3: 투입된 원자재 생산 과정에서의 배출량
비고	시범 기간에는 비용 지불 의무 없음	생산국에서 탄소세나 배출권거래제 운영 시 생산국 내에서 납부한 비용만큼 할인

탄소국경조정제도(CBAM)의 주요 내용

별 온실가스 감축 부담을 어떻게 나눌지, 유럽 내 온실가스배출권거래제를 어떻게 바꿀지, 자동차나 항공기, 선박 등 수송 부문은 어떻게 달라져야 하는지, 건축물들은 어떻게 변화할지 등 항목별로 세세한 내용이 담겼는데요, 그 분량이 수천 페이지에 달합니다. 이 중 우리나라에 영향을 미칠 수 있는 내용은 크게 네 가지입니다. 탄소국경조정제도 신설, 신차 탄소 배출 기준 개정, 항공 및 해양 부문 연료 규제, 1990년 대비 온실가스 55% 감축입니다.

먼저, 탄소국경조정제도부터 살펴보겠습니다. 이는 꽤 오랜 시간 논의됐던 내용입니다. 유럽연합 역내에서 제품을 생산하는 과정에 탄소 배출을 줄이려는 막대한 노력이 이뤄지고 있는 만큼, 유럽연합에 수출하는 제품들에 대해서도 그에 상응하는 부담이 있어야 한다는 논리입니다. 이 때문에 정식 명칭은 Carbon Border Adjustment Mechanism, 즉 탄소국경조정제도라고 하지만 실제로는 '관세'처럼 작용하게 되죠. 이 제도를 다른 말로 '탄소국경세' 또는 '탄소세'라고 부르는 이유입니다.

처음 탄소국경조정제도의 개념이 등장했을 때는 많은 사람이, 그냥 그런 카드가 있다, 그 카드를 만지작거리는 정도다, 세계무역기구를 통한 각종 문제를 겪을 소지가 있다, 등등 제도 도입이 쉽지 않을 것이라는 '기대 섞인' 주장을 쏟아냈습니다. 하지만 우리가 '먼 미래'라며 별다른 준비를 안 하고 있던 사이, 유럽연합은 이를 좀 더 탄탄히 구성해 공식적으로 발표하기에 이르렀습니다.

철강과 알루미늄, 시멘트 등 탄소를 특히 많이 배출하는 산업부터 이 제도가 적용됩니다. 당장 2023년부터 유럽연합 회원국에 해당 품목을 수출할 때, 탄소 배출량을 유럽연합에 신고해야 합니다. 2년의 시범 기간이 지나면 단순히 생산 과정이나 제품 생산에 투입된 원자재의 생산 과정에서 발생한 탄소 배출량만 따져 보는 것이 아니라 전력 소비를 통한 간접적인 탄소 배출까지 포함하는 내용도 검토 중입니다. 똑같은 저공해 공정을 통해 제품을 만들었다 하더라도, 제품을 만든 국가나 지역에서 재생에너지 비중이 얼마나 되느냐에 따라 탄소세의 금액이 달라지는 겁니다. 그동안 왜 다국적 기업들이나 세계 각국의 전경련(전

국제제인연합회) 같은 기구들이 자국 정부에 재생에너지 확대를 촉구해 왔는지 그 이유가 명확해졌습니다.

이해를 돕기 위해 탄소세라는 표현을 썼습니다만, 유럽연합은 이를 관세와 같은 세금의 성격이 아니라 '조정 대상'으로 보고 있습니다. 이 때문에 시범 기간에 탄소 배출량을 신고하는 것도 '수입자'이고, 향후 제도가 본격적으로 시행될 때도 '수입자'가 탄소국경조정제도 인증서를 구매하는 방식으로 메커니즘이 마련됐습니다. 게다가 유럽연합 역내처럼 수출하는 나라에서 자체적으로 탄소세나 배출권 거래제를 운용하고 있다면 이를 인정해 주고 있기도 합니다.

두 번째로 수송 부문, 자동차의 변화를 살펴보겠습니다. 유럽연합은 2035년부터 내연기관차의 신차 판매를 금지하겠다고 밝혔습니다. 배터리와 내연기관을 함께 갖춘 하이브리드 자동차나 전기 충전이 가능한 플러그인 하이브리드 자동차도 금지 대상에 포함됩니다. 다시 말해, 2035년부터는 100% 전기차, 100% 연료전지차만 판매할 수 있다는 겁니다.

사실 자동차 산업은 다른 산업 분야보다 발 빠르게 전환이 이뤄지고 있었습니다. 이번에 나온 핏포55 법안과 별개로 자동차가 배출하는 온실가스의 양을 강력하게 규제하고 있었기 때문이죠. 2021년만 해도 유럽에서 신차를 판매하려면 자동차 회사의 평균 탄소 배출량이 주행거리 1km당 95g을 넘으면 안 됐습니다. 이를 초과하면 1g당 95유로의 과징금을 내야 했죠. 1km당 95g이라는 기준 자체는 이미 자동차 회사가 내연기관차만 판매해서는 달성할 수 없는 기준입니다. 탄소 배출량이 가장 적은 경차도 1km를 갈 때 100g 넘는 이산화탄소를 뿜어내고 있으니까요.

핏포55 법안에 따르면, 유럽연합은 현재 95g/km인 기준을 2030년에는 55% 감축하게 됩니다. 1km를 갈 때 온실가스를 평균 42.75g만 뿜어내야 하는 겁니다. 이 정도만 해도 순수 내연기관차는 판매할 수 없는 수준입니다. 판매하는 차량의 종류를 하이브리드 자동차, 전기차, 연료전지차 등으로 구성해야 겨우 달성 가능한 정도죠.

이 조치가 발표된 직후, 유럽자동차산업협회의 수장이자 BMW 최고경영자인 올리버 집세는, 유럽연합이 제시한 목표들을 달성하려면 이해 당사자 모두의 끈질긴 헌신이 필요하다며 우려의 목소리를 냈습니다. 2030년까지 42.75g/km라는 목표를 달성하려면 짧은 시간에 전기차 수요가 급증해야만 가능하다는 것이죠. 그는 또 유럽연합집행위원회가 단지 목표만 제시한 것이 아니라 전기나 수소를 충전할 인프라 확충 계획도 함께 내놓은 점을 언급하며, 이 목표를 달성하려면 자동차 제조사뿐 아니라 각국 정부나 기관이 적극적으로 동참해야 한다고 강조했습니다. 무공해차 전환의 책임이 제조사에만 있는 것이 아니라는 점을 분명히 한 겁니다. 또 유럽연합의 각 기관이 규제를 만들거나 특정 기술을 금지하기보다 혁신을 일으키는 데 집중하길 바란다고도 꼬집었습니다.

유럽연합의 강력한 '한 방'에 유럽자동차산업협회가 보수적인 답변을 내놓기는 했지만, 시장은 꽤 빠르게 변모할 거로 예상됩니다. 메르세데스 벤츠는 자사의 첫 고급 전기차인 'EQS'를 출시할 때 이렇게 선언했습니다. "우리는 파리협정에서 약속한 바를 유럽연합이 요구하는 수준보다 더 이르게 달성할 것"이라고요. 마치 이를 미리 알고 있었다는 듯 말입니다.

세 번째, 항공 및 해양 부문 연료 규제에도 대비가 필요합니다. 수송 부문 가운데 상대적으로 온실가스 감축 압박이 약했던 항공기와 선박도 이젠 피할 곳이 없어졌습니다. 당장 2025년부터 유럽연합 역내 공항(일부 소규모 공항 제외)에선 청정항공유를 급유해야 합니다. 또 유럽연합 역내 해운업체들도 이젠 배출권 거래제에 참여해 배출권을 할당받고, 할당된 양을 넘어서는 경우 배출권을 추가로 구매해야 합니다. 배를 띄우는 데도 그저 유류비 절감을 위해서가 아니라 탄소 저감을 위한 노력을 본격적으로 해야 하는 겁니다. 이러한 노력을 기울이지 않는다면 유럽연합의 항공 및 해운업계는 탄소세를 내야 합니다. 그간 탄소세 대상에서 빠져 있던 항공 등유에도, 선박용 연료에도 예외 없이 탄소세가 붙게 됩니다.

항공기나 선박의 경우, 당장은 유럽연합 역내 규제에 그치지만 다른 산업 분야와 마찬가지로 결국에는 대외적으로 확대될 수밖에 없습니다. 따라서 유럽을 오가는 여객기나 화물기, 여객선이나 화물선은 하루라도 빠르게 저탄소 기술을 개발해야 합니다.

이러한 모든 조치는 2030년까지 1990년 탄소 배출량 대비 55%를 감축하겠다는 목표를 달성하려는 방안 가운데 일부입니다. 제아무리 세계 최고의 감축 노력을 기울이고, 가장 먼저 구체적인 성과를 내고 있는 유럽연합이라도 쉽지 않은 목표입니다. 하지만 스스로 강력한 목표를 내걸고, 이를 위해 온갖 노력을 기울이는 것은 대외적으로 강력한 '압박'의 수단이 됩니다. 온실가스 감축목표를 이야기하는 국제회의 무대에서 유럽연합의 발언권이 막강해지는 것은 물론이고, 향후 온실가스와 관련한 국가 대 국가의 논의 혹은 논쟁 과정에서도 '우린 이 정도나 하고 있는데?'라며 상대방을 압박할 수 있게 됩니다.

그러면 우리나라의 상황은 어떨까요? 2020년, 코로나19 등으로 온실가스 배출량이 줄어든 것을 고려해도 배출량은 6억 4860만t에 달했습니다. 1990년 배출량의 2.2배죠. 이런 성적으로 1990년 대비 55% 줄이겠다는 유럽연합에 맞서서 무엇을, 얼마나 주장할 수 있을까요?

유럽연합이 핏포55 법안 패키지를 발표한 직후 이탈리아 베네치아에서 G20(Group of 20) 재무장관회의가 열렸습니다. 각국 장관들은 한목소리로 탄소세를 지지했습니다. 그런데 당시 우리나라 전경련은 유럽연합의 발표에 "정부는 유럽연합의 탄소국경조정제도가 국제 무역 규범의 원칙을 해치지 않도록 미국, 인도, 러시아, 일본, 중국 등 관련 국가와의 국제 공조를 강화해야 한다"는 논평을 냈습니다. G20 장관들이 한목소리로 탄소세를 지지하며 강력한 온실가스 감축 드라이브에 동참한 데다, 유럽연합뿐 아니라 미국 역시 탄소세 카드를 만지작거리는 상황에서 우리 정부가 과연 어떤 이야기를 할 수 있을까요?

국제사회는 어떻게 해야 2050년까지 탄소중립을 달성할 수 있는지 그 답을 찾지 못한 상태가 아니었습니다. 많은 국제기구가, 전 세계 연구자들이 이미 최소한 달성해야 하는 것들을 로드맵의 형태로 발표했습니다. 감축량이 과도하다고 불평할 때가 아니라 그 목표를 어떻게 달성할지를 고민했어야 하는 때가 바로 2020~2021년이었던 겁니다.

4

우리는 이미
답을 알고 있다

옥죄어 오는 감축 압박

온실가스 감축에 대한 압박은 점차 전방위로 거세졌습니다. 국내 시민단체를 시작으로 국제 환경단체가 한국의 온실가스 배출을 비판했고, 유엔기후변화협약 사무총장 역시 우리나라가 온실가스 감축목표를 이전보다 높이기 전까지 쓴소리를 이어 왔죠. 2021년 상반기, 미국과 영국, 유럽연합 등은 한국 정부에 탈석탄을 강력히 요구했습니다. 그런데 아직 우리나라가 석탄에서도 벗어나지 못한 상황에서 국제사회에선 더 큰 압박이 나오기 시작했습니다. 다름 아닌 탈화석연료 압박입니다.

국제에너지기구(IEA)는 2021년 5월, 〈2050탄소중립: 글로벌 에너지 부문 로드맵〉이라는 보고서를 발표했습니다. 우리나라를 비롯한 세계 각국이 탄소중립 목표 시점으로 내세운 2050년, 그 목표를 달성하기 위해 에너지 분야에서 어떤 노력을 기울여야 하는지 분석한 보고서입니다. 200페이지가 훌쩍 넘는 방대한 분량입니다만, 당장 우리나라에 해당하는 내용을 꼽자면 크게 세 가지를 들 수 있습니다.

첫째, OECD 국가는 2035년까지 발전 부문에서 화석연료를 퇴출하고 탄소 배출량을 '0'으로 만들어야 한다.

둘째, 석탄뿐 아니라 모든 종류의 화석연료를 캐내는 행위는 지금 당장 중단해야 한다.

셋째, 재생에너지를 대대적으로 빠르게 확대해야 한다.

이 세 가지만 보더라도 순식간에 충격과 공포가 몰려옵니다.

2022년 현재에도 한반도에 석탄화력발전소를 짓고 있는 마당에 2035년까지 발전 부문의 탈석탄도 아니고, 아예 화석연료를 퇴출하고 탄소 배출량을 0으로 만들어야 한다니……

공기업인 한국전력공사(한전)는 호주 바이롱에 석탄 광산을 개발하겠다며 광산 개발을 불허한 현지 정부 기관과 소송전에 나서는가 하면, 민간기업인 SK E&S는 현지 환경단체의 반발에도 호주 티모르해역에서 LNG 가스전 개발을 추진하는 마당에 화석연료를 캐내는 행위를 지금 당장 중단해야 한다……

제아무리 '재생에너지 확대' 항목이 목표를 초과 달성할 것으로 예측된다고 하더라도 대대적으로 확대해야 한다니……

탄소중립 레이스에서 한 번 뒤처지기 시작했더니 그 차이가 점점 감당하기 어려울 만큼 벌어지는 것인가 우려될 정도입니다.

세부적인 내용을 이야기하기에 앞서 분명히 짚고 넘어가야 할 것이 있습니다. 국제에너지기구는 여타 국제 환경단체와 같은 '친환경적'인 곳이 아닙니다. 다시 말해, 이러한 시나리오가 환경만 생각해서 시민사회나 기업, 정부에 지나치게 가혹하게 구는 내용이 절대 아니라는 얘깁니다.

이제부터 보고서 내용을 하나씩 살펴보겠습니다.

최근 여러 언론 보도나 정부의 정책 발표 등을 통해 기후위기, 온실가스 감축, 탄소중립 등의 표현이 자주 등장하고 있습니다. 대체 누가 탄소중립 선언을 했다는 건지, 괜히 우리나라만 앞서가는 게 아닌가 하는 궁금증 혹은 의심 역시 그만큼 쏟아지고 있습니다. 이러한 의문을 해소하는 내용이 국제에너지기구의 보고서에 담겼습니다. 탄소중립 선언에 나선 나라들을 따져 보면 전 세계 인구로는 약 40%, 탄소 배출량과 GDP로는 70%가 넘는 규모라고 말이죠.

국제에너지기구가 경제적인 측면에 강한 조직인 만큼, 이들은 탄소의 가격이 어떻게 변할지도 전망했습니다. 이산화탄소의 톤당 가격은 2025년 75달러에서 2030년 130달러, 2040년 205달러, 2050년 250달러로 급격하게 치솟을 전망입니다.

아니 무슨, 누가 탄소에 값을 매기냐는 분들도 있겠지만, 이미 세계 각국에선 온실가스에 가격을 매기고 있습니다. 우리나라

이산화탄소의 톤당 가격(단위: 달러)	2025	2030	2040	2050
선진국	75	130	205	250
신흥 개발국*	45	90	160	200
나머지 개발도상국	3	15	35	55

* 중국, 러시아, 브라질, 남아프리카공화국 포함

이산화탄소 가격 전망 (자료: 국제에너지기구)

도 2015년부터 탄소에 가격을 매겨 왔는데요, 온실가스배출권 거래제가 바로 그 예입니다. 탄소 배출을 강제로 금지할 수 없는 만큼, 가격이라는 요소를 통해 감축을 유도하는 것이죠. 지금이야 이를 국가 내에서만 반영하고 있습니다만, 유럽연합과 미국은 탄소의 관세화를 준비하고 있습니다. 2020년대 중반엔 본격화할 기세고요. 제품 혹은 서비스를 생산하는 데 얼마나 많은 온실가스를 내뿜었는지를 따져서 수출입 과정에 관세처럼 부과하겠다는 겁니다. 당장 수출 의존도가 높은 우리나라에는, 특히나 철강과 자동차 등 제조 과정에서 탄소를 많이 배출하는 산업이 큰 비중을 차지하는 우리나라에는 심각한 문제가 아닐 수 없습니다.

국제에너지기구는 2050년까지 '산업화 이전 대비 지구 평균 기온 상승 폭 1.5℃ 이내'라는 목표를 달성하려면 탄소 배출량

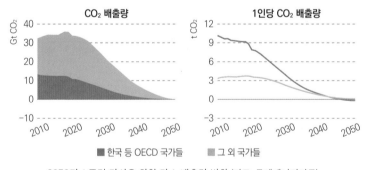

2050탄소중립 달성을 위한 탄소 배출량 변화 (자료: 국제에너지기구)

이 어떻게 줄어들어야 하는지도 따져 봤습니다. 왼쪽의 배출량 그래프를 보면 기울기가 2030~2040년까지 급하다가 차츰 완만해집니다. 선진국이든 개발도상국이든 처음엔 그나마 감축이 쉬운 편이지만 갈수록 어려워진다는 것을 의미합니다. 아무 걱정 없이 온실가스를 뿜어내던 시절에 배출의 큰 비중을 차지하던 굵직한 부문부터 해결하다 보면 초기엔 줄어드는 폭이 크겠지만, 탄소중립 목표 달성을 앞두고서는 정말 세세한 곳곳에서 쥐어짜듯 줄여야 간신히 달성할 수 있기 때문입니다.

그렇다면 탄소 배출량을 이렇게 줄여 가기 위해선 분야별로 어떤 변화가 이뤄져야 할까요?

당장 코앞의 2030년까지 발전 분야는 지금보다 60%, 수송과 산업 분야는 지금보다 20% 이상 줄여야 합니다. 이는 선진국 기준이 아닌 지구 전체 기준의 시간표에 따른 결과입니다. OECD

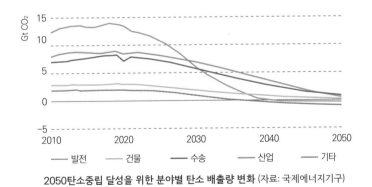

2050탄소중립 달성을 위한 분야별 탄소 배출량 변화 (자료: 국제에너지기구)

국가들은 이보다 더 감축 속도가 빨라야 하는 상황이고요. 분야별 세부적인 내용에 대해선 뒤에서 차근차근 살펴보겠습니다.

2050탄소중립 = 2030탈석탄

국제에너지기구는 무엇보다 2020년대가 청정에너지 사용 비중을 급격하게 확대하는 시기가 되어야 한다고 강조했습니다. 이를 위해 우선 태양광과 풍력발전의 신규 설치 규모는 지금의 4배로, 전기차의 판매량은 지금의 18배로 확대해야 한다는 것이 국제에너지기구의 연구 결과입니다. 오른쪽 그래프를 통해 좀 더 자세히 알 수 있는데요, 2030년까지 연간 630GW의 태양광 발전 시설과 390GW의 풍력발전 시설을 추가해야 합니다. 또 현재 전 세계 자동차 판매 비중 가운데 5%에 불과한 전기차의 비중은 2030년에 60%까지 늘어야 하고요. 그뿐 아니라 GDP에서 에너지가 차지하는 비중을 해마다 4%씩 줄여야 합니다. 1달러를 벌기 위해 우리가 사용하는 에너지가 지속해서 줄어들어야 한다는 뜻입니다.

'그게 되겠어?' 벌써 회의에 가득 찬 목소리가 들리는 듯합니다. 재생에너지는 여전히 딴 나라 이야기고, 전기차 역시 국산 자동차로는 몇 종류 없는 데다, 여전히 전기를 생산하는 데 석

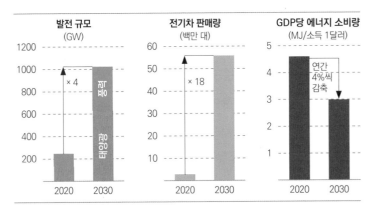

발전 규모 (GW)	전기차 판매량 (백만 대)	GDP당 에너지 소비량 (MJ/소득 1달러)

2050탄소중립 달성을 위한 2030년까지의 변화 (자료: 국제에너지기구)

탄의 비중이 가장 큰 상황이니 당연한 생각일지 모릅니다. 그런데 2050년까지의 탄소중립 여정 총 30년 가운데 초반 10년에 이렇게 극적인 변화를 기대하는 (혹은 요구하는) 데는 이유가 있습니다. 이미 우리가 가진 기술들로 가능한 일이기 때문입니다. 재생에너지의 대대적인 확대, 전기차의 시장 점유율 확대 등 앞서 이야기한 변화 대부분이 이미 상용화된 기술로 가능하다는 얘깁니다. 기후위기의 심각성을 깨닫고 이를 위해 우리가 직접 행동에 나서는 동시에 2020년 기준으로 이미 상용화된 기술을 이용하면 전체 저감 노력의 80% 이상을 해낼 수 있다는 것이 국제에너지기구의 설명입니다.

이는 한편으로 기쁜 소식이기도, 다른 한편으론 나쁜 소식이기도 합니다. 당장 우리가 충분한 감축 여력을 갖고 있다는 뜻이기도 하지만, 진정한 탄소중립을 위한 마지막 노력은 절대 쉽지 않을 거라는 뜻이기도 하니까요. 이미 가진 기술력과 약간의 노력으로 초반엔 어느 정도 구체적인 성과를 낼 수 있겠지만 탄소중립을 목전에 둔 상황에선 온실가스 1t, 1kg을 줄이는 일이 기술적으로나 금전적으로나 어려울 거라는 얘기입니다.

국제에너지기구는 '2050탄소중립'을 위해 2020년부터 2050년까지 우리가 5년마다 반드시 달성해야 할 중간 목표들을 정리했습니다. 언제까지 어떤 목표를 달성해야 하는지 오른쪽 도표를 함께 볼까요? 당장 지금부터 전 세계 모든 나라가 신규 석탄화력발전소를 더는 짓지 않아야 하고, 신규 유전이나 가스전의 개발도, 석탄 광산을 확장하거나 새로 개발하는 것도 멈춰야합니다. (첫 단계부터 우리나라는 삐걱거리는 셈입니다만……) 2025년엔 화석연료를 쓰는 보일러를 더는 판매할 수 없습니다. 2030년, 전 세계 자동차 판매량의 60%가 전기차로 채워지고, 한국을 포함한 OECD 국가들에선 석탄화력발전소의 단계적 폐쇄가 끝나는가 하면, 수소를 통한 발전도 850GW로 상당 부분을 차지하게 됩니다. 새로 짓는 모든 건물은 '탄소 제로' 준비를 마친 '그린 건축물'이어야 하고요.

2035년엔 본격적으로 신차 판매에 대해 '내연기관 퇴출'이 전 세계에 걸쳐 이뤄집니다. 대형 트럭이라 할지라도 판매량의

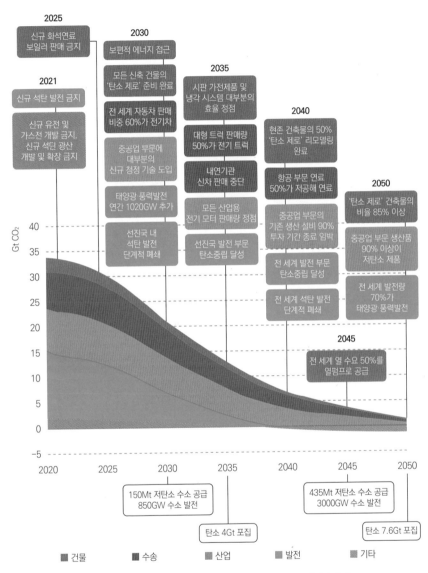

2021

신규 석탄 발전 금지

신규 유전 및 가스전 개발 금지, 신규 석탄 광산 개발 및 확장 금지

2025

신규 화석연료 보일러 판매 금지

2030

보편적 에너지 접근

모든 신축 건물의 '탄소 제로' 준비 완료

전 세계 자동차 판매 비중 60%가 전기차

중공업 부문에 대부분의 신규 청정 기술 도입

태양광·풍력발전 연간 1020GW 추가

선진국 내 석탄 발전 단계적 폐쇄

2035

시판 가전제품 및 냉각 시스템 대부분의 효율 정점

대형 트럭 판매량 50%가 전기 트럭

내연기관 신차 판매 중단

모든 산업용 전기 모터 판매량 정점

선진국 발전 부문 탄소중립 달성

2040

현존 건축물의 50% '탄소 제로' 리모델링 완료

항공 부문 연료 50%가 저공해 연료

중공업 부문의 기존 생산 설비 90% 투자 기간 종료 임박

전 세계 발전 부문 탄소중립 달성

전 세계 석탄 발전 단계적 폐쇄

2050

'탄소 제로' 건축물의 비율 85% 이상

중공업 부문 생산품 90% 이상이 저탄소 제품

전 세계 발전량 70%가 태양광·풍력발전

2045

전 세계 열 수요 50%를 열펌프로 공급

Gt CO₂

40
35
30
25
20
15
10
5
0
-5

2020   2025   2030   2035   2040   2045   2050

150Mt 저탄소 수소 공급 850GW 수소 발전

435Mt 저탄소 수소 공급 3000GW 수소 발전

탄소 4Gt 포집

탄소 7.6Gt 포집

■ 건물   ■ 수송   ■ 산업   ■ 발전   ■ 기타

2050탄소중립 달성을 위한 주요 중간 목표 (자료: 국제에너지기구)

50%가 전기 트럭이고요. 또 한국 등 모든 OECD 국가에서 적어도 발전 분야에서만큼은 탄소중립을 달성합니다. 5년 후인 2040년엔 선진국, 후진국 할 것 없이 전 세계 발전 분야의 탄소중립을 이룩해야 합니다. 신축, 구축 구분 없이 모든 건물의 절반이 '탄소 제로 건물'이어야 하고, 항공 부문 역시 저공해 연료의 비중이 50%를 넘어야 하고요. 또 제아무리 중공업이라 할지라도 기존 고탄소 설비의 90%가 이젠 역사 속으로 사라질 준비를 해야 합니다. 이러한 각고의 노력 끝에 2050년, 지구에 존재하는 모든 건축물의 85% 이상이 탄소 제로 건물로 변모하고, 전 세계 전력 생산의 70%가 태양광과 풍력발전으로 이뤄져야 비로소 탄소중립, 우리가 흡수할 수 있는 만큼만 내뿜는 상태에 도달할 수 있습니다.

그런데 어쩌면 실제로는 이보다 더 큰 폭으로, 더 빠르게 감축 노력을 이어 가야 할지도 모릅니다. 사실, 이 시나리오는 탄소포집저장(CCS) 기술이 포함된 셈법이기 때문입니다. 이 때문에 IPCC 특별 보고서 〈지구 온난화 1.5℃〉의 주 저자이자 임페리얼칼리지런던 기후변화환경연구소 연구 책임자인 조리 로겔은, 국제에너지기구가 제시한 로드맵을 비판적으로 봐야 한다고 꼬집었습니다. 이 시나리오가 온실가스 감축량 상당 부분을 바이오에너지와 탄소포집저장 기술에 기대고 있기 때문이라는 게 그의 분석입니다. 바이오에너지의 경우 이름만 들으면 굉장히 친환경적으로 느껴지지만, 실제로는 탄소 배출이 절대로 '0'이 될 수 없고, 탄소포집저장 기술은 아직 상용화하지 못한 (혹은 여전히 상상 속에 머무는) '미래의 희망 사항'이니까요.

발전 부문의 탈화석연료

우리나라가 가장 취약한 부문 중의 하나, 바로 발전입니다. 석탄 발전 비중이 OECD 회원국 가운데 최고 수준이죠. 석탄을 벗어나겠다며 찾은 대안은 액화천연가스, 즉 LNG였습니다. 마찬가지로 화석연료죠. 남들이 석탄을 넘어 화석연료 자체와 작별을 고하는 사이 우리는 해외에 석탄 광산을, LNG 가스전을 개발하려고 혈안입니다. 국제에너지기구의 분석을 보면 우리나라는 외딴섬 같습니다. 선진국으로 분류되나 에너지 측면에선 그 어느 것 하나 선진국에 해당하는 내용이 없으니 말입니다.

국제에너지기구는 2020년에 세계적으로 29%에 불과한 재생에너지 발전 비중이 2030년이면 60%를 넘고 2050년엔 90%에 육박할 것으로 내다봤습니다. 2020년 세계 재생에너지 비중이 29%라는 사실에 먼저 놀랍니다. 한국은 2030년 재생에너지 비중 20%를 달성하는 게 목표인데, 같은 시기에 세계는 60%를 넘을 거라는 데서 또 한 번 놀랍니다. 그리고 아직도 한국 곳곳에

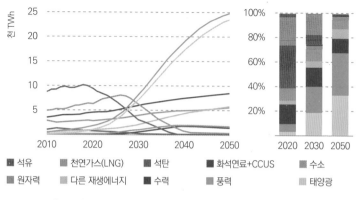

■ 석유　　■ 천연가스(LNG)　　■ 석탄　　■ 화석연료+CCUS　　■ 수소
■ 원자력　　■ 다른 재생에너지　　■ 수력　　■ 풍력　　■ 태양광

2050탄소중립 달성 과정에서의 발전원별 발전량 변화 (자료: 국제에너지기구)

석탄화력발전소가 지어지고 있는 데다 LNG는 마치 '차세대 친환경 발전원'인 양 석탄을 대체하려 하고 있는데, 세계적으로는 2040년부터 석탄과 LNG가 차츰 사라질 거라는 대목에서 또다시 놀랍습니다. 그리고 이렇게 해야 2050년에 탄소중립을 그나마 달성할 수 있을 것이라는 데서 걱정과 두려움이 생깁니다.

우리나라의 온실가스 배출량이 2019년과 2020년 2년 연속 감소세를 보인 주요 원인은 발전과 열 부문에서의 배출 감소 덕분이었습니다. 이는 전 지구 차원에서 보더라도 마찬가지입니다. 국제에너지기구는, 오늘날 이산화탄소 배출에서 발전 부문이 단일 부문 가운데 가장 큰 비중을 차지한다며, 에너지 전환이야말로 2050년까지 탄소중립을 달성하는 핵심 방안이라고 설명했습니다.

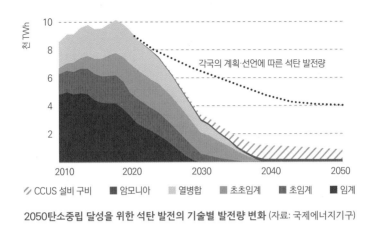

2050탄소중립 달성을 위한 석탄 발전의 기술별 발전량 변화 (자료: 국제에너지기구)

석탄 발전은 세대에 따라 임계, 초임계, 초초임계 등으로 변
화해 왔습니다. 그에 따라 효율이 높아지고, 온실가스 배출량이
줄어든다고는 하지만 이는 석탄 발전이라는 범주 안에서 봤을
때만 해당하는 이야기입니다. 석탄 발전은 다른 발전 방식과는
비교할 수 없을 만큼 많은 온실가스를 내뿜죠. 이 때문에 발전
부문의 온실가스 감축은 탈석탄에서 시작합니다. 아니, 이미 시
작했습니다. 임계, 초임계, 초초임계 할 것 없이 석탄 발전은 이
미 2010년대부터 줄어들기 시작했으니까요. 그것도 발전량이
정점을 찍은 직후 급격히 줄어들기 시작했습니다. 따라서 2020
년대는 석탄을 줄이는 시기가 아니라 작별을 고하는 시기가 될
수밖에 없습니다.

국제에너지기구는 2030년 임계 석탄 발전을 시작으로 초임

계와 초초임계 석탄 발전을 2040년까지 모두 완벽히 퇴출해야 한다고 분석했습니다. 화석연료를 이용하는 발전 가운데 그나마 남게 되는 가스를 이용하는 화력발전에는 당연히 탄소포집저장 기술이 도입되어야 하고요. 그러지 않고서는 제아무리 태양광 패널과 풍력 터빈을 많이 설치한다고 해도 넷제로를 달성할 수 없습니다.

이렇게 사라져 갈 석탄의 빈자리는 재생에너지의 몫입니다. 그리고 재생에너지의 임무는 또 있습니다. 늘어나는 전기 수요를 감당하는 것이죠. 전기차를 비롯해 산업과 교통, 주거 등 각 부문에서 화석연료를 이용하던 수많은 것들이 앞으로는 전기로 움직이게 됩니다. 석탄 발전이 줄어드는 속도를 훨씬 뛰어넘을

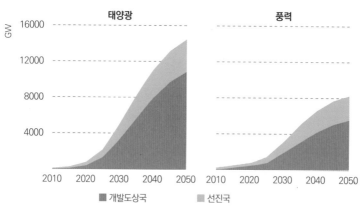

2050탄소중립 달성 과정에서의 재생에너지 발전 설비 용량 변화
(자료: 국제에너지기구)

정도로 빠르게 재생에너지가 확대되어야 하는 이유입니다.

꼭 재생에너지가 아니더라도, 다른 발전 방식으로 그 전기를 대체하면 되는 것 아닌가? 하는 의문이 생길지 모르겠습니다. 외국에서야 그 질문이 나오지 않지만 유독 한국에선 이러한 목소리가 여전히 큽니다. 우리가 재생에너지 확대에 집중해야 하는 이유, 재생에너지 확대가 곧 에너지 전환을 의미하는 이유는 무엇일까요? 많은 이유가 있겠지만, 그중 누구도 반론을 제기할 여지가 없는 이유가 있습니다. 재생에너지가 온실가스를 줄이는 데 가장 '저렴한' 방법이기 때문입니다. 이미 세계 각국에서 정책적인 지원이라는 든든한 뒷받침이 있을 뿐 아니라 관련 기술이 성숙한 단계에 접어들면서 발전 단가는 꾸준히, 빠른 속도로 줄어들었습니다. 발전에 따른 사회적 비용은 당연히 다른 발전 방식과는 비교도 어려울 만큼 적죠.

국제에너지기구는 재생에너지 가운데 가장 먼저 이러한 지원과 기술 발전이 일어난 분야가 태양광 발전이며, 이미 시장 대부분에서 가장 저렴한 전력원이 됐다고 분석했습니다. 또 육상 풍력 역시 이미 저비용 기술이 마련돼 태양광과 겨루며 빠르게 성장할 것이라고 덧붙였습니다. 그뿐 아니라 해상풍력도 최근 수년간 빠르게 기술 수준이 높아지고 있다면서, 지금은 고정식 설치 중심이지만 2030년엔 부유식 설치 방식이 주가 됨으로써 이른 시일 안에 설치량이 급증할 것이라고 분석했습니다.

발전기만 설치한다고 끝날 일이 아니죠. 이미 국내에서는 제주와 전남에서 재생에너지 발전량을 감당하지 못해 가동을 중단하는 일이 벌어지고 있습니다. 따라서 이 에너지를 적재적소로 보내줄 송·배전망도 함께 설치해야 합니다. 국제에너지기구도 전력망 투자를 에너지 전환에 결정적인 요소로 꼽았습니다. 이를 위해 세계 각국이 지금까지 130년 넘는 시간 동안 깔아 놓은 전력망의 배 이상을 2040년까지 설치해야 하고, 여기에 2050년까지는 25%를 추가로 더 설치해야 한다고 설명했습니다.

그만큼 대규모 투자도 뒤따라야 합니다. 국제에너지기구는 2020년 수준 대비 3배의 돈을 2030년에 투자해야 할 것으로 내다봤습니다. 전력망에 들이는 액수만 2030년에 8200억 달러,

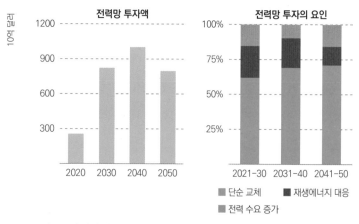

2050탄소중립 달성 과정에서의 글로벌 전력망 투자 변화 (자료: 국제에너지기구)

2040년엔 1조 달러에 달합니다. 우리 돈으로 대략 916.8조 원, 1118조 원에 달합니다. 이는 곧 전력망을 만드는 산업과 인력에 투입되는 돈이기도 하죠. 유럽이나 미국이 열심히 재생에너지를 확대하고, 그에 맞춘 전력망을 설치하는 이유가 과연 '지구와 인류를 위하여'라는 자못 숭고한 이유 하나 때문일까요?

산업 부문의 탈화석연료

에너지원의 탈탄소, 탈화석연료는 발전 부문에만 국한된 일이 아닙니다. 에너지로 인해 발생하는 온실가스 가운데 발전에 이어 큰 비중을 차지하는 것, 바로 산업입니다. 특히 화학(석유화학), 철강, 시멘트와 같은 중공업 분야의 경우 전체 산업 부문 온실가스 배출량의 70%를 차지하고 있죠. 비중도 비중이지만 이들 분야는 온실가스 배출량을 줄이는 것 자체가 쉽지 않습니다. 국제에너지기구는, 이 세 가지 산업이 현대인의 삶에 필수적인 산업으로써 비용 경쟁력이 있는 대체 품목을 찾기 어려운 것들이라며, 탄소 배출 없이 석유화학 제품과 철강 제품, 시멘트 제품을 만들어 갈 수 있느냐가 관건이라고 분석했습니다.

감축의 어려움이 크다는 것은 그래프(200쪽)를 통해서도 알 수 있습니다. 지금껏 살펴본 각종 그래프와 달리 산업 부문의

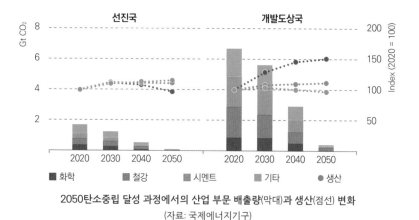

2050탄소중립 달성 과정에서의 산업 부문 배출량(막대)과 생산(점선) 변화
(자료: 국제에너지기구)

경우 기울기가 완만합니다. 재생에너지 발전 설비 용량 그래프 (196쪽)는 당장 2030년부터 가파르게 우상향했고, 그로 인해 탄소 배출량이 급감하게 되는 것과는 사뭇 다르죠. 시간이 어느 정도 필요한 일이라는 뜻입니다. 국제에너지기구는, 2050년까지의 온실가스 감축분 가운데 60%는 지금 한창 개발하고 있는 미래의 기술을 통해 가능하다고 지적했습니다. 지금의 기술 수준으론 큰 폭으로 줄이기 어렵다, 따라서 미래에 기술이 발전하고 나서야 비로소 큰 폭으로 줄일 수 있다는 얘깁니다.

이 미래의 기술 가운데 핵심은 수소 그리고 탄소포집활용저장 기술입니다. 엄청난 고열이 필요한 산업 분야의 경우 전기만으론 필요한 열을 다 얻을 수 없습니다. 철강 제품을 만드는 데 전기 코일로 내는 열만으로는 충분하지 않은 것이죠. 수소를 연

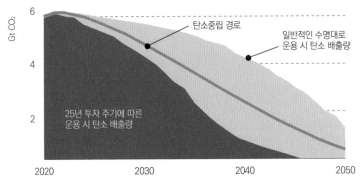

탄소중립 경로

일반적인 수명대로
운용 시 탄소 배출량

25년 투자 주기에 따른
운용 시 탄소 배출량

2050탄소중립 달성 과정에서 기존 중공업 설비가 뿜어내는 탄소 배출량
(자료: 국제에너지기구)

료로 이용해 지금의 석탄을 대체하고, 화학공업 등의 공정 과정
에서 나오는 탄소를 최대한 붙잡아 둠으로써 온실가스 배출량
을 줄여야 합니다.

그런데 산업 부문의 감축 속도가 느린 이유는 비단 기술적 어
려움 때문만이 아닙니다. 국제에너지기구는, 중공업의 경우 자
본이 많이 드는 데다 생산 설비를 한 번 설치하면 오랜 기간 이
용해야 하는 만큼 제아무리 혁신적인 탄소 저감 기술이라 할지
라도 현장에 빠르게 적용하기가 어렵다고 지적했습니다. 중공
업의 생태에서는 2050년이라는 목표 시점까지 남은 시간이 그
저 한 번의 투자 주기 정도밖에 되지 않는다는 겁니다.

대표적인 탄소 배출원으로 꼽히는 철강업의 고로나 시멘트업
의 가마는 한 번 설치하면 약 40년간 가동한다는 것이 국제에너

지기구의 설명입니다. 물론 40년을 다 채우기 전, 설치 25년 후에 한 차례 개보수를 거치곤 하죠. 따라서 현재 설치된 설비를 개보수하게 되는 시기, 지금부터 25년 후가 중공업의 탄소중립 성패를 가를 중요한 타이밍이 될 것으로 내다봤습니다. 지금은 그저 시제품 단계에 그치는 기술들이 그때까지 상용화를 넘어 검증된 상태가 되지 못한다면 관련 업계는 결국, 기존의 방식대로 생산 설비들을 가동할 수밖에 없을 테니까요. 국제에너지기구는, 기회의 문은 지금부터 2030년까지만 열려 있다며, 이 시기를 절대 놓쳐서는 안 된다고 강조했습니다.

그렇다면 2050년 탄소중립 달성이라는 목표를 위해서 산업 분야는 어떻게 달라져야 할까요? 전체 산업에서 화석연료(석탄, 석유, 천연가스)가 차지하는 비중은 2020년의 70% 가까운 수준

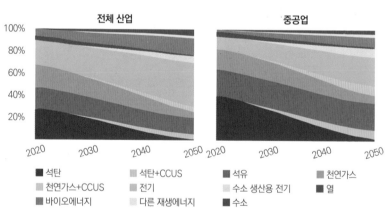

2050탄소중립 달성을 위한 산업 부문 최종 에너지 수요 변화 (자료: 국제에너지기구)

에서 2050년에는 30%까지 낮아져야 합니다. 전기의 비중은 현재의 20%에서 45%까지 배 이상이 되어야 하고요. 상대적으로 고열이 필요한 중공업의 경우 화석연료의 비중이 2050년에도 50%에 가까울 전망입니다. 물론 수소 기술이 발달한다면 화석연료의 비중이 더 많이 줄어들겠지만요.

이를 위해 '중공업 3대장'으로 불리는 화학, 철강, 시멘트 분야는 어떻게 달라져야 할까요? 국제에너지기구는 2030년까지 제품의 80%가량이 기존의 생산 방식대로 만들어지겠지만, 2050년엔 대부분의 생산량이 탄소포집활용저장 기술이나 수소 기반, 혹은 기타 신기술에 의해 만들어질 것으로 내다봤습니다. 다시 말하자면, 탄소중립을 이루려면 반드시 이렇게 돼야만 한다는 뜻입니다.

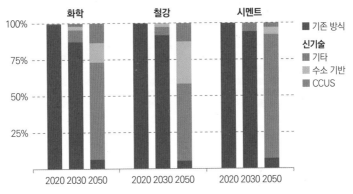

2050탄소중립 달성을 위한 화학, 철강, 시멘트 산업 생산 기술의 변화
(자료: 국제에너지기구)

중공업뿐 아니라 경공업 분야에서의 변화도 필수입니다. 다양한 산업 분야에 걸쳐 전기뿐 아니라 열이 필요하죠. 국제에너지기구는 열이 필요한 산업 분야가 얼마나 되는지, 또 이러한 열을 어떻게 공급할지도 따져 봤습니다. 상대적으로 온도가 낮거나 중간 수준의 열(0~400℃)은 현재 절반 이상을 화석연료로 공급받고 있습니다. 이 비중은 점차 줄어들어 2050년엔 열 대부분을 전기 히터와 열펌프(heat pump, 낮은 온도의 물체에서 높은 온도의 물체에 열을 가하는 장치)로 공급받게 됩니다. 고온(400℃ 초과) 영역에서도 마찬가지로 화석연료의 비중이 매우 작아질 전망입니다. 이는 대부분 전기 히터와 수소 히터로 대체되고요.

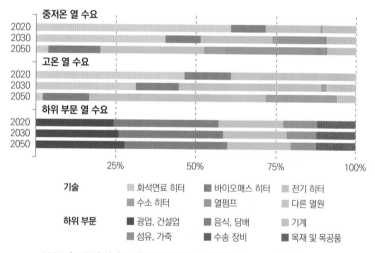

2050탄소중립 달성을 위한 경공업 분야 열 공급 (자료: 국제에너지기구)

자, 이제 글로벌 규모의 오늘과 미래에서 '오늘의 한국'으로 돌아와 볼까요? 오늘의 우리는 국제사회의 2020년보다 앞서 있나요? 내일의 우리는 국제사회의 내일을 쫓아갈 준비가 되어 있나요? 오늘도, 내일도 보조를 맞추지 못한다면 2050탄소중립은 말뿐인 선언에 그칠 수밖에 없습니다.

　에너지의 변화는 곧 일자리의 변화를 의미하기도 합니다. 국제에너지기구는 그 이름에 걸맞은 본연의 전문성에 따라 이번 보고서에서 에너지 공급과 관련한 일자리 변화도 예측했습니다. 그리고 에너지 전환은 시민 개개인이나 지역에 대한 사회적, 경제적 영향을 반드시 고려해야 하는 일이므로 영향을 받는 시민 개개인을 능동적인 참여자로 대해야 한다고 강조했습니다. 변화의 주체는 국가나 기업이고 시민과 노동자는 그저 주어진 상황에 휩쓸려 가도록 내버려 두어서는 안 된다는 얘깁니다. 국제사회도, 정부도, 기업도, 시민도, 노동자도 모두가 변화의 주체인 겁니다.

　보고서에 따르면, 탄소중립을 향해 가는 여정에서 새로운 고용 창출이 일어날 것으로 예측됐습니다. 청정에너지에 대한 투자가 늘고, 새로운 경제 활동이 늘어나면서 2030년엔 2019년 대비 1400만 개의 일자리가 더 만들어진다고 내다본 것이죠. 또 전기차나 연료전지차, 건물의 그린 리모델링 등으로 1600만 개

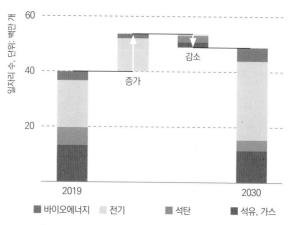

2050탄소중립 달성 과정에서의 에너지 공급 분야 글로벌 일자리 변화
(자료: 국제에너지기구)

의 일자리가 추가로 창출될 거로 예상됩니다.

하지만 밝은 전망만 있는 것은 아닙니다. 화석연료 산업의 쇠퇴로 인해 2030년까지 500만 개의 일자리가 사라진다는 것이 국제에너지기구의 예측 결과입니다. 국제에너지기구는 사라지게 되는 이들 일자리가 '새롭게 창출되는 일자리들과 근무지, 노동 기술, 업무 분야 등 다양한 면에 있어 다른 일자리'라고 설명했습니다. 사라지는 일자리 대부분이 화석연료와 관련된 '좋은 보수를 받던 일자리'일 텐데, 이렇게 되면 에너지 구조의 변화가 공동체에 꽤 오래 충격을 안길 수 있다는 우려도 함께 내놨습니다. 따라서 노동자를 재교육하고, 가능하면 전환의 타격이 가장 큰 지역에 새로운 청정에너지 시설을 구축하고, 지원을 아끼지 않는 등 충격을 최소화하는 노력이 필수라고 조언했습니다.

기후위기가 비단 날씨의 위기가 아닌 경제 위기, 보건 위기, 안보 위기, 통상 위기를 의미하는 만큼, 국제에너지기구의 이러한 우려는 어찌 보면 당연할지도 모릅니다. 닥쳐올 위기 앞에 '안전지대'는 없으니까요. 따라서 대응 측면에서도 말 그대로 전방위적인 노력이 필요합니다. 우리가 이야기하는 에너지 전환이 지금 당장은 그저 발전(發電) 측면에서의 변화를 의미하지만, 이는 곧 발전, 수송, 산업, 주거의 탈화석연료를 의미하니까요.

석탄, 석유 등 화석연료라고 부르는 것들은 지금의 우리 문명에서 연료 그 이상의 일을 하고 있습니다. 석유 하나만 놓고 보더라도 그렇습니다. 우리가 매일같이 이용하는 전자 제품의 플라스틱으로도, 세수하고 샤워할 때 쓰는 비누나 샴푸로도, 우리가 입는 옷의 옷감으로도, 그 옷을 세탁하는 세제로도, 매일같이 이용하는 운송수단의 바퀴로도, 그 운송수단이 다니는 도로로도……. 탈탄소, 탈화석연료라는 말이 의미하는 바가 이렇게 무겁고도 중요합니다.

수송 부문의 감축, 전기차는 시작일 뿐

다시 한번 강조하지만, 국제에너지기구는 여타 글로벌 환경단체와 같은 친환경적인 곳이 아닙니다. 이러한 시나리오가 결코 환경만 생각해서 시민사회나 기업, 정부에 지나치게 가혹하게 구는 내용이 아니라는 말씀도 다시 한번 드립니다. 그리고 앞에서 말한 항목들은 '최소한 이 정도는 해야' 탄소중립을 달성할 수 있는, 이른바 '최소 요구 사항'입니다.

여러 운송수단 중 가장 많은 온실가스를 내뿜는 것은 경량 자동차(승용차 및 5t 이하 트럭)입니다. 대당 배출량은 다른 운송수단보다 적을지 몰라도 대수가 많다 보니 전체 배출량이 많은 것이죠. 우리가 흔히 '수송의 전환'을 이야기할 때 '전기 승용차'를 이야기하는 이유입니다. 아래 그래프를 보면 경량 자동차에 이어 대형 트럭, 선박과 항공, 기타 도로 운송수단(이륜차, 버스 등), 철도 순으로 온실가스를 많이 뿜어내고 있습니다. 각각의 운송수단은 출발점이 다를지라도 하나같이 2050년까지 0에 수렴하는

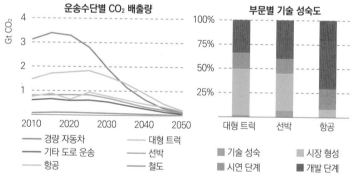

2050탄소중립 달성을 위한 운송수단별 탄소 배출량 (자료: 국제에너지기구)

방향으로 그래프가 움직이고 있습니다.

그런데 그 기울기가 다릅니다. 일반 승용차의 감축 기울기와 선박이나 항공의 기울기는 천지 차이죠. 이에 대해 국제에너지기구는, 승용차는 현존하는 기술을 이용해 전환에 나설 수 있으나 대형 트럭과 선박, 항공 분야는 기술 발전이 더 필요하기 때문이라고 분석했습니다.

그래서 국제에너지기구는 이 세 분야의 기술 성숙도를 따져 봤는데요, 아직 갈 길이 먼 상태였습니다. 그나마 상황이 낫다고 할 수 있는 대형 트럭도 필요한 기술의 절반가량이 아직 비용이 많이 들고, 기업별로 기술 격차가 큰 상황입니다. 나머지 절반은 아직 시제품 개발 단계나 시연 단계에 그치고요. 선박은 시제품 개발 단계 또는 시연 단계인 것이 더 많고, 항공의 경우 사실상 대부분이 아직 개발 단계에 있습니다.

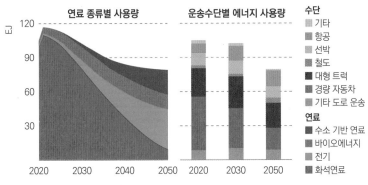

2050탄소중립 달성을 위한 수송 부문 연료 변화 (자료: 국제에너지기구)

국제에너지기구의 설명에 따르면, 수송 분야의 감축은 크게 두 축으로 이뤄집니다. 하나는 전기차와 같은 '전동화 기술'을 통한 감축이고, 다른 한 축은 바이오에너지나 수소 기반 연료 등을 활용한 '저탄소 연료 기술'을 통한 감축입니다. 연료 종류별 사용량 그래프(209쪽 왼쪽)를 보면 당장 얼마 안 남은 2030년만 하더라도 전체 수송 부문에서 화석연료의 비중은 70%까지 떨어집니다. 2040년엔 전 세계 수송 부문에서 가장 많이 쓰이는 연료는 전기가 되고, 2050년엔 전기 45%, 수소 기반 연료 28%, 바이오에너지 16%의 구성을 보일 전망입니다. 이때 화석연료의 비중은 10%를 간신히 넘죠. 국제에너지기구는 2030년 이후 선박이나 항공 분야에서는 바이오에너지 이용이 늘어날 것으로 내다봤습니다. 두 분야가 상대적으로 전기나 수소를 이용하는데 제약이 있다고 본 겁니다.

그런가 하면 단순히 화석연료의 비중만 줄어드는 것이 아니라 전체 연료 사용량 자체가 줄어들게 됩니다. 기술의 발달로 효율이 개선되기 때문이죠. 효율 개선은 특히 일반 승용차와 5t 이하 트럭 등 경량 자동차에 있어 집중적으로 이뤄질 전망입니다. 운송수단별 에너지 사용량 그래프(209쪽 오른쪽)를 보더라도 기타 도로 운송수단이나 대형 트럭에 필요한 에너지의 양 자체는 큰 변화가 없습니다.

한편, 자동차의 크기와 종류에 따라 친환경차의 확산 속도

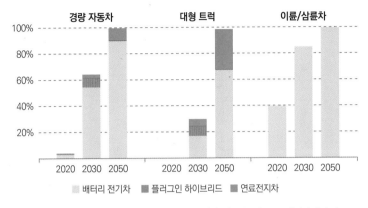

■ 배터리 전기차   ■ 플러그인 하이브리드   ■ 연료전지차

2050탄소중립 달성 과정에서의 친환경차 시장 점유율 (자료: 국제에너지기구)

는 차이를 보일 전망입니다. 일반 승용차가 해당하는 경량 자동차의 경우 그 확산세가 더욱 두드러집니다. 국제에너지기구는 2030년 경량 자동차 범주에서 배터리 전기차와 플러그인 하이브리드 자동차, 연료전지차의 판매 비중이 50%(개발도상국)~75%(선진국)에 이를 것으로 내다봤습니다. 선진국의 경우 2030년대 초반이면 친환경차의 판매 비중이 이미 100%가 될 것이라는 게 국제에너지기구의 전망이죠. 그 이후 달라지는 것은 100% 친환경차라는 범주 안에서의 변화입니다. 플러그인 하이브리드 자동차가 줄어들고 배터리 전기차나 연료전지차로 그 빈자리가 채워지는 등의 변화 말입니다.

대형 트럭은 일반 승용차와는 주행 패턴이 다르죠. 이에 따라 경량 자동차 대비 연료전지차의 비중이 더 큰 점이 눈에 띱

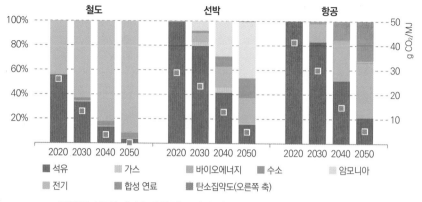

2050탄소중립 달성을 위한 철도, 선박, 항공 분야 연료 변화 및 탄소집약도
(자료: 국제에너지기구)

니다. 많은 짐을 싣고 장거리를 이동해야 하는 만큼, 2020년대 까지는 바이오에너지가 주요 탄소 감축 방법으로 쓰이겠지만, 2030년이 지나면서 전기나 수소 관련 인프라들이 차차 구축됨에 따라 전기 트럭이나 수소를 기반으로 하는 연료전지 트럭 등이 늘어나게 될 것이라는 게 국제에너지기구의 전망입니다.

문제는 선박과 항공입니다. 도로 위의 교통수단에 대해선 여러 기술이 이미 개발됐거나 활발히 개발 중이지만, 선박과 항공 분야에서는 탄소중립이 여전히 먼 나라 이야기처럼 여겨지고 있습니다. 지금껏 살펴본 자동차와 달리, 또한 철도와 달리, 선박이나 항공 분야는 전기를 사용하는 데 기술적으로 한계가 있다 보니 2020년 기준으로도 화석연료의 비중이 압도적입니다. 이는 철도와 선박, 항공의 연료 비중을 살펴본 그래프에서도 선명히 나타납니다. 위 그래프를 보면, 선박 부문에서는 빨간색 (석유)으로 가득한 막대의 끝자락에 연보라색(가스)이 보일 듯 말 듯 살짝 보입니다. 항공은 거의 빨간색으로 가득한 상태고요.

따라서 선박과 항공은 다른 교통수단과 달리 전기의 비중이 거의 없는 수준으로 변화할 전망입니다. 다만 어떻게든 탄소 배출량을 줄여야 하기에 여러 대안이 쓰일 거로 예상됩니다. 2050년 탄소중립 달성을 위해서 선박은 최소한 84%를 저탄소 연료로 대체해야 합니다. 암모니아(46%), 바이오에너지(21%), 수소(17%) 등을 이용하는 것이죠. 항공 분야는 2050년까지 바이오에너지 비중을 45%까지 끌어올려야 합니다. 수소와 탄소를 합성한 새로운 항공기용 합성 연료의 비중 역시 33%까지 끌어올려야 하죠.

'전기차가 대세라는 건 이제 좀 알겠는데, 선박에다 항공까지?' 하고 생각하는 사이에 이미 지구촌 곳곳에선 국가 차원에서 혹은 기업 차원에서 대대적인 연구와 개발이 이뤄지고 있습니다. 무슨? 벌써? 시기상조 아냐? 하는 생각이 어떤 결과를 초래하는지 이미 우리는 경험했습니다. '태양광 세계 1위' 타이틀이 우리나라 차지였던 때가 있었습니다. 하지만 정부도 시민사회도 별다른 관심을 두지 않았죠. 차라리 무관심에 그쳤으면 나았을까요? 태양광 발전 시설은 중금속 범벅이다, 원자력발전소 없애려고 허황한 이야기 떠드는 거다, 우리나라엔 맞지 않는다,

등등 근거 없는 반대와 정쟁의 대상이 되어 버렸죠. 그러는 사이, 태양광을 시작으로 풍력 등 재생에너지 산업 전반의 주도권이 다른 나라들에 넘어가게 됐습니다. 수송 부문도 에너지 전환에 주저하다간 마찬가지로 주도권을 뺏길 수밖에 없습니다.

비중은 작지만 까다로운 건물 부문 감축

우리의 일상과 가장 밀접하면서도 탄소 저감에 대해서는 가장 둔감한 부문이 있습니다. 바로 건물입니다. 건물 부문의 탄소 배출량은 발전이나 산업, 수송 등 여타 주요 배출 부문과 비교했을 때, 비중이 가장 작습니다. 그렇다고 탄소 감축 의무가 없다는 말은 아닙니다. 상대적으로 감축하는 양도, 정도도 다른 부문보다 적더라도 말이죠. 탄소중립 측면에서 보면 건물 부문은 도리어 발전 부문보다도 배출량을 0에 수렴하도록 만들기가 어렵습니다. 줄이고 또 줄여도 어딘가에선 최소한의 탄소를 뿜어낼 수밖에 없죠.

우리가 사는 집, 공부하는 학교, 일하는 회사 등의 건물도 탈탄소, 탈화석연료의 대상입니다. 건물에서 사용하는 에너지 가운데 가장 비중이 큰 화석연료는 당장 2030년에 30%까지 비중을 줄여야 합니다. 탄소중립 목표 시점인 2050년엔 2%까지 낮

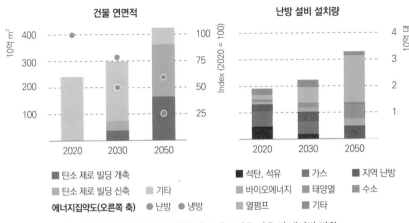

건물 연면적

10억 m²

Index (2020 = 100)

	2020	2030	2050

난방 설비 설치량

100분

- ■ 탄소 제로 빌딩 개축
- ■ 탄소 제로 빌딩 신축
- ■ 기타
- **에너지집약도(오른쪽 축)** ● 난방 ● 냉방

- ■ 석탄, 석유
- ■ 바이오에너지
- ■ 열펌프
- ■ 가스
- ■ 태양열
- ■ 기타
- ■ 지역 난방
- ■ 수소

2050탄소중립 달성을 위한 탄소 제로 건물 비율 및 냉난방 변화
(자료: 국제에너지기구)

춰야 하고요. 전기의 비중은 2020년 33%에서 2030년 50%에
가깝게 늘리고, 2050년엔 66%까지 늘려야 합니다.

물론 연료의 구성만 달라져서 될 일이 아닙니다. 에너지 사용
량 자체를 줄여야 합니다. 2020년 기준, 가장 많은 에너지를 쓰
는 난방에서 그 답을 찾을 수 있습니다. 화석연료 의존도를 낮
추고, 열펌프와 태양열을 이용함으로써 사용하는 에너지의 양
을 줄일 수 있습니다. 냉난방 설비의 효율 증대도 뒤따라야 합
니다. 난방에 쓰이는 에너지는 지금의 25% 수준까지, 냉방에 쓰
이는 에너지는 지금의 55% 수준까지 줄여야 합니다. 또 건축물
의 효율을 높여 낭비되는 에너지를 줄이는 것도 중요합니다. 국
제에너지기구는, 2050탄소중립이라는 목표를 달성하려면 그때

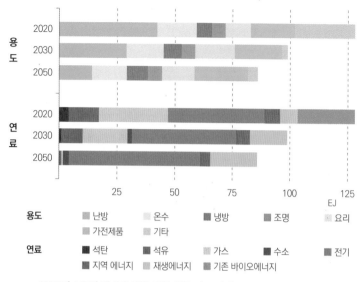

용도	■ 난방 ■ 온수 ■ 냉방 ■ 조명 ■ 요리
	■ 가전제품 ■ 기타
연료	■ 석탄 ■ 석유 ■ 가스 ■ 수소 ■ 전기
	■ 지역 에너지 ■ 재생에너지 ■ 기존 바이오에너지

2050탄소중립 달성을 위한 건물 부문 연료 변화 (자료: 국제에너지기구)

까지 전체 85% 넘는 건물이 탄소 제로 건물로 새로 지어진 것이거나 개축한 건물이어야 한다고 밝혔습니다.

　건물은 우리가 생각하고 느끼는 것보다 더 많은 에너지를 이용하고 있습니다. 난방, 온수, 냉방, 조명, 요리, 각종 가전제품 등 각 항목에 필요한 에너지의 종류도 다르죠. 어느 집에선 온수와 난방 모두에 뜨거운 물을 이용하는가 하면, 어느 집에선 가스보일러를, 또 어느 집에선 전기보일러를 쓰기도 하고요. 요리도 마찬가지입니다. 가스 불로 조리하는 집도, 전기 인덕션으로 조리하는 집도 있죠. 감축의 난도가 높을 수밖에 없습니다.

또 건물 부문의 '전환'은 곧 건물의 '리모델링(혹은 리노베이션)'을 의미한다고 볼 수 있고, 이는 '당장 내가 사는 곳의 변화'를 의미합니다. 자가, 전세, 월세, 반전세 등 다양한 주거 방식이 뒤섞인 상황에서 그 변화는 쉽지 않을 겁니다. 세입자가 탄소 제로 건물을 원해도 집주인이 원치 않을 수 있고, 집주인이 원하더라도 당장 살 곳을 옮기기 힘든 세입자가 원치 않을 수도 있으며, 주택 보유자가 원한다고 해도 이웃집이 원치 않을 수도 있으니까요. 현재의 기준에서는 건물 부문의 온실가스 배출량이 가장 적지만 2050년엔 오히려 발전 부문보다 배출량이 많을 수밖에 없는, 발전, 산업, 수송 등 다른 그 어떤 부문보다도 배출량 감소 곡선의 기울기가 가장 완만할 수밖에 없는 이유입니다. 그리고 그 어떤 부문보다도 정부의 역량, 정책 설계의 세밀함이 필요한 이유이기도 합니다. 게다가 시민 개개인의 관심과 참여, 노력이 가장 많이 필요한 이유이기도 하고요.

국제에너지기구는 부문별 로드맵을 만들 때 개발도상국을 위한 로드맵과 선진국을 위한 로드맵을 나눠서 만들었습니다. 당연히 선진국에는 개발도상국보다 더욱 엄격한 기준을 적용했습니다. 기술적 측면으로나 재정적 측면에서 개발도상국보다 더욱 빠르게 감축에 나설 여력이 있고, 그럴 의무가 있다는 판단 때문이었을 겁니다. 우리나라는 이 보고서에서 '선진국',

'OECD 회원국'으로 분류됩니다. 꼭 국제에너지기구의 보고서만이 아니더라도 이미 한국은 국제사회에서 선진국이 내야 하는 목소리를 내고 있습니다. 2021년, '녹색성장과 글로벌 목표 2030을 위한 연대(P4G)' 정상회의를 서울에서 개최하며 국제사회의 여러 나라에 조속히 온실가스 감축목표를 강화할 것을 촉구한 '서울선언문'도, 이어 개발도상국에 대한 개발 원조에서 기후변화 관련 지원의 비중을 높이겠다는 대통령의 발언도, 모두 선진국에 어울리는 모습입니다. 하지만 페이지를 넘길수록 의문과 걱정은 커졌습니다. 보고서 속 선진국의 모습과 한국의 현실이 너무도 달랐기 때문입니다. 정부의 탄소중립 논의 상황을 지켜보더라도, 수출 의존도도 높은데 탄소 배출량마저 높은 기업들이 보여 주는 행보를 보더라도, 보고서 속 개발도상국을 위한 로드맵조차 따라가기 어려워 보였기 때문입니다.

2050탄소중립 달성을 위한 '최소한의 필수 항목'이 담긴 이 보고서와 앞으로 우리나라가 국제사회에 내놓을 온실가스 감축 목표는 얼마나 다를까요? 판이한 로드맵을 내놓진 않을 거라, 제목만 2050탄소중립이고 내용은 2080탄소중립이진 않을 거라 믿어 보겠습니다.

IV
대한민국, 탄소중립을 선언하다

1

탄소중립 첫걸음,
그린뉴딜

그린뉴딜을 대하는 유럽의 자세

1929년 10월, 미국에서 시작된 경제 위기는 파도처럼 전 세계로 퍼져 나갔습니다. 물가는 좀처럼 잡히지 않았고 경제는 악화 일로였습니다. 1932년, 미국에서만 국민총생산(GNP)이 1929년의 절반 가까운 수준으로 줄었고, 파산자와 실업자가 폭증했습니다. 바로 대공황입니다. 그리고 당시 이 대공황을 타개하게 된 정책이 바로 뉴딜(New Deal) 정책이었습니다. 경제뿐 아니라 사회 전반을 대대적으로 뜯어고친 뉴딜 정책은 여러 '미국적 가치'에 대한 도전이라는 평가도 받았습니다. 여러 분야에서 변화가 잇따랐지만, 뉴딜 하면 흔히들 대규모 토목 공사, 인프라 확충 등을 떠올리곤 합니다. 이를 통해 실업난을 해소했으니까요.

그런데 기후변화라는 개념이 점차 우리 사회 전반에 알려지기 시작하면서 '그린뉴딜'이라는 표현도 곳곳에서 등장하기 시작했습니다. 2020년 미국 대선에서도 그린뉴딜 정책은 민주당의 주요 캐치프레이즈 중 하나였습니다. 그린뉴딜은 과연 무엇일까요? 그리고 어느 정도의 사회 변화이기에 뉴딜이라는 표현을 90년 만에 다시 내놓게 된 걸까요?

그린뉴딜의 목표를 간단히 정의하자면, 녹색산업을 통해 일자리뿐 아니라 시장 자체를 만들어 낸다는 겁니다. 그런데 그린뉴딜이 '새로운 흐름'이라고 하기엔 좀 늦은 감이 있습니다. 유엔환경계획이 벌써 2008년에 그린뉴딜 정책을 성장 동력으로 꼽았고, 환경 분야에 대한 투자 활성화를 강조할 정도였으니까요. 그리고 우리에게도 그린뉴딜이 완전히 생경한 개념은 아닙니다. 2008년, 이명박 정부가 새로운 성장 동력으로 내세운 '녹색성장' 기억하시나요? 환경과 성장을 함께 이끌어 가겠다, 우리 사회를 저탄소 사회로 바꾸겠다는 의도였습니다. 그리고 많은 사람이 기억하듯, 이명박 정부의 대표적인 녹색성장 사업은 바로 4대강 사업이었습니다.

탄소중립의 핵심과 마찬가지로 그린뉴딜의 핵심 역시 에너지 전환에 있습니다. 기존 화석연료 중심의 에너지 생산 비중을 재생에너지로 옮겨오는 것이죠. 댐이나 대규모 도로 건설과 같은 과거의 뉴딜과 다르게, 완전히 새로운 '에너지 인프라'를 세우는 일입니다. 태양광이나 풍력발전단지를 세우고, 송전 시설이나 전력 저장 시설을 만들고, 이를 효율적으로 관리하기 위한 스마트 그리드(Smart Grid, 차세대 지능형 전력망)를 설치하는 일 등 말이죠. 그렇다 보니 4대강 사업이 기존 뉴딜에서의 토목에 해당한다는 데는 이견이 없습니다만, 이 사업이 과연 '그린'이었는지는 많은 의문이 남은 상황입니다.

그런데 이러한 에너지 전환 과정에선 일자리의 변화가 불가피합니다. 화력발전의 비중을 줄인다는 것은 곧 화석연료 사용의 감소를 의미합니다. 이는 석탄, 석유에 관련한 일자리 감소로 이어지고요. 현재 세계에서 가장 발 빠르게 에너지 전환에 나선 지역으로는 유럽을 꼽을 수 있습니다. 유럽연합 차원에서 다양한 에너지 전환 정책과 온실가스 저감 정책이 나오고, 현실에 반영됐죠. 동시에 노동자의 목소리가 가장 크고 잘 반영되는 지역 역시 유럽입니다. 그렇다면 이들은 어떻게 기후변화에 대응하고 있을까요? 대응 '선배'인 유럽에서 우리는 기후변화 대응 정책을 준비하는 '자세'에 대해서도 배울 점이 많습니다.

유럽연합의 가장 큰 목표는 무엇일까요? 무엇이 개별 국가들을 하나의 공동체로 묶게 했을까요? 바로 유럽의 번영입니다. 단기간의 번영이 아니라 오래 지속가능한 번영 말입니다. 기후변화 대응에 있어 유럽이 가장 적극적, 때로는 지나치게 극단적으로 보일 정도지만, 그들의 우선순위는 '지구 살리기'가 아닌 '번영'에 있다는 점에 주목해야 합니다. 다시 말해, 유럽의 사례를 참고해 따라가자는 말이 경제적 이익은 그저 포기하고 지구만을 생각하자는 뜻이 아니라는 얘깁니다.

유럽에서 재생에너지의 발전량이 석탄 발전을 앞섰다는 소식이 전해진 지 오래입니다. 하지만 그런 유럽연합조차 급진적인 탈석탄은 목표로 하지 않고 있습니다. 유럽연합집행위원회 에너지총국의 미할 트라트콥스키 미디어담당관은, 유럽도 재생에너지 전환은 신중히 진행하는 중이라고 밝힌 바 있습니다. 우리가 겉으로 보기엔 유럽이 매우 급진적으로 보일 수 있지만, 그

속엔 공론화를 통한 소통과 공감, 배려가 이미 녹아 있습니다. 트라트콥스키 담당관은, 화력발전소나 다른 발전소를 없애는 일이 발전소 주변 사람들에게는 중요한 생계 수단이 사라지는 일일 수도 있다며, 없애더라도 그 사람들이 다른 일자리에 종사할 수 있도록 한 다음에 없애야 한다고 강조했습니다. 자연환경이 중요한 만큼 사회적인 환경도 중요하다고 지적한 것이죠.

유럽연합집행위원회 기후변화총국의 엘리나 바드람 과장 역시 일자리의 중요성을 강조했습니다. 그는 새로운 산업, 에너지 전환을 추진하기에 앞서 시민들에게 충분한 일자리 등 대안을 제공해야 한다고 설명했습니다. 또 새로운 일자리를 제공하기에 앞서 기술 교육을 충분히 해서 다른 직업을 찾을 역량을 갖추게 도와야 한다고 조언했습니다.

우리 정치권의 기후위기 비상선언

지난 2020년, 총선을 앞둔 우리 정치권에서도 그린뉴딜이 화두로 떠올랐습니다. 진보 정당뿐 아니라 집권 여당도 그린뉴딜을 공약집에 담았습니다. 그린뉴딜로 지속가능한 저탄소 경제를 실현하겠다는 포부와 함께 말이죠. 환경단체들은 앞다퉈 이러한 움직임 자체를 환영한다는 뜻을 밝혔습니다. 그린뉴딜 기본법을 만들고, 저탄소 산업을 육성하고, 저탄소 에너지의 혁신과 기후위기에 대응하는 투자를 늘리겠다는 내용이었으니까요.

하지만 고탄소의 과거에서 저탄소의 미래로 전환해 가는 바로 지금 어떻게 대응할지는 그 어느 정당도, 정부 부처도 정확한 계획이나 답을 내놓지 못했습니다. 저기로 갈 거야, 하고 목표는 제시했으나 어떻게 갈지, 거기까지 가는 동안 뒤처지는 사람은 없을지, 있다면 어떻게 뒤에서 밀어 주고 앞에서 끌어 줄지, 과정에 관한 이야기는 찾아보기 어려웠습니다. 저탄소 사회로 전환할 준비, 우리는 얼마나 돼 있을까요?

총선을 앞두고 환경단체들은 국내 주요 정당들에 기후변화와 관련한 정책, 공약이 무엇인지 물었고, 정당들은 각자의 방법대로 의견을 내놨습니다. 국제 환경단체 그린피스는 더불어민주당과 미래통합당(현재 국민의힘), 정의당의 당 대표실과 정책위원회를 대상으로 기후위기 정책에 대한 설문 조사를 시행했습니다. 국내 환경단체들이 모인 기후위기비상행동 역시 더불어민주당과 미래통합당, 정의당을 비롯한 10개 정당에 정책 질의서를 전달했고, 이 중 6개 정당이 응답했습니다.

기후변화에 신속히 대응하려면 모두가 함께 기후변화의 심각성을 깨닫고 행동에 나서는 것이 가장 중요할 겁니다. 이에 그린피스와 기후위기비상행동 모두 '기후위기 비상선언'이 필요하다고 보는지 물었습니다. 각 정당의 대답은 다음과 같았습니다.

[더불어민주당] "동의한다. 그러나 기후위기 비상선언은 산업, 금융, 국토, 농업, 기재 등 관련 분야에 미치는 영향을 세밀하고 신중하게 검토해야 한다." (동의는 하지만 신중히 해야 한다고 한발 물러선 것이죠. 이와 함께 지속가능한 탄소중립 사회를 목표로 국가 정책을 추진하기 위해 산업, 국토, 금융, 환경 분야 등을 포함한 정책을 준비하고 있다고 덧붙였습니다.)

[미래통합당(국민의힘)] "공감한다. 다만, 문재인 정부의 '과속' 신재생에너지 정책 대신 친환경 고효율 신재생에너지 개발과 합리적인 에너지 믹스(mix) 정책이 중요하다." (여기서 '합리적인 에너지 믹스'란, 원자력발전소를 고정 비율로 의무 운행하는 것을 의미합니다. 탄소나 미세먼지 발생이 없는 원자력발전소를 의무 운행하고, 신재생에너지 연구개발을 위한 예산 마련 등에 나서겠다는 얘깁니다.)

[정의당] "이미 기후위기 대응을 국회에 요구하고 있다." (정의당은 비교섭단체 대표 연설에서 이러한 뜻을 밝히기도 했고, '기후위기 대응 탄소 순 배출 제로 목표 설정 촉구 결의안'을 내놓기도 했습니다.)

[국민의당] "저탄소 선진국으로 가기 위해 국회 차원에서 중장기에 걸쳐 일관되고 지속적인 환경 정책을 마련해야 한다." (기후위기비상행동은 이 대답이 기후위기 비상선언 결의안에 대한 동의인지 아닌지 불명확하다고 평가했습니다.)

정부가 기후변화에 대응하기 위해선, 즉 에너지와 자동차, 건물, 농축수산업, 제조업 등 다양한 분야에 대응하기 위해선 환경부만 움직여서는 불가능합니다. 국토교통부, 산업통상자원부, 농림축산식품부, 해양수산부를 비롯해 거의 모든 정부 부처가 함께 대응해야 하죠. 그런 만큼, 기후위기비상행동은 국회 내에도 기후변화에 대처하는 특별위원회를 만들어야 한다고 봤습니다. 이에 대해 더불어민주당은 "여야 간 긴밀하게 협의할 것"이라고 답했고, 미래통합당(국민의힘)은 "특별위원회 설치에 앞서 문재인 정부의 탈원전 정책 폐기가 우선"이라는 견해를 밝혔습니다.

여기까지 보면 기후위기를 앞에 두고도 여야 간 입장이 첨예하게 갈리는구나 싶습니다. 하지만 여야 모두 입장이 비슷한 사례도 있었습니다. (물론 입장이 같다고 모두 기후변화 대응에 도움이 되는 방향은 아니지만요.)

IPCC뿐 아니라 많은 국제기구와 전문가들이 강조하는 것이 하나 있습니다. 하루빨리 넷제로, 즉 배출량을 완전히 0으로 만들진 못하더라도 배출과 흡수 등 모든 것을 고려해 늦어도 2050년까지 순 배출량은 0이 되어야 한다는 것입니다. 이미 이 목표에 뜻을 함께하는 나라들은 서로 모여 단체를 만들기도 했고, 기업이나 개별 단체 차원에서도 탄소중립을 위해 힘을 합치고 있는 상황인데요, 총선을 앞둔 2020년 당시 우리나라는 탄소중립이 필요하다는 건 알지만 아직 목표 달성 시점이나 구체적인 목표, 로드맵은 없는 상태였습니다. 혹시 개별 정당들은 다 계획이 있었던 걸까요? 딱히 그래 보이진 않았습니다.

더불어민주당은 탄소중립 목표 설정이 각 분야에 미치는 영향이 크기 때문에 사회적 논의를 거치는 과정이 필요하다고 밝혔는데요, 2050년 탄소중립 달성이라는 목표에 찬성은 하지만 현실적으로 불가능하다는 말을 돌려 표현한 것이죠.

미래통합당(국민의힘)은 온실가스 순 배출량을 줄이자는 데는 공감하지만, 나라마다 환경과 시스템을 고려한 에너지 정책이 다른 만큼, 일괄적으로 몇 퍼센트를 동시에 맞춰야 한다는 강제적 동참은 다소 무리가 있어 보인다고 답했습니다. 사실상 반대 의사를 표명했다는 게 그린피스의 분석이었습니다.

우리나라 양대 정당의 답변만 놓고 보면 탄소중립 목표를 내놓은 다른 나라 정부들은 치열한 고민 없이 그저 선언적인 목표만 제시한 것으로 보일 정도입니다. 그나마 정의당은 과거에 이미 기후변화 대응법안을 공약한 바 있고, 당시 총선 공약에 '그린뉴딜 추진 특별법'이 포함되어 있다고 답했습니다.

그렇다면 탄소중립 목표 달성에서 가장 중요한 부분인 재생에너지 확대에 대해선 각 정당이 어떤 생각을 보였을까요?

더불어민주당은 여기서도 앞으로의 목표나 계획을 강조하기보다는 정부가 해 온 결과나 기존에 발표된 계획을 다시 설명하는 데 그쳤습니다. 문재인 정부 출범 이후, 2016년 7%에 불과하던 재생에너지 비중을 2030년까지 20%로 확대하기 위한 재생에너지 3020 계획을 수립하고 이행 중이다, 현시점에서 발전 비중 목표치를 상향 조정하기보다는 현재 목표를 최대한 이른 시간에 달성하기 위해 노력하는 것이 더 중요하다, 라는 설명이었습니다.

미래통합당(국민의힘)은 정부 계획에 실현 가능성이 있는지 의문을 제기했습니다. 태양광, 풍력, 수력 등의 자연에너지 발전원들은 간헐성, 경제성 등의 문제를 고민해야 하며, 이 발전원들을 구축하기 위한 자연환경과의 조화도 고려해야 한다는 겁니다. 그러면서 문재인 정부가 일방적으로 탈원전을 추진해 천문학적인 경제적 피해와 사회적 갈등을 일으키고 있는 상황에서 무조건 재생에너지 확대만을 외치는 것은 타당하지 않다고 주장했습니다.

수송 부문 역시 온실가스 감축에 중요한 역할을 합니다. 당시 총선을 앞둔 정당들은 전기차를 비롯한 수송 부문 감축에 관해서는 어떤 생각을 내놨을까요?

더불어민주당은 2030년 전기차 보급 세계 1위를 목표로 다양한 보급 사업을 추진할 예정이라고 밝혔습니다. 전기차 보조금 예산을 대폭 확대하고, 차상위 이하 계층이 전기차를 구매할 때 보조금을 추가로 지원하는 등 지금의 지원 정책에 좀 더 실효성을 더하겠다는 계획입니다. 이와 더불어 전기차 충전 인프라도 더욱 확대하겠다고 했습니다.

미래통합당(국민의힘)도 전기차 보급 확대를 위해 충전기 확대 예산을 확보하고 중앙정부와 지자체가 공용차를 전기차로 의무 구매하도록 법 개정을 추진했다면서, 향후 친환경차가 확대될 수 있는 법안을 발의해 놓았고, 앞으로도 정책적 제안과 법적 뒷받침을 강화하겠다고 밝혔습니다.

국제사회에선 온실가스 감축을 앞당기기 위해 탄소세와 같은 제도가 논의되고, 실제로 이미 집행 중인 나라도 있었습니다. 탄소세 도입에 관한 우리 정당들의 생각도 들어 봤습니다.

더불어민주당은 탄소세를 도입하면 에너지 소비가 많은 산업군, 특히 발전과 철강, 운수 업종의 가격 경쟁력이 크게 떨어질 것이라고 우려했습니다. 그러면 관련 업종뿐 아니라 전 부문에 걸쳐 물가 상승 압력이 발생하고, GDP도 줄어들 거라는 게 더불어민주당의 의견입니다.

미래통합당(국민의힘)도 새로운 세금 부과로 생산 비용이 증가해 제조업이 위축될 수 있다고 걱정했습니다. 또 유럽연합이 추진 중인 탄소세에 대해서도 다른 국가와 무역 갈등을 일으킬 소지가 있는 것으로 알려져 있다며 부정적인 뜻을 내비쳤습니다.

그렇다면 이러한 조사를 시행한 환경단체들은 어떤 소감을 밝혔을까요?

그린피스는, 집권 여당과 제1 야당이 기후위기 정책을 외면하는 행태가 유럽연합과 크게 대비된다고 지적했습니다. 기후변화 정책 면에서 유럽연합과는 결이 조금 다른 영국에 비해서도 훨씬 못하다는 비판도 나왔습니다. 영국에선 집권 보수당이 넷제로 법을 제정했고, 내연기관차 판매 금지 시점을 애당초 2040년에서 2035년으로 5년 앞당기는 방안도 논의 중이라는 겁니다. 이들 국가는 진영 논리와 상관없이 기후변화 대응에 적극적으로 나서려 하는데, 어떻게 된 일인지 우리나라는 여야 모두 소극적이라는 평가입니다.

기후위기비상행동은, 국회 내 다수를 차지하는 더불어민주당과 미래통합당(국민의힘)이 실질적인 기후위기 대응 정책을 제시하지 못했다고 꼬집었습니다. 그리고 총선을 불과 한 달 앞둔 시점에도 거대 정당들이 기후위기라는 시급하고 중요한 사안에 관해서 아무런 정책도 마련하지 않았다는 사실에 크게 실망했다며 두 당을 강하게 비판했습니다.

우여곡절 끝에 등장한 대한민국 그린뉴딜

"정부는 고용 창출 효과가 큰 대규모 국가사업을 추진함으로써 단지 일자리를 만드는 데 그치지 않고 포스트 코로나 시대의 혁신 성장을 준비해 나갈 것입니다. 관계 부처는 대규모 국가 프로젝트로서 이른바 '한국판 뉴딜'을 추진할 기획단을 신속히 준비해 주기 바랍니다. 정부가 특별한 사명감을 가지고 나서 주기 바랍니다."

문재인 대통령이 2020년 4월, 제5차 비상경제회의에서 한 말입니다. 이때만 해도 '한국판 뉴딜'이 무엇일지, 어떤 내용이 중점적으로 담길지 정확히 알려지지 않았으나 여기엔 세계 각국이 추진하고 있는 그린뉴딜도 담길 가능성이 점쳐졌습니다.

당시 일본은 국가온실가스감축목표(NDC)를 더 높게 조정하진 않더라도 해외 석탄화력발전소에 대한 금융지원 정책을 조정하는 방안을 검토하고 있었습니다. 지원을 줄이거나 아예 안하는 등 다양한 방안이 논의됐던 것이죠. 이에 앞서 일본의 주요 금융기관들은 석탄 발전 투자 중단을 공표하기도 했습니다. 안토니우 구테흐스 유엔사무총장은 그 결정을 호평했고요. 일본 최대 은행으로 꼽히는 미쓰비시UJF파이낸셜그룹이 석탄 발전에 대한 신규 투자를 안 한다고 선언한 데 이어 일본 3대 금융그룹으로 꼽히는 미즈호파이낸셜그룹이 2020년 3월, 같은 결정을 내렸습니다. 미즈호파이낸셜그룹은 석탄화력발전소들에 이미 빌려준 돈도 2050년까지 모두 회수하겠다는 계획까지 내놨습니다. 이 분야에 대한 투자를 중단하는 대신 2030년까지 약 12조엔(우리 돈 약 137조 원)을 재생에너지 분야에 투입하기로 했고요.

이 무렵, 우리 정부도 점차 그린뉴딜의 중요성을 크게 느끼기 시작했습니다. 한국형 뉴딜에 녹색 전환에 관한 내용이 담길 거라는 정부 관계자의 설명도 나왔고요. 국가온실가스감축목표 수립을 계기로 녹색 전환과 탄소중립에 대해서도 사회적 논의를 촉진하겠다는 얘기였습니다. 제11차 피터스버그 기후각료회의에 참석한 구테흐스 유엔사무총장이 우리 정부의 노력에 대해서 '모범 사례'라고 호평했다는 사실이 전해지기도 했습니다. 코로나19 팬데믹과 기후변화라는 두 가지 문제에 어떻게 조화롭게 대응할 수 있는지 보여 주는 사례가 바로 한국이라는 거죠.

이 같은 기류로 보아 당시엔 문재인 대통령의 취임 3주년 연설에서 그린뉴딜 선포가 이뤄질 것이란 예상이 지배적이었습니다. 실제로 관련 부처와 기관, 단체들은 취임 3주년 연설을 앞두고 여러 준비를 해 왔습니다. 연설에 맞춰 성명서나 정책 제안 등을 이어서 내놓는다면, 그린뉴딜이 우리 시민사회에서 새로운 화두로 떠오를 수 있기 때문입니다. 척척 준비하는 모습을 지켜보면 그린뉴딜이 연설문에 담기는 것은 확실하고도 당연해 보일 정도였습니다. 게다가 국제 환경단체 그린피스의 제니퍼 모건 사무총장은 2020년 4월 17일, 문재인 대통령에게 그린뉴딜 도입을 촉구하는 비공개 서한을 보냈고, 여기에 우리 정부는 긍정적인 답을 보내기도 했습니다.

하지만 2020년 5월 10일, 대통령의 취임 3주년 연설에선 그린뉴딜의 'ㄱ'자도 들을 수 없었습니다. 이날 대통령은 '경제 전시 상황'이라고 말하며 여기에 모든 역량을 집중하겠다고 강조했습니다. 이를 위해 국가 프로젝트로서 한국형 뉴딜을 추진하겠다고 밝혔고요. 그런데 연설 속 한국형 뉴딜은 5G 인프라 조기 구축, 데이터 인프라 구축, 의료·교육·유통 등 비대면 산업 집중 육성, 기존 국가 기반 시설에 인공지능과 디지털 기술 결합하기 등으로 점철됐습니다. 한마디로 '디지털 인프라'를 집중적으로 구축하겠다는 얘기였습니다.

곧바로 여기저기서 우려의 목소리가 나왔습니다. 대표적으로 녹색연합은, 코로나19와 경제 위기를 극복하기 위한 정책이 기업 규제 완화에만 집중됐다고 평가했습니다. 감축 논의는 없고 단순히 규제 완화에만 초점을 맞춘 것 아니냐는 얘기였죠.

그로부터 사흘이 지난 5월 13일, 문재인 대통령이 참모진에게 그린뉴딜의 중요성을 강조했다는 이야기가 전해졌습니다. 당시 강민석 대변인의 브리핑을 통해서 자세한 내용이 공개됐는데요, 먼저, 그린뉴딜 그 자체로 많은 일자리를 만들 수 있는 만큼 '대내적'으로 그린뉴딜이 중요하다는 언급과 함께 대통령이 환경부, 산업통상자원부, 중소벤처기업부, 국토교통부에 그린뉴딜 사업에 관한 합동 보고를 요청했다고 했습니다. 그리고 '대외적'으로도 국제사회가 그린뉴딜에 대한 한국의 역할을 적극적으로 원하고 있다고 말했습니다. 우리 스스로 그린뉴딜의 당위성을 찾고 이를 위해 노력해야 함은 물론이고, 국제사회 일원으로서 책임과 의무도 다해야 한다는 얘깁니다. 이날 브리핑에서 강 대변인은 대통령의 취임 3주년 연설에서 그린뉴딜 언급은 없었지만, 그 중요성을 간과하고 있는 것은 아니라고 강조했습니다.

이처럼 어렵사리 행정 수반의 입에서 직접 그린뉴딜이라는 표현이 나왔습니다만, 우리나라의 그린뉴딜이 현실이 되려면 갈 길이 멀어 보였습니다. 당시 그린피스는, 관계 부처들이 그린뉴딜을 포스트 코로나 시대의 중요 과제로 추진하겠다는 대통령의 뜻을 정면으로 거스르는 정책을 기획·집행하고 있다고 강도 높게 비판했습니다. 어떤 이유에서였을까요? 그린피스가 꼬집은 주요 내용은 다음과 같습니다.

"산업통상자원부는 내연기관차, 정유, 항공 등 화석연료 의존형 업종을 기간산업으로 정하고 지원을 아끼지 않고 있다.
환경부는 석탄 발전 퇴출 계획을 늦추고 2040년까지 재생에너지 비중을 최대 35%로 설정했다.
기획재정부는 산업은행, 수출입은행 등 공적 금융기관을 동원해 석탄 발전 설비 제조업체인 두산중공업에 2조 원이 넘는 공적자금을 쏟아붓고 있다."

이렇게 그린뉴딜을 놓고 여러 목소리가 오가던 2020년 6월, 정치권에서 본격적인 변화의 움직임이 포착됐습니다. 우리나라에서 사실상 전국 모든 지방자치단체가 한목소리로 기후위기 비상사태를 선언한 겁니다. 세계에서 처음 있는 일이었습니다. 선언 자체로도 충분히 극적인데, 진행 과정은 더욱 극적이었습니다. 처음부터 모든 지자체가 참여한 것은 아니었습니다. 하지만 선언일이 다가오면서 하나둘 더 많은 지자체가 모여들더니 선언 전날엔 220개 지자체가 명단에 이름을 올렸습니다. 그리고 선언 당일까지도 여기에 동참하는 지자체가 나오더니 결국, 선언문엔 전국 226개 기초지방자치단체가 이름을 올렸습니다. 전체 228곳 중 단체장이 옥살이 등의 이유로 공석인 2곳(울산 남구, 경남 의령군)을 뺀 모든 지역이 참여한 겁니다. 선언문의 주요 내용은 다음과 같습니다.

"과학자들은 지구 평균 기온 상승 폭을 1.5℃ 수준으로 제어하지 않으면 돌이킬 수 없는 피해가 발생할 것이라 경고하고 있다. 경고의 증거는 곳곳에서 나타나고 있다. 태풍과 허리케인의 세기는 강력해지고, 빈도는 잦아지고 있다. 매년 반복되는 폭염과 한파, 가뭄과 홍수는 예측이 어렵고, 대형 산불이 전 세계에서 빈번히 발생하고 있다. 코로나19와 같은 인수공통 감염병 발생이 증가하는 현상도 기후위기와 깊게 연관되어 있다.

이러한 사태는 개발 위주의 경제 성장 정책이 빚어온 결과이며, 우리 사회의 지속가능성을 위협한다. 특히 사회·경제적 취약 계층에게 이러한 위협이 주는 피해는 훨씬 심각하다.

기후위기와 재난에 가장 먼저 대응하는 주체는 지방정부다. 기후재난에 취약한 약자들을 위해 적응 계획을 실행하는 주체도 지방정부다. 지방정부가 앞장서서 시민들과 함께 온실가스 감축목표를 세우고, 취약 계층을 위한 대응 계획을 수립하고 실행할 것이다.

정부와 국회는 당장 2050탄소중립을 선언하고, 거대한 전환의 정치를 시작해야 한다. 전환은 각자의 책임에 합당한 부담을 져야 하며, 약자가 피해를 보지 않도록 공정하고 정의로워야 한다."

보시다시피 단순히 중앙정부와 국회를 향해서 책임을 묻는, 결단을 촉구하는 내용이 아니었습니다. 지자체 스스로 정책의 시행 주체임을 강조했죠. 소외 계층이 더 소외되는 일이 없도록, 또 다른 불평등이 발생하지 않도록 역할을 하겠다고도 스스로 다짐했습니다.

전국 모든 기초단체가 이렇게 한목소리를 냈다는 점은 높이 평가받을 만합니다. 2019년, 미세먼지 특별법이 시행된 이후 '허울뿐인 법'이 되는 데는 중앙정부와 지자체의 '헛발'이 큰 몫을 했습니다. 분명, 법규는 촘촘하게 만들어 놨는데, 이를 시행해야 할 지자체에는 준비할 시간도, 장비도, 인력도, 비용도 없었으니까요. 법에는 있는데 왜 현장에서 달라지는 것은 없는가, 허탈함만 남는 경우가 허다했습니다. 그러나 이번에는 지자체가 먼저 움직였습니다.

시민단체들도 이 선언을 반겼습니다. 여러 환경단체가 모인 기후위기비상행동은, 세계 최초이자 최대 규모로 한 국가의 모든 지자체에서 기후위기 비상사태를 선언한 역사적인 사건이라고 평가했습니다. 또 다른 의미에서도 높이 평가받을 만합니다. IPCC의 의장을 배출한 나라, 기후변화에 관한 또 다른 국제기구인 녹색기후기금(GCF)의 사무국이 자리한 나라, 뒤늦게 그린뉴딜을 외친 유럽보다 먼저 녹색성장이라는 화두를 국제사회에 내놨던 나라. 모두 대한민국입니다. 하지만 '그런데도' 아무런 변화가 없는 나라, 변화가 없는 것을 넘어 온실가스 배출량이 해마다 꾸준히 신기록을 세우고 있는 나라이기도 하죠. 2020년 전국 지자체의 공동 선언은 모처럼 국제무대에서 우리나라의 면이 설 만한 일이었습니다.

73조 원 규모의 5년 계획, 그린뉴딜

2020년 7월 14일, 그린뉴딜 정책이 공식 발표됐습니다. 한국판 뉴딜의 일환입니다. 대통령의 취임 3주년 연설에서 한국판 뉴딜을 강조한 지 불과 두 달 만의 일입니다. 연설 당시만 하더라도 디지털 뉴딜만 언급했었는데, 부랴부랴 여러 부처가 움직여 순식간에 '디지털'과 '그린'을 양 축으로 하는 한국판 뉴딜이 나온 겁니다. 역대급 대규모 프로젝트에서도 '빨리빨리'가 빛난 셈입니다.

한국판 뉴딜에 투입되는 돈은 총 160조 원에 달합니다. 2025년까지 5년간, 뉴딜의 커다란 두 축인 그린뉴딜에 73조 4천 억, 디지털 뉴딜에 58조 2천 억 원이 투입됩니다. 추가로 안전망 강화엔 28조 4천 억 원이 투입되고요. 이를 통해 총 190만 1천 개의 일자리를 만들어 낼 계획입니다. 이 역시 2025년까지의 일입니다. 문재인 대통령은 직접 "단일 국가 프로젝트로는 사상 최대 규모 재정 투자 계획"이라고 설명했습니다. 역대 가장 많은 자금이 투입되는 계획, 어떻게 진행될까요?

뒤늦게 막차를 타고 한국형 뉴딜에 들어온 그린뉴딜이지만 투자 규모는 제일 컸습니다. 전체 투자 규모의 46%, 거의 절반에 가깝습니다. 이 중 국비는 약 43조 원에 이르는 것으로 전해졌습니다. 이 돈은 어디에 어떻게 들어가고, 얼마나 많은 일자리를 만들어 낼까요?

그린뉴딜은 크게 도시·공간·생활 인프라의 녹색 전환, 저탄소·분산형 에너지의 확산, 녹색산업의 혁신 생태계 구축으로 구성됩니다. 정부 발표에 따르면, 인프라의 녹색 전환엔 30조 1천억 원을 투입해 일자리 38만 7천 개를 만들어 냅니다. 저탄소·분산형 에너지엔 가장 많은 금액인 35조 8천억 원을 들여 20만 9천 개의 일자리가 나옵니다. 녹색기술의 경쟁력을 확보하는 데는 7조 6천억 원을 투자해 일자리 6만 3천 개를 만들고요. 이렇게 해서 총투자 규모는 73조 4천억 원, 일자리는 65만 9천 개가 만들어진다는 계산입니다. 65만 9천 개라는 일자리의 수, 엄청난 양입니다. 하지만 정확히 이 일자리가 어떤 형태일지, 어떻게 실현될지는 명확하지 않았습니다.

그런데 정책을 들여다보니, 어디서 이미 본 듯한 내용이 눈에 띄었습니다. 전기차나 수소차의 보급 계획이나 재생에너지 확대 계획은 특히 '간판 바꾸기' 혹은 '포대 갈이'에 그친다는 비판도 나왔습니다. 그린뉴딜의 궁극적인 목표는 온실가스 순 배출량이 0이 되는 것 또는 적극적인 온실가스 감축입니다. 그러려면 애당초 기존에 시행 중이던 정책보다 더 강한 목표를 내놨어야 했는데, 그렇지 않은 겁니다. 2~3개월간 당·정·청이 협의해 나온 계획이긴 하지만 기존의 목표나 계획에서 크게 달라지지 않았다는 게 장다울 그린피스 정책전문위원의 평가입니다. 그뿐 아니라 전기차나 수소차 목표들도 기존에 이미 정부에서 발표했던 목표를 그대로 유지하고 있으며, 재생에너지 부문도 2017년에 발표했던 재생에너지 3020 계획과 크게 다를 바 없는 수치여서 실망스러운 면이 있다고도 지적했습니다.

5년이라는 계획 기간과 대통령의 남은 임기(2년) 사이의 괴리에 대한 회의론도 등장했습니다. 정부의 장기 계획이 한 정권의 집권 기간을 넘어서는 모습, 우리나라에선 찾아보기 어렵습니다. 여야가 뒤바뀌더라도, 혹은 그렇지 않더라도 전임 대통령의 '업(業)'이라는 느낌만 들면 모두 뒤집히곤 했죠. 이명박 정부의 녹색성장 하면, 시간이 흐른 지금 대중의 머릿속엔 4대강밖에 남아 있지 않습니다. 하지만 당시 저탄소 녹색성장을 추구한다는 정책 방향에 따라 '녹색 뉴딜'이라는 계획도 발표됐고, 실제 추진되기도 했습니다. 당시의 계획이나 정책에 대한 평가는 차치하더라도 이 역시 한 대통령의 임기 내에서 시작과 끝을 볼 수 없는 나름의 중장기 계획이었습니다. 그러나 다음에 들어선 박근혜 정부에선 '녹색'이 들어간 모든 것의 간판을 내렸죠. 그리고 '창조'가 그 자리를 대신했습니다.

　2020년에 정부가 발표한 계획은 2025년을 목표로 하는 5년짜리 계획입니다. 물론 계획을 실현하려면 얼핏 보더라도 5년으론 턱없이 부족해 보이긴 합니다만, 모든 계획이 '2025년까지 ○○조 원 투자, ○○만 개 일자리 창출'을 목표로 하고 있습니다. 한국판 뉴딜이 언급된 시기가 대통령의 취임 3주년 기념 연설 때였으니, 문재인 정부에 남은 시간은 불과 2년. 그렇다면 이 계획의 초반 2년 이후엔 상황이 어떻게 흘러갈지 장담하기 어려운 상황입니다. 많은 과학자가 지금 상황에서 기후변화 대응은 정당이나 이데올로기에 상관없이 긴박하게 이뤄져야 한다고 강조하지만, 우리나라에서 기후변화 대응 이슈는 여전히 여와 야로, 진보와 보수로 갈라진 논쟁거리입니다. 심지어 차기 대선에서 집권 여당이 그 지위를 유지하더라도 이 기조가 그대로 이어질지는 누구도 장담할 수 없습니다. (참고로 2022년 대선으로 여야의 지위가 뒤바뀌었습니다.)

이미 공식적으로 발표된 그린뉴딜 정책 그리고 당시 집권 여당에서 준비 중이던 그린뉴딜 기본법에 관해 당·정·청은 "(과거의) 녹색성장과 다르다"고 밝히곤 했습니다. 물론 서로 목표했던 바가 다를 수도, 혹은 지향점을 향해 접근하는 방식이 다를 수도 있습니다. 그런데 정권이 바뀔 때마다 새로운 대통령이 "(이전 정부의) 그린뉴딜과 다르다"고 한다면 어떨까요? 혹은 "이렇게 해선 결코 탄소중립 목표를 달성할 수 없습니다"라거나, 반대로 "탄소중립은 중요하지 않습니다"라고 한다면 어떨까요? 그리고 그렇게 빈대떡 뒤집듯 뒤집히는 정책을 그저 어이없이, 뭘 어떻게 하지도 못하고 바라보기만 해야 하는 시민들의 마음은 어떨까요?

학생들의 경우 과제를 하다가, 직장인의 경우 보고서를 쓰다가, 기자의 경우 기사를 작성하다가, 게이머의 경우 게임을 하며 레벨을 올려 가다가…… '저장'을 안 해서 원점으로 돌아가는 기분이 어떤지 잘 아실 겁니다. 온갖 분노가 차오르죠. 컴퓨

터를 원망하기도, 말도 안 되게 느슨한 전원 어댑터를 원망하기도, 무엇보다 'Ctrl+s'를 누르지 않은 자신을 원망하기도 합니다. 국민의 세금 수조, 수십조 원이 쓰이는 일에서 이 'Ctrl+s'를 누르는 일, 결코 망설여서는 안 될 것입니다. 앞으로 이 계획을 추진하는 데 정당의 이해관계를 뛰어넘는 공동의 협력이 필요하다면, 계획의 출발 단계도 그렇게 초당적으로 진행되어야 할 것입니다.

그린뉴딜의 명과 암

에너지 대전환으로, 그린뉴딜로 인해 도대체 얼마나 많은 일자리가 사라지기에, 또 얼마나 많은 일자리가 새로 생기기에 이토록 시끄러운 것이냐, 공상과학영화 속 모습처럼 변하기라도 하는 거냐? 이런 생각을 하는 사람도 많을 겁니다. 그저 목표를 위한 목표, 계획을 위한 계획만 발표되고 있다 보니 어찌 보면 당연한 일입니다.

일자리 변화에 대한 우려와 기대 가운데 우리의 심리에 더 큰 영향을 주는 것은 당연히 '우려'입니다. 기존의 일터가 사라진다는 걱정은 새로운 일터가 생긴다는 희망을 뒤덮을 수밖에 없습니다. 그렇다면 우려보다 기대가 더 크게 하려면 어떻게 해야 할까요? 쉽게 생각하면 크게 두 가지 정도의 방법이 있을 듯합니다. 없어지는 일자리의 수보다 새로 생기는 일자리 수가 훨씬 많다면 그리고 없어지는 일자리에서 새로운 일자리로 자연스럽게 전환할 수 있도록 우리 사회가 관심과 지원을 아끼지 않는다면 가능할 겁니다.

당장 첫 번째 방법에 대한 답을 연구해 보고서를 발표한 사람들이 있습니다. 미국 스탠퍼드대학교와 UC버클리 공동 연구팀입니다. 연구팀은 전 세계 143개국을 대상으로 그린뉴딜 효과를 시뮬레이션했습니다. 모든 나라가 2050년까지 재생에너지로 100% 전환한다면 어떤 변화가 찾아올지 말이죠.

2589만 2422개. 전 세계에서 사라질 것으로 예측된 일자리 수입니다. 수십만, 수백만 개도 아닌 수천만 개의 일자리가 사라진다는 겁니다. 여기엔 광산이나 유전 등 화석연료를 채굴하는 일자리부터 트럭이나 철도 등을 통한 운송업, 화력발전 설비 건설업 등 여러 직군이 포함되어 있습니다.

우리나라에 관한 예측은 어땠을까요? 18만 9298개의 일자리가 사라진다는 결과가 나왔습니다. 탈석탄 등 탈화석연료, 탈내연기관 정책으로 19만 개 가까운 일자리가 없어진다는 거죠. 눈앞이 깜깜해지는 아찔한 수입니다만, 외국보다 그리 심각한 편은 아닙니다. '기름 한 방울 안 나는' 우리나라와 '기름 파내 돈 버는' 나라의 사정은 다를 수밖에 없죠. 최근 요동치는 유가를 놓고 치킨게임(chicken game, 어느 한쪽이 양보하지 않으면 양쪽이 모두 파국으로 치닫게 되는 극단적인 게임 이론)을 벌이고 있는 미국과 러시아는 어땠을까요? 미국에선 220만 3272개의 일자리가, 러시아에선 105만 5215개의 일자리가 사라지게 됩니다.

그럼 이번에는 이런 걱정들을 덜어낼 수 있는 연구 결과를 살펴보겠습니다. 재생에너지로 전환하려면 많은 것을 새로 만들어야 합니다. "와 풍차다!" 신기해서 사진을 찍을 만큼 흔치 않은 풍력 터빈을 곳곳에 만들어야 하고, 우리가 국내에서 전에 본 적 없는 규모의 태양광발전단지도 지어야 합니다. 또 이러한 개별 발전소들을 잇는 송전망도 새롭게 만들어야 하죠. 이렇게 새로운 시설, 인프라를 구축하기 위해 만들어지는 건설 부문 일자리는 74만 2595개에 달합니다. 없어지는 일자리 수의 4배에 가깝습니다. 단순히 짓는다고 끝나는 일도 아니죠. 이를 제대로 굴러가게 하기 위한 운영 부문 일자리는 88만 8763개나 만들어집니다. 그리하여 총 163만 1358개. 재생에너지로 100% 전환하는 과정에서 우리나라에 생길 일자리 수입니다. 에너지 전환으로 없어지는 일자리 수를 고려해도 총 144만 2060개의 일자리가 늘어나는 셈입니다.

참고로 대체 무얼 근거로 계산한 것이냐는 근원적 의문에 답을 드리자면, 이는 미국 에너지관리청의 에너지 수요 예측치에 기반을 둔 계산입니다. 에너지관리청은 미국 에너지부 산하의 통계 분석 기관입니다. 에너지부는 그저 석유나 전기와 같은 것만 다루는 데 그치지 않고, 핵무기 프로그램을 비롯해 원자로 생산과 방사성 폐기물 처리 등 그야말로 '에너지에 관한 모든 것'을 다룹니다. 에너지부 산하의 에너지정보국은 정부 정책뿐 아니라 해외 핵무기 생산에 대한 정보도 수집하고요. 어느 나라가 얼마나 에너지를 쓰고 있고, 앞으로 얼마나 사용할지 철저히 계산하는 곳이죠. 쉽게 말해 '전력(電力)'을 '전력(戰力)'으로 활용할 수 있도록 치밀하게 분석하는 기관입니다.

다시 보고서 이야기로 돌아오겠습니다. 이렇게 일자리 걱정이 잦아들더라도 비용은 어떻게 할 거냐는 우려는 여전히 남을 수 있습니다. 지금껏 전국 각지, 요소마다 발전 시설들을 큰돈 들여 만들어 놨는데, 거기서 나오던 에너지를 다 재생에너지로 충당하려면 대체 얼마나 많은 돈과 땅이 있어야 하냐는 거죠. 이 우려에 대한 답도 보고서에서 찾아볼 수 있습니다. 연구팀은 나라 별로 재생에너지 사용률 100%라는 목표를 달성하는 데 필요한 면적과 비용도 계산했습니다. 개별 국가에 필요한 에너지 수요량이 얼마나 되는지, 이를 충족하려면 얼마나 많은 태양광 패널이나 풍력 터빈을 설치해야 하는지 등을 시뮬레이션한 거죠. 2050년, 우리나라가 모든 에너지를 재생에너지로 전환했을 때, 연간 필요한 전력량은 약 2312TWh(테라와트시)로, 최대 부하는 155GW에 이를 것으로 예상됐습니다.

그럼 얼만큼의 땅과 돈이 들까요? 6320km². 태양광, 태양열, 지열, 풍력, 수력 등 모든 종류의 재생에너지를 생산하기 위해 우리나라에서 필요한 공간입니다. 우리 국토 면적의 6.5%에 해당합니다. 분야별로는 발전용량 기준 태양광 발전이 479GW로 가장 많고, 해상풍력 319GW, 건물 옥상 태양광 발전 119GW 순이었습니다. 풍력과 태양광발전의 발전 효율을 감안했을 때, 연간 전력 수요를 충족할 수 있는 수준이라는 것이 연구팀의 설명입니다. 이를 위해 필요한 비용은 1조 9천억 달러, 우리 돈 2100조 원가량일 것으로 추산됐습니다. 일각에서 슈퍼 예산이라고 일컫기도 한 2020년도 정부 예산 513조 5천억 원의 4배입니다. 그렇게 많은 돈을 어떻게 투입하냐고 생각할 수도 있습니다만, 일순간 동시에 모든 설비를 투자·건설할 리 없습니다. 2050년까지 점진적으로 늘려 나가는 데 들어가는 총액 개념이라고 생각하면 됩니다.

눈에 보이지 않는 비용까지 계산하면 어떨까요? 2050년까지 궁극적으로 총비용이 2100조 원 든다지만 재생에너지 전환으로 사회적 비용이 줄어드는 효과도 있습니다. 지금처럼 화석연료 위주로 발전을 했을 때, 기후변화와 대기 오염으로 발생하는 사회적 비용은 연간 8650억 달러(약 900조 원)에 달합니다. 이를 재생에너지로 100% 전환하면, 사회적 비용이 1610억 달러(약 190조 원)로 줄어듭니다. 해마다 700조 원 넘는 돈이 절약되는 셈이죠. 여기에 보건 비용도 해마다 940억 달러(약 112조 원) 줄어듭니다. 대기 오염으로 인한 사망자는 연평균 9천 명 줄일 수 있고요. 향후 30년간 2100조 원을 나눠 쓰고, 해마다 800조 원 넘는 사회·보건 비용을 절감하는 것이 더 저렴하고도 건강한 선택이라는 것은 자명해 보입니다.

물론 현실성 떨어지는 소리다, 실질적으론 경제적 효과보다는 부담만 클 뿐이다, 등등 반대의 목소리도 예상됩니다. 코로나19로 전 세계가 고통받고 있으며 인간의 활동이 제약을 받으면서 세계 경제 역시 심각한 침체를 겪고 있습니다. 앞서 기후 변화와 신종 감염병 등장의 연관성에 관해서 설명해 드린 바 있습니다. 해외는 당연하고 우리나라의 질병관리청을 포함한 다수의 기관, 전문가들이 이 둘의 관련에 주목하고 우려해 왔었다고요. 지금 우리가 겪고 있는 육체적 피해와 경제적 피해, 바로 그린뉴딜로 줄일 수 있는 사회·보건 비용에 해당합니다.

그린뉴딜을 시행해 가는 과정에서 만들어지는 일자리만 주목받아서는 안 됩니다. 불편한 이야기지만 사라지는 일자리도 명확히 밝혀야 하죠. 전환의 당사자가 변화를 맞이할 준비를 할 수 있도록 충분한 시간을 줘야 하니까요. 또 그 당사자가 원활하게 전환에 참여할 수 있도록 일자리 전환에 대한 계획도 함께 마련해야 합니다.

그린뉴딜에 대한 회의론은 여전합니다. 지구를 살리자고 인간이 피해를 감수하는 '밑지는 장사'라고 여기는 이들도 많습니다. 그렇다면 유럽은 왜 포스트 코로나 경기 부양책으로 그린뉴딜을 선택했을까요? 많고 많은 분야 가운데 왜 에너지 전환에 대한 투자 활성화로 경기를 부양하려 한 것일까요? 그들은 유럽연합이라는 공동체의 존재 목적 첫 번째를 유럽의 번영으로 삼고 있습니다. 그저 자선단체인 양 손해를 감수하고 지구를 지키려는 것이 아닙니다. 철저한 계산을 바탕으로 유럽연합 회원국들의 이익을 최대화하는 겁니다. 그린뉴딜이 경제적 부담으로 다가올 것이라는 우려가 있다면, 그렇게 될 거란 예측이 우세했다면 유럽연합은 절대 정책 방향을 이렇게 잡지 않았을 것입니다.

유럽연합이 기후위기 대응을 위해 풀기로 한 자금은 5500억 유로(우리 돈 약 772조 원)에 달합니다. 전 지구적 차원선, 이 돈으로 달궈진 바다와 땅을 얼마나 진정시킬 수 있을지에 관심이 쏠렸습니다. 개별 국가 차원선, 이 돈을 이용해 자국의 산업이 포스트 코로나 상황에서 잘 일어설 수 있을지가 관심이었고요. 우리나라 역시 이 772조 원에 깊은 관심을 보였습니다. 한국무역협회는 해외시장 보고서 〈포스트 코로나, 유럽연합의 그린경제 가속화와 시사점〉을 통해, 한국판 뉴딜의 지원을 받는 우리나라 친환경 기업이 유럽연합 시장에 진출할 방안을 모색해야 한다고 밝혔습니다. 유럽연합이 코로나19로 발발한 경제 위기를 극복하고자 그린 산업을 제시한 만큼, 우리 정부와 기업은 유럽연합의 산업 정책 변화를 예의 주시하며 효율적인 정책 수립과 시행 및 비즈니스 전략 마련에 참고할 필요가 있다는 설명입니다.

유럽연합은 이 돈을 유럽연합투자은행을 통해 그린 산업 지원과 기업의 저탄소 전환 지원에 투입합니다. 무역협회는 보고서에서 이미 이 혜택을 받은 기업의 사례를 소개했습니다. 프랑스의 항공사 에어프랑스는 2024년까지 탄소 배출량을 50% 감축하는 등 그린 항공사로 전환하는 조건으로 70억 유로를 지원받았습니다. 스웨덴의 배터리 기업 노스볼트는 유럽연합투자은행으로부터 리튬이온배터리 공장을 건설하기 위한 대출(3억 5천만 유로)을 받았습니다. 벨기에의 유미코어도 폴란드에 배터리 양극재 생산 시설을 짓는 데 드는 전체 예산의 50%를 유럽연합투자은행으로부터 대출받게 됐습니다.

그런데도 그린뉴딜 선포 후 몇 년의 시간이 흐른 지금까지 여전히 남아 있는 회의론을 어떻게 해소할 수 있을까요? 앞서 소개해 드린 글로벌 그린뉴딜 연구를 이끈 마크 제이컵슨 미국 스탠퍼드대학교 교수에게 물어봤습니다.

[질문] 한국의 그린뉴딜 논의가 미국이나 유럽연합보다 더딘 이유는 무엇일까요?

[대답] 정보 부족, 정보 제한 때문이라고 봅니다. 많은 국가나 정부, 도시들이 그린뉴딜에 관한 정보를 갖고 있지 않습니다. 정보가 있어야 계획을 만들 수 있죠. 나아가 계획을 실제 정책으로 구체화하고 공표하는 데도 시간이 걸립니다.

일례로, 미국은 이 계획을 10년간 준비해 왔습니다. 비영리단체, 이해 당사자, 정책 담당자 등이 참여했고, 무엇이 가능한지, 실제 계획이 어떻게 될지 알려 줬었죠. 주 단위의 계획을 시작한 게 2011년부터였는데, 나름 일찍 시작한 것이었습니다. 하지만 국가 단위의 계획은 하지 못했습니다. 2017~2018년까진 미국뿐 아니라 다른 나라에 대한 계획을 세우거나 연구도 하지 못했던 거죠.

재생에너지 100% 전환에 관해 연구하는 다른 많은 연구자도 각자 여러 나라에 관한 연구를 하는 데 오랜 시간이 걸렸습니다. 제 생각엔 계획을 만들어 내는 것 자체가 관건인 것 같습니다. 계획이 만들어지면 정책 담당자들이 정책을 만들고, 시민들에게 이를 알리는 일은 술술 풀리게 됩니다.

[질문] 그럼 한국은 언제쯤 가능하리라 봅니까?

[대답] 성공을 좌우하는 몇 가지 요소가 있지만 무엇보다 정보, 이를 통해 계획을 만드는 게 우선입니다. 그렇게 계획을 세우고 나면 한국의 재생에너지나 배터리 비용이 떨어지게 될 겁니다. 그러면 비용이 기존의 화석연료뿐 아니라 원자력발전보다도 낮아지게 되고요.

시간이 걸리는 데는 기존의 인프라 구조가 미치는 영향이 큽니다. 기존의 인프라를 바꿔야 할 이유나 당장 눈에 보이는 이득이 없으니 이해 당사자들에겐 비싸게 느껴집니다. 기존의 설비를 그대로 이용한다면 새로운 재생에너지 설비를 설치할 필요도 없으니까요.

하지만 재생에너지 생산 비용이 점차 더 떨어지다 보면 한국에서도 새로운 에너지, 새로운 발전소뿐 아니라 새로운 히터나 스토브가 필요할 때 '깨끗한 전기' 버전을 선택하게 될 수도 있습니다. 앞으로 비용이 계속 내려가다 보면 '저렴한 가격'이라는 이유만으로도 자연스러운 전환이 일어날 겁니다.

다만 한국에선 정부 차원, 국가 차원에서 전환 속도를 높일 필요가 있습니다. 제 생각에 한국 정부는 이제 이 정책을 실제로 도입해도 될 것 같습니다. 실천 가능한 계획도 있고, 비용은 이미 줄어들었고요. 그러면 정책을 적용하기가 쉬워지죠. 따라서 한국 정부가 해야 할 일은 이 전환을 위해 최적의 시간 계획을 세우는 것만 남았습니다.

[질문] 그래도 여전히 '그린'이라는 수식어가 붙으면 '지구엔 이롭지만 비싸다'는 인식이 많은데요?

[대답] 그건 정말 오래된, 옛날 옛적의 말입니다. 5~10년 전이라면 몰라도 더는 아닙니다. 풍력과 태양광은 전 세계에서 가장 저렴한 전력원으로 꼽히고 있습니다. 원자력발전과 비교하더라도 5분의 1 수준이죠. 이젠 비교조차 할 수 없습니다.

단순히 비용만 저렴한 게 아닙니다. 재생에너지는 발전 설비 건설을 계획하고, 짓고, 실제 가동하기까지 시간이 훨씬 적게 듭니다. 당장 여러분은 집이나 건물의 지붕에 6개월이면 태양광 발전 설비를 설치할 수 있습니다. 상용 발전 수준의 태양광 발전 시설도 길어야 2~3년이면 됩니다. 원전은 어떨까요. 20~22년? 빨라도 10년입니다. 이제 재생에너지가 더 빠르고 더 싼 겁니다. 그리고 더 건강한 에너지죠. 각종 부작용이나 환경오염도, 기후변화에 대한 영향도 훨씬 적고요. 게다가 일자리도 창출할 수 있습니다. 비용, 시간과 더불어 경제적 이점도 있는 거죠.

우린 이번 연구를 통해서 전 세계가 재생에너지로 100% 전환하면 에너지 비용이 60%나 절감된다는 걸 알아냈습니다. 57%의 에너지가 덜 필요해지기도 하고요. 모든 것을 전기화하면 전체 에너지 사용량이 줄어들기 때문입니다. 깨끗한 재생에너지 덕에 에너지 사용량도 줄고, 에너지 생산 비용도 줄어드는 건데, 건강과 기후변화 측면까지 고려하면 비용이 90%까지 줄어든다고 볼 수 있습니다. 즉, 일자리도 더 생기고, 비용도 절감하고, 더 건강해지는 거죠.

[질문] 그린뉴딜에 적극적으로 나서지 않으면 앞으로 어떤 문제를 직면하게 될까요?

[대답] 한국이든 어느 나라든 지금의 '에너지 혁명'에 참여하지 않는 나라는 경제적으로 크게 뒤처지게 될 것입니다. 에너지 전환으로 돈

을 아끼고 일자리도 만들 수 있으니까요. 참여하지 않는다는 건 곧 돈을 잃고 일자리도 잃는 거죠. 게다가 더 많은 사람이 대기 오염으로 사망하게 될 거고요.

일자리, 비용, 건강, 기후 측면에서뿐 아니라 여러모로 불리한 면이 많을 겁니다. 재생에너지를 적극적으로 추진하는 나라는 기술적인 측면에서도 혁신적일 수밖에 없습니다. 새로운 기술을 개발함으로써 경제개발 속도를 더 빠르게 할 수 있죠.

독일을 예로 들면, 독일은 일조량이 그리 많지 않은데도 1990년대부터 2000년대에 이르기까지 적극적으로 태양광 발전 설비를 설치했습니다. 재생에너지 중 독일에서 가장 효율적인 게 태양광이 아니었는데도 정부가 보조금을 지급하며 적극적으로 권했죠. 그 결과, 무척 많은 일자리가 창출됐을 뿐 아니라 관련 산업 자체를 만들어 냈습니다. 새로운 산업이 나타난 겁니다. 많은 나라가 독일의 사례를 모방하고 있고, 그러면서 기술 이전 등을 통해 기술적인 측면으로도 많은 이익을 얻고 있습니다.

이러한 것들이 바로 재생에너지 정책을 발 빠르게 도입하지 않는 나라가 '잃는 것'입니다. 재생에너지를 도입하지 않으면 경제도 성장할 수 없게 될 겁니다.

그린뉴딜은 이전의 뉴딜과 '같지만 다른' 개념입니다. 과거 대공황 시절, 수많은 실직자에게 일자리를 제공하고 경제와 산업을 부흥시켰던 때와는 다릅니다. 사라졌던, 혹은 없던 일자리가 새로 생겨난 것이 대공황 시절 뉴딜이라면, 오늘날 그린뉴딜에선 사라지는 일자리도 있고 새로 생겨나는 일자리도 있습니다. 과거의 산업과 미래의 산업이 공존하는 '전환'의 과정이기 때문입니다. 전환은 현실입니다. 그리고 현실은, 우리의 하루하루가 그렇듯, 기쁨과 슬픔, 환희와 절망, 획득과 상실이 뒤섞여 있죠. 어두운 면을 숨기는 방법으로는 전환을 맞이할 수 없습니다.

2

탄소중립,
선언은 시작일 뿐

2020년 9월 24일, 새롭게 출범한 21대 국회에선 '기후위기 비상대응 촉구 결의안'이 통과됐습니다. 재석 258인에 찬성 252인, 기권 6인으로 사실상 만장일치에 가까울 정도였죠. 이러한 결의안은 과거 19대, 20대 국회에서도 발의됐으나 실제 본회의 문턱을 넘진 못했습니다. 여야 의원들이 모두 동의한 결의안엔 다음과 같은 내용이 담겼습니다.

1. 대한민국 국회는 인간의 과도한 화석연료 사용과 온실가스 배출 증가에 따른 기후변화로 가뭄, 홍수, 폭염, 한파, 태풍, 대형 산불 등 기후재난이 증가하고 불균등한 피해가 발생하는 현재 상황을 '기후위기'로 엄중히 인식하고, 기후위기의 적극적 해결을 위하여 현 상황이 '기후위기 비상상황'임을 선언한다.

2. 대한민국 국회는 기후위기 상황에 적극적으로 대응하기 위하여 IPCC 특별 보고서 〈지구 온난화 1.5℃〉의 권고를 엄중하게 받아들이며, 정부가 2030국가온실가스감축목표(2030NDC)를 이에 부합하도록 적극적으로 상향하고, 2050탄소중립을 목표로 책임감 있는 장기저탄소발전전략(2050LEDS)을 수립하여 국제사회에 제출하며, 이를 이행하기 위한 정책을 수립·추진할 것을 촉구하고, 이를 위해 정부와 적극적으로 협력한다.

3. 대한민국 국회는 나날이 심각해지는 기후위기에 대응하기 위하여 국회 내 '기후위기 대응을 위한 특별위원회'를 설치하여 기후위기 대응 관련 예산 편성을 지원하고, 법 제도를 개편하며, 다양한 이해 당사자들의 의견수렴 및 공감대 형성을 통해 기술 연구와 인력 개발 지원, 에너지 세제 개편, 취약 계층 지원 등 기후위기 대응 정책을 검토하고, 이를 통합적으로 지원·점검하여, 범국가적 행동을 이끌 수 있도록 노력한다.

4. 대한민국 국회는 기후위기 대응을 위한 대전환 과정에서 '민주성, 합리성, 절차의 투명성 원칙'에 따라 다양한 이해 관계자의 참여를 보장하고, '양보와 타협, 이해와 배려의 원칙'에 따라 환경과 경제가 공존할 수 있도록 하며, '정의와 형평성의 원칙'에 따라 전환 과정의 책임과 이익이 사회 전체에 분배될 수 있도록 하고, 부작용과 비용이 사회적 약자, 노동자, 중소상공인, 지역사회에 전가되지 않도록 하며, 기후위기 취약 계층 등 사회적 약자에 대한 대책 마련에 나섬으로써, 기후위기와 사회적 불평등을 극복할 수 있도록 '정의로운 전환의 원칙'을 준수한다.

5. 대한민국 국회는 지구 온난화로 인한 바다와 육지의 생물 다양성 파괴를 막기 위해 보전 및 예방 그리고 복원 등의 대책을 강화함으로써, 탄소 흡수원과 기후변화 적응 기능을 유지 및 확대하고 건

강한 자연환경 조성을 통한 지속가능한 사회를 추구한다.

6. 대한민국 국회는 기후위기 대응이 국가 범위를 뛰어넘는 전 지구적으로 추진되어야 하는 과제임을 인지하고, 국제적으로 탄소 배출을 줄이기 위하여 정부와 적극적으로 협력한다.

올바른 변화와 행동의 시작은 정확한 현실 파악에서 비롯됩니다. 국회는 이 결의안에서 현재 상황에 대한 정확한 인식을 보여 주었습니다. 지금이 기후변화를 넘어 기후위기의 상황이며, 우리나라는 세계 11위 수준의 대표적 온실가스 다배출 국가라는 사실 말입니다. 1.5℃의 중요성 역시 결의안에 담겼습니다. IPCC는 지구 평균 기온 상승 폭을 1.5℃ 이내로 묶어야 한다고 강조했죠. 이는 인류가 살아남아 번영하기 위함입니다. 이렇게 기온 상승 폭을 1.5℃ 이내로 묶어 두려면, 늦어도 2050년까진 이산화탄소 배출량과 흡수량이 같아지는 탄소중립을 달성해야 하고요. 국회는 이번 결의안에서 IPCC의 권고를 엄중하게 받아들인다고 했습니다. 그래서 정부가 2030국가온실가스감축목표를 이에 부합하도록 상향하고, 2050장기저탄소발전전략을 수립해 국제사회에 제출할 것을 촉구했습니다. 정부에 '촉구'만 하는 데 그치지 않고, 이를 위해 정부와 '적극적으로 협력한다'고도 선언했습니다.

이 밖에도 '민주성, 합리성, 절차의 투명성 원칙', '양보와 타협, 이해와 배려의 원칙', '정의와 형평성의 원칙', '정의로운 전환의 원칙' 등 배려하고 협력하겠다는 표현이 곳곳에 등장했습니다. 국회의 각종 소위원회에서 파행과 잡음이 잇따르는 것이 평소의 모습이었지만, 모처럼 여야가 한마음으로 통과시킨 결의안이다 보니 협치에 대한 기대도 컸습니다.

2020년 9월, 저는 〈박상욱의 기후 1.5〉 연재 기사에 국회의 결의안 소식을 담았는데요, 그 기사를 아래와 같이 마무리했습니다.

"이제 올해가 가기 전까지 남은 시간은 불과 3개월뿐입니다. 이 결의안이 그저 '우리 이런 선언도 했어'라는 기념품처럼 남게 될지, 실질적인 '성과'가 될지 판가름 나는 시간 역시 석 달밖에 남지 않았습니다. 세계 최초로 전국 기초단체가 기후위기 비상선언을 한 후 3개월, 국회가 응답했습니다. 그리고 남은 3개월, 이젠 국가와 정부가 응답할 때입니다."

3

성큼 다가온
탄소중립

지자체와 국회에 이어 대통령까지

지자체와 국회의 기후위기 비상대응 촉구에 화답하듯 대통령도 탄소중립을 화두로 꺼냈습니다. 바로 2020년 10월 28일, 대통령의 국회 시정연설을 통해서였습니다.

"그린뉴딜에는 8조 원을 투자합니다. 정부는 그동안 에너지 전환 정책을 강력히 추진해 왔지만, 아직도 부족한 점이 많습니다.
국제사회와 함께 기후변화에 적극적으로 대응하여, 2050탄소중립을 목표로 나아가겠습니다.
석탄 발전을 재생에너지로 대체하여, 새로운 시장과 산업을 창출하고 일자리를 만들겠습니다.
노후 건축물과 공공임대주택을 친환경 시설로 교체하고 도시 공간·생활 기반 시설의 녹색 전환에 2조 4천억 원을 투자합니다.
전기·수소차 보급도 11만 6천 대로 확대하며, 충전소 건설과 급속 충전기 증설 등에 4조 3천억 원을 투자하겠습니다.
스마트 산단을 저탄소·그린 산단으로 조성하고, 지역 재생에너지 사업에 금융지원을 확대하겠습니다."

대통령의 이러한 선언에 환경단체들은 환영의 목소리를 냈습니다. 예상했던 결과에 대한 환영이라기보다 깜짝 놀라는 마음이 함께한 환영에 가까웠죠. 코로나19와 경기 부양에 관한 내용이야 누구나 예상할 만했지만, 단순히 그린뉴딜 언급을 넘어 탄소중립 이야기까지 나올 거라곤 내다보지 못했기 때문입니다. 국제 환경단체 그린피스를 비롯해 전국 탈석탄 시민사회단체의 모임인 석탄을넘어서(Korea Beyond Coal), 환경운동연합, 기후솔루션 등 다양한 단체가 환영과 기대의 메시지를 보냈습니다.

하지만 우려도 컸습니다. 그간 우리는 공허한 선언을 너무도 많이 봐 왔으니까요. 여러 계획의 발표, 의미 있는 선언을 접하고서 '근데 이게 되겠어?' 하는 회의의 목소리가 항상 나오는 이유이기도 합니다. 이미 2014년에 우리는 '국가 온실가스 감축 2020 로드맵'이라는 원대한 목표를 세운 바 있습니다. 2020년에 기존 배출 전망치보다 30% 감축한 5억 4300만t의 온실가스만 뿜어내겠다는 계획이었습니다. 그런데 현실은 어땠을까요?

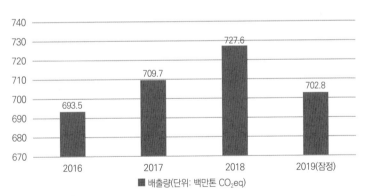

우리나라의 연도별 온실가스 배출량 (자료: 온실가스정보센터)

계획대로라면 이미 2014년부터 온실가스 배출량 그래프는 하향 곡선을 그려야 했는데, 해마다 '역대 최대'를 경신해 왔습니다. 2016~2019년 우리나라 온실가스 배출량 그래프(263쪽)에서 확정치가 발표된 2018년만 보더라도, 7억 2760만t이나 됩니다. 목표치보다 1억 2320만t 많은 양입니다. 2019년 배출 잠정치는 2018년의 배출량보다 소폭 줄어들었다곤 하지만 여전히 목표 미달이고요. 기존의 계획도 이렇게 지키지 못한 상황에서 한 발, 아니 몇 발은 더 나간 탄소중립이라니…… 반가운 한편으로 우려가 앞서는 것은 어쩔 수 없는 일이겠죠. 당장 대통령의 연설 속에도 넘어야 할 산이 한참인 내용이 가득했습니다. 몇 가지만 짚어 보겠습니다.

"석탄 발전을 재생에너지로 대체하여, 새로운 시장과 산업을 창출하고 일자리를 만들겠습니다."

2020년 기준, 정부의 에너지 계획으로는 탄소중립 목표 시점으로 지정한 2050년에도 석탄 발전이 여전히 남아 있습니다. 2050년에 넷제로에 도달하려면 그 시점보다 훨씬 앞서 탈석탄을 마무리해야 합니다. 많은 전문가는 그 시점을 2030년으로 제시하고 있고요. 하지만 국가기후환경회의가 마련한 권고안조차 탈석탄 완료 시점을 2050년으로 잡은 것으로 알려져 있습니다.

"전기·수소차 보급도 11만 6천 대로 확대하며, 충전소 건설과 급속 충전기 증설 등에 4조 3천억 원을 투자하겠습니다."

시정연설 이틀 후, 문 대통령은 '미래 차 현장'으로 현대자동차 울산 공장을 찾았습니다. 이 자리에서 대통령은 더욱 구체적인 목표를 제시했습니다. 2025년까지 전기차와 수소차를 국내에만 총 133만 대(누적) 보급하고, 53만 대를 수출하겠다는 목표입니다.

그런데 이미 전기차는 15만 대 넘게 보급됐습니다. 최근 국내 유일 수소차 '넥쏘'의 1만 번째 차량이 인도되기도 했습니다. 다시 말해, 이 목표는 앞으로 해마다 연평균 23만대 가량의 차량을 보급한다는 뜻입니다. 얼핏 많아 보이는 수치입니다만, 좀 더 뜯어 보면 아쉬움이 남습니다. 2018년 한 해 동안 팔린 국산 자동차의 판매량은 154만 대를 넘었습니다. 코로나19로 인한 경기 침체 등 여러 이유로 이보다 낮은 150만 대를 한 해 동안 판매한다고 가정했을 때, 23만 대라는 수치는 전체 판매량의 15%에 불과합니다.

환경부는 이미 2030년까지 국내에서 판매되는 모든 자동차에 대한 탄소 규제를 정한 바 있습니다. 2030년 온실가스 기준치인 1km당 70g을 충족하려면, 일반 내연기관차(평균 이산화탄소 배출량 140g/km)와 하이브리드 자동차(70g/km), 전기차 또는 수소차(0g/km)를 모두 3분의 1씩 판매해야 합니다. 대통령이 이야기한 목표보다 전기차와 수소차의 보급 대수가 더 많아야 하는 거죠. 아일랜드는 2030년, 영국과 중국, 미국 캘리포니아주는 2035년부터 내연기관 신차 판매를 전면 금지할 계획입니다. 탄소중립을 천명한 나라치고 탈석탄 시점과 탈내연기관 시점을 못 박지 않은 곳을 찾아보긴 어렵습니다. 대통령이 언급한 전기차와 수소차 보급목표가 지나치게 겸손한 목표로 보이는 이유입니다.

상황이 이렇다 보니 환경단체들은 대통령의 탄소중립 이야기에 환영과 함께 우려의 목소리를 냈습니다. 어떤 점을 걱정하는지 살펴보겠습니다.

[녹색연합] "당장 행동 없이 30년 후의 목표만 이야기하는 것은 그야말로 말 잔치로 끝날 공산이 크다. 정부가 2030국가온실가스감축목표를 50%로 설정해야 한다. 기후위기에 책임 있게 대응한다면서 끝없는 성장을 약속하는 것은, 동시에 이룰 수 없는 두 가지를 주장하는 자기모순이다. 지금의 성장 중심 사회 및 경제 체제에 대한 근본적인 성찰과 전환 없이는 현재의 위기를 넘어설 수 없다."

[그린피스] "탄소중립을 위해 발전 부문을 중심으로 한 에너지 전환과 수송, 건물 등 다양한 분야의 로드맵을 설계해야 한다."

[석탄을넘어서] "이번 선언이 선언에 그치지 않으려면 구체적인 정책이 뒤따라야 한다. 이를 위해 제9차 전력수급 기본계획을 다시 검토해야 한다."

[기후솔루션] "현재 매우 느슨하게 설정된 기존의 2030국가온실가스감축목표를 대폭 강화해야 한다. 신규 석탄 발전소 건설을 즉시 중단하고, 기존 석탄 발전소를 빠르게 줄여 가는 것이 가장 효과적이다. 해외 석탄사업에 대한 금융지원을 즉각 중단하는 것 역시 필수다."

탄소중립 선언은 그야말로 시작에 불과합니다. 선언에 이어 파리협약에 따라 2030국가온실가스감축목표를 조정해서 유엔에 제출해야 하는데요, 당시 대통령의 탄소중립 천명에도 불구하고 유엔에 제출할 새 목표가 기존 감축목표를 넘어서지 못할 것이라는 우려가 나왔습니다. 과연 이 우려는 어떤 현실이 되어 나타났을까요?

유럽발 '녹색 파도', 휩쓸릴 것인가 올라탈 것인가

대통령이 직접 탄소중립 이야기를 꺼냈으니 잘되겠지, 하는 생각은 그저 막연한 기대에 그쳤습니다. 2020년 11월 19일, 정부는 2050장기저탄소발전전략 공청회를 열었습니다. 이 전략은 2050년 탄소중립 목표 달성을 향한 가장 기본이 되는 로드맵입니다. 정부의 안은 가장 빡빡한 1안(2017년 대비 최대 온실가스 75% 감축)부터 가장 느슨한 5안(40% 감축)까지 총 다섯 가지 시나리오로 마련되었습니다. 이 시나리오들을 놓고 공청회 및 관계 기관과의 협의 등 절차를 거친 끝에 최종안을 정하는 겁니다. 그리고 최종안은 녹색성장위원회의 심의와 국무회의 의결을 거쳐 유엔에 제출됩니다.

그런데 어찌 된 일인지, 공청회 이후의 반응들이 시큰둥했습니다. 실질적인 감축 노력은 없고 신기루 같은 미래 기술에만 기댄 계획이었다는 평가도 나왔습니다. 탄소세나 내연기관 금지 같은 구체적인 목표는 보이지 않았습니다. 당장 2030년까지의 감축 계획도 기존 계획을 그대로 유지하기로 했습니다. 2030년까지의 목표가 그대로인데 그로부터 20년 후인 2050년에 무슨 수로 탄소중립을 달성한다는 것일까요?

상황이 이렇다 보니, 정부에는 아직 실현되지 않은 '탄소 포집'이라는 기술이 모든 문제를 풀어 줄 유일한 열쇠처럼 보입니다. 기후위기비상행동은, 비현실적인 기술에 의존할 것이 아니라 과감하게 화석연료 사용을 중단하는 것이 시급하다고 강조하며, 탄소포집활용저장 기술이나 직접공기포집(DAC) 같은 기술은 현실화 가능성이 매우 낮다고 비판했습니다.

2030년까지의 감축 계획을 변동 없이 유지한다고 하니, 부디 2031년엔 이 꿈의 기술이 상용화되기만을 기원해야 할까요? 꿈 같은 미래는 뒤로하고, 당장 코앞의 일들을 살펴보겠습니다.

"대한민국이 2050탄소중립 목표에 맞춰 실질적인 대응을 하지 않는다면 대미 통상 압박을 피하기 어려울 것이다."

국제 환경단체 그린피스가 바이든의 기후변화 대응 정책들을 분석한 결과입니다. 2020년 미국 대선에서 민주당의 조 바이든 후보가 당선되면서 글로벌 탄소중립 레이스에서 유럽과 미국의 2파전이 점쳐지던 때입니다. 바이든은 취임 전 당선자 시절부터 우리나라를 포함한 G20 국가들에 '해외 고탄소 프로젝트'에 대한 금융지원 중단을 요구하겠다고 밝혔죠. 대한민국은 전 세계 석탄 시장의 '큰손'으로 꼽힙니다. 우리나라 금융기관이 해외에 제공하는 석탄 금융 규모만도 10조 7천억 원에 달하고요. 그러니 바이든의 요구는 결국, 여러 민간금융기관뿐 아니라 수출입은행(4조 8585억 원), 무역보험공사(4조 6680억 원) 등 공적 금융기관들에 직격탄이 될 수밖에 없습니다.

바이든은 또 유럽연합과 마찬가지로 탄소세 도입을 시사해 왔습니다. 국제사회 차원의 기후위기 공동대응을 위해 무역 수단을 동원하겠다고 공약한 겁니다. 그린피스는 우리나라가 제조업의 비중이 20%를 넘는 '제조업 중심의 탄소 의존 경제'라고 분석하면서, 대미 수출의 비중이 13.5%에 이르는 만큼, 탈탄소 경제로 나아가지 않으면 수출 경쟁력을 잃을 수 있다고 우려했습니다.

통상을 넘어 외교 채널에서도 탈탄소는 압박 카드로 작용할 전망입니다. 바이든은 취임 100일 이내에 온실가스 다배출 주요국들과 정상회담을 개최할 것이라고 했죠. 2017년 기준, 한국의 온실가스 배출량은 세계 11위입니다. 국제에너지기구 통계에선 세계 순위가 7위로 오르기도 합니다. OECD 회원국 중에서도 5위로 상위권이죠. 이러한 '글로벌 톱' 수준의 순위는 정상회담에서 한국의 위치를 뜻하기도 합니다.

물론 전망이 무조건 어두운 것은 아닙니다. 정상훈 그린피스 기후참정권 캠페인 팀장은, 미국의 기후변화 대응을 통상 압력으로 여겨서는 안 된다는 의견을 내놨습니다. 한국 기업의 대응 여부에 따라 오히려 기회가 될 수 있다는 얘기죠. 기업들이 발빠르게 탄소 저감에 나선다면 미국 시장을 공략할 기회를 선점할 수 있다는 겁니다. 불가능한 일도 아닙니다. 산업계가 이렇듯 신속하게 움직인 선례로 일본을 꼽을 수 있습니다. 우리나라의 전경련 격인 게이단렌(經團連)이 먼저 나서서 재생에너지 사용률 100%를 선언한 일이 있었습니다. 일본 산업계의 이러한 움직임에 대해 정상훈 팀장은, 경제적 기회 측면에서도 기후변화 대응이 중요함을 보여 주는 사례라고 평가했습니다.

일본은 우리와 비슷한 시기에 2050탄소중립 선언을 했습니다. 후쿠시마 원전 오염수 문제로도, 세계무역기구 총장 선출을 놓고도 '불편한 발언'을 이어 온 스가 요시히데 총리지만, 탄소중립 선언에서 나온 그의 발언 중엔 참고해야 할 부분이 있었습니다. 스가 총리는 "온난화 대응은 더 이상 경제 성장의 걸림돌이 아니다"라고 강조했습니다. 온난화 대책을 적극적으로 시행하면 산업구조나 경제사회에 변혁이 일어나 큰 성장으로 이어진다는 '발상의 전환'이 필요하다는 얘기였죠.

스가 총리가 밝힌 탄소중립 방안은 차세대 태양전지에 관한 연구개발 촉진, 재생에너지 도입 최대화 등 에너지 전환에 방점이 찍혔습니다. 총리의 이 같은 탄소중립 선언에 이어 가토 가쓰노부 관방장관은 구체적인 에너지 전환 방침을 설명했습니다. 스가 총리가 "재생에너지를 최대한 도입하고 안전 최우선으로 원자력 정책을 추진해 에너지를 안정적으로 공급하겠다"고 하자, 가토 장관은 "원자력발전소 신설이나 개축은 상정하지 않고 있다"고 덧붙였습니다. 유럽연합에 이어서 일본도 온실가스 감축 과정에서 원전 확대 카드를 버린 겁니다. 이유는 간단합니다. 지속가능성에 대한 답이 아직은 없기 때문입니다. 원자력발전소는 가동 과정뿐 아니라 이후 폐기물 관리에도 극도의 안전관리가 필요한 만큼, 100% 안전을 담보할 수 없는 거죠.

한편, 총리의 탄소중립 선언에 일본의 기업 150여 곳이 참여한 '일본 기후 리더스 파트너십'은 즉각 환영의 메시지를 냈습니다. 환경단체, 시민단체가 아닌 기업들의 단체에서 말이죠. 환영의 메시지와 함께 이들은 네 가지 주요 제안을 내놨습니다.

1. 2030년까지 에너지 믹스에서 재생에너지 비중 목표를 50%로 설정할 것.
2. 비효율적인 석탄화력발전소를 단계적으로 폐지하고, 신규 석탄화력발전소 건설을 중단할 것.
3. 정책의 기본 원칙을 정하는 데 경제적 효율성보다 환경적 고려를 우선순위에 두고, 재생에너지 확대에 필요한 비용에 '국민 부담'이라는 꼬리표를 달지 말 것.
4. 오프사이트 기업의 전력구매계약(발전 사업자가 다른 시설에서 생산한 재생에너지를 직접 계약해서 공급받는 구조)을 가능케 하고, 송전망에 투자하는 방안 등을 코로나19에 따른 경기 부양책으로 추진할 것.

이 같은 제안에 대해 그린피스의 장다울 정책전문위원은 '환경단체가 할 이야기를 기업들이 한 셈'이라고 평가했습니다.

일본 게이단렌 역시 정부의 선언에 호응하고 나섰습니다. 나카니시 히로아키 게이단렌 대표는 먼저, 총리가 파리협정의 1.5℃ 목표를 향해 결단을 내린 데 경의를 표하고, 이어서 2050년까지 탄소중립을 이루는 것은 몹시 어려운 도전이지만, 그것이 곧 일본의 산업 경쟁력 강화로 이어질 것이라고 강조했습니다. 탄소중립과 경제 성장의 균형을 맞추려면 혁신적인 기술 개발과 보급이 필수적인데, 이를 위해선 공공뿐 아니라 민간의 각 주체가 탈탄소 사회로의 전환을 위해 과감한 노력에 나서야 한다는 이야기입니다.

어떻게 총리의 탄소중립 선언과 동시에 기업들이 이런 반응을 내놓을 수 있었을까요? 이는 철저한 대비가 있었기에 가능한 일이었습니다. 앞서 전 세계 내로라하는 기업들이 자발적으로 모인 RE100을 소개한 바 있습니다. 애플, 구글, BMW, GM, 코카콜라, 스타벅스, 골드만삭스, 이케아, 나이키 등 200여 기업이 자발적으로 100% 재생에너지를 사용하겠다고 약속한 캠페인 말입니다. 일본에는 RE100의 일본 버전이라고 할 수 있는 '챌린지 제로' 캠페인이 있는데요, 일본의 164개 기업이 여기에 동참하고 있습니다. 배터리와 같은 그린뉴딜 관련 기업만이 아니라 JAL이나 ANA 같은 일본 대표 항공사와 혼다, 도요타 등 자동차 제조사, 제철 및 중공업 등 '탈탄소 직격탄'의 대상인 기업들도 참여 하고 있습니다. 탈탄소 속도는 달라도 여러 산업 분야에서 기업들이 자발적으로 탄소 저감에 뛰어들었다는 증거이기도 하죠. 어쩌면 기업들의 주도적 노력이 자리를 잡았기 때문에 스가 총리가 자신 있게 2050탄소중립을 선언했는지도 모릅니다.

그런가 하면, 전 세계 온실가스 배출량 부동의 1위 중국도 발 빠르게 탄소중립을 선언하고 나섰습니다. 목표 시점은 2050년 보다 10년 늦은 2060년입니다. 시진핑 국가주석은 유엔 연설에서 이 같은 계획을 발표했습니다. 세계 최대 배출국인 만큼, 줄여야 할 양이 많다 보니 목표 시점이 남들보다 10년 늦지만, 감축 속도는 절대 느리다고 할 수 없는 계획입니다. 시 주석의 선언 이후 중국은 발 빠르게 세부 계획들을 내놓고 있습니다. 당장 급진적인 변화를 예고한 분야는 자동차 산업입니다. 오는 2025년, 내연기관차의 비중을 절반도 아닌 40%로 묶고, 2035년엔 아예 시장에서 퇴출하는 로드맵을 내놨습니다. 이 같은 계획은 유럽연합보다도 빠르고 영국이나 미국 캘리포니아주와 맞먹을 정도로 급격한 변화입니다.

재생에너지 산업도 빠르게 팽창에 나섰습니다. 당장 중국의 풍력발전 관련 기업들은 업계 차원에서 정부에 설비 확대를 요청했습니다. 2025년까지 5년간 50GW 이상으로 풍력발전 시설을 계속 추가해 달라는 선언문에 400여 기업이 서명했습니다. 중국 국가에너지청에 따르면, 지난해 말까지 중국은 풍력발전 규모를 210GW까지 끌어올렸습니다. 세계 최대 수준입니다. 경제 전문 통신 블룸버그는 업계의 이 같은 요구가 받아들여진다면, 2030년엔 최소 800GW, 탄소중립 목표 시점인 2060년엔 3000GW에 달할 것이라고 내다봤습니다.

그렇다면 우리나라는 어떨까요? 문재인 대통령의 탄소중립 선언에 이어 산업계가 속속 대책들을 발표했을까요? 선언에 뒤따른 업계 반응을 다룬 기사들을 살펴보면 답이 나옵니다. "화들짝", "깜짝" 등등. 우리도 분명 '재생에너지 확대', '친환경차 보급' 등을 발표했는데 말입니다. 이 선언이, 계획이 실천으로 잘 이어지겠구나 싶을 만한 여지는 아직 뚜렷이 보이지 않습니다. 상황이 이렇다 보니 10월 28일 국회 시정연설에 이어 11월 3일 국무회의에서도 대통령은 다음과 같이 재차 탄소중립을 강조했습니다.

"2050탄소중립을 목표로 나아가기 위해서는 국가적으로 차분하고 냉철하게 준비해 나갈 필요가 있습니다. 화석연료 중심의 에너지를 친환경 재생에너지로 전환하는 에너지 전환 로드맵을 정교하게 가다듬으면서 온실가스 감축 계획도 재점검해 주시기 바랍니다. 특히 탈탄소와 수소경제 활성화, 재생에너지 비중 확대 등 에너지 전환 가속화를 위한 방안을 여러모로 마련해 주기 바랍니다. 녹색산업 생태계 구축을 위한 산업 혁신 전략도 좀 더 속도감 있게 추진해야 할 것입니다."

그러면 우리나라 재계의 모습은 어떨까요? 혹시나 게이단렌처럼 탄소중립 선언에 대한 성명이 나오진 않았을까 싶어 전경련의

홈페이지를 살펴봤습니다. 당시 미국 대선에 대한 분석과 고 이건희 회장 별세에 관한 내용은 있었지만, 탄소중립에 관해선 그어떤 의견도 내놓은 것이 없었습니다. 전경련 홈페이지만 봐선 탄소중립을 향한 의지가 있는지조차 알 수 없을 정도입니다. 당장 기업들이 변화와 행동의 주체가 되어야 하는데 말이죠.

한국 기업의 RE100을 향한 움직임은 2020년 11월이 되어서야 나타났습니다. SK그룹의 8개사(SK주식회사, SK텔레콤, SK, SK실트론, SK머터리얼즈, SK브로드밴드, SK아이이테크놀로지)가 가입 신청서를 낸 겁니다. 어느 정도 준비나 계획이 세워진 상태에서 국가나 지역의 대표가 탄소중립을 선언한 주변국과는 사뭇 다른 모습입니다. 상향식이 옳은지 하향식이 옳은지는 모를 일이지만, 불안한 마음이 좀처럼 사그라지지 않는 것은 왜일까요?

대통령의 탄소중립 천명으로 국내 기후변화 대응 움직임이 급물살을 탄 것은 사실입니다. 하지만 뚜렷한 계획들은 없는 상태였죠. 좀 더 정확히 말하자면, 각 부처가 이전에 세운 계획보다 한 걸음 더 나아간 계획이 없는 상태였습니다. 즉, 계획은 그대로인데 목표가 갑자기 강력해지고 뚜렷해진 겁니다. 상황이 이렇다 보니 한국의 기후변화 대응에 관한 국제사회의 평가는 여전히 낮은 수준입니다.

2020년 11월, 국제 환경협력단체 '기후투명성(Climate Transparency)'은 G20 국가들을 대상으로 한 〈기후투명성 보고서 2020〉

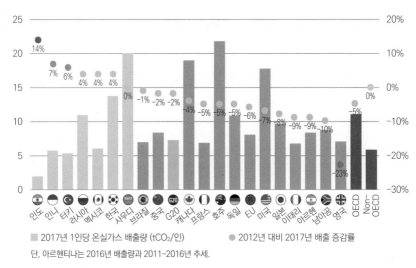

■ 2017년 1인당 온실가스 배출량 (tCO₂/인)   ● 2012년 대비 2017년 배출 증감률
단, 아르헨티나는 2016년 배출량과 2011~2016년 추세.

G20 국가의 1인당 온실가스 배출량 (자료: 〈기후투명성 보고서 2020〉)

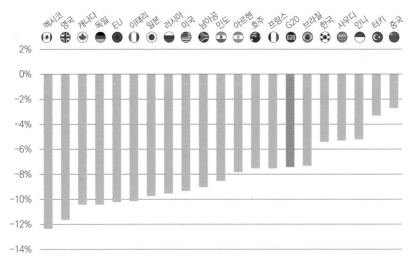

G20 국가의 탄소 배출량 감소 폭 (자료: 〈기후투명성 보고서 2020〉)

을 공개했습니다. 몇 가지 항목을 살펴보겠습니다. 앞쪽(277쪽) 위 그래프를 보면 1인당 온실가스 배출량은 G20 전체 국가 가운데 대부분인 13개국에서 줄어들고 있습니다. 배출량이 늘어난 곳은 단 여섯 나라뿐입니다. 우리나라는 어디에 속했을까요? 늘어난 쪽에 속했습니다. 심지어 한국의 1인당 온실가스 배출량은 G20 평균의 2배에 달했습니다.

온실가스 배출에 가장 많은 비중을 차지하는 것은 에너지 사용입니다. 이번엔 에너지 사용과 관련한 탄소 배출량의 감소 폭을 살펴볼 텐데요(277쪽 아래 그래프), 감소 폭인 만큼, 음(-)의 값으로 수치가 클수록 탄소 저감을 효율적으로 잘하고 있다는 뜻입니다. 우리나라의 예상 감소 폭은 얼마나 될까요? 그래프를 보면 G20 평균보다 낮을뿐더러 중국, 터키, 인도네시아, 사우디아라비아에 이어 다섯 번째로 작습니다.

재생에너지를 이용한 발전 비율(오른쪽 위 그래프)은 G20의 모든 나라에서 확대되는 추세입니다. 그런데 그 확대 속도를 살펴봤을 때, 우리나라는 너무도, 정말 너무도 느렸습니다. OECD 평균에 한참 못 미칠 뿐 아니라 20개국 가운데 두 번째로 적게 늘어났죠.

그렇다면 에너지 정책에 대한 정부의 지원(오른쪽 아래 그래프) 측면에선 어땠을까요? 전체적인 액수 자체도 많은 편은 아니지만, 지원이 이뤄지는 분야의 비중을 보면 2050탄소중립을 목표

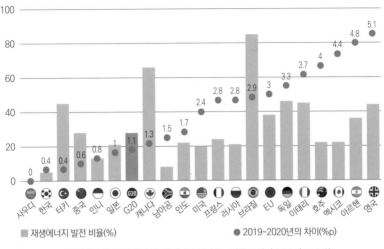

G20 국가의 재생에너지 확대 속도 (자료: 〈기후투명성 보고서 2020〉)

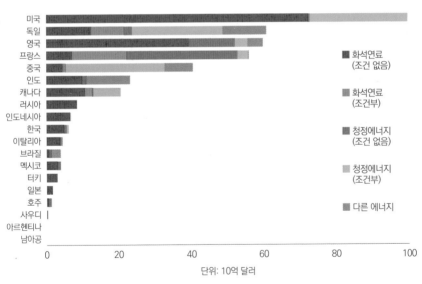

G20 국가의 에너지 정책별 지원 비중 (자료: 〈기후투명성 보고서 2020〉)

로 나아가겠다고 밝힌 나라가 맞나 싶을 정도입니다. 화석연료를 수입 걱정 없이 자체적으로 채굴해 쓰고 있는 인도네시아나 러시아와 비슷한 수준입니다.

기후투명성을 이끄는 피터 아이겐 교수는, 에너지 정책과 공적자금을 장기적으로 탄소 배출량을 줄이는 목표에 맞춰야 한다고 조언하는 한편으로, 한국은 탄소중립 목표 시점인 2050년까지 할 일이 많다고 지적했습니다. 또 이 자료를 국내에 소개한 기후솔루션의 김주진 대표는, 한국의 현행 에너지 계획과 투자 결정이 2050탄소중립 선언과 일맥상통하지 않는다며 전면적인 계획 수정과 이행을 촉구했습니다. 사실, 이제 더는 촉구하며 기다릴 시간조차 없는 상태입니다.

이런 와중에, 정부의 2050장기저탄소발전전략에서 그나마 위안 삼을 수 있었던 '재생에너지 확대' 전략마저 공허한 외침일 뿐이었나 우려되는 일이 벌어졌습니다. 정부는 '청정에너지 중심의 전력 공급 체계 구축'을 발전 부문의 핵심 전략으로 꼽았습니다. 2050년까지 재생에너지의 비중을 최대 80%까지 높이겠다는 목표와 함께 말이죠. 그런데 이 같은 보도에 대해 환경부가 부랴부랴 "아직 확정된 것이 아닙니다"라는 제목의 설명 자료를 배포하고 나섰습니다. "공청회 자료에서 제시된 2050년 재생에너지 및 석탄 발전 비중은 가능한 여러 시나리오 중 하나로, 확정된 수치가 아님"이라는 설명과 함께 말입니다.

    2050장기저탄소발전전략 공청회에서 나온 다섯 가지 시나리오 중 가장 강력한 '2017년 대비 75% 감축' 시나리오로도 2050년에 탄소중립은 불가능합니다. 공청회 당시의 발표에 따르면, 이 시나리오대로 해도 2062년이 되어야 탄소중립이 가능하죠. 재생에너지 비중을 60%까지 끌어올리고, 석탄화력발전의 비중을 4.4%로 줄여도 약속한 2050년보다 12년이 늦어지는 겁니다. 그런데 "아직 확정된 것이 아닙니다"라는 말은 무엇을 의미하는 걸까요?

4

대한민국
탄소중립 선언의
막전막후

2020년 12월 10일, 문재인 대통령은 공식적으로 대한민국의 2050탄소중립을 선언했습니다.

국민 여러분, 많은 과학자가 오래전부터 기후위기와 그로 인한 신종 감염병이 인류를 위협하게 될 것이라고 경고해 왔습니다. 그러나 일상에 바쁜 우리에게 절실하게 와닿지 않았습니다. 무너져 내리는 빙하나 길 잃은 북극곰을 보며 안타까워했지만, 먼 나중의 일로 여겼습니다. 그런데 어느새 기후위기가 우리의 일상에 아주 가까이 와 있었습니다. 지난 10년 사이, 100년 만의 집중호우, 100년 만의 이상 고온, 100년 만의 가뭄, 폭염, 태풍, 최악의 미세먼지 등 '100년 만'이라는 이름이 붙는, 기록적 이상 기후가 매년 한반도를 덮쳤습니다. 올해 태어난 우리 아이들이 30대에 접어드는 2050년이면, 한반도의 일상은 지금과 또 달라질 것입니다. 여름은 길어지고 겨울은 짧아질 것입니다. 폭염과 열대야 같은 극한 기후가 더 많이 늘어날 것입니다. 병해충 피해가 겹치게 되면 쌀을 비롯한 곡물 수확량도 매우 감소할 수 있습니다. 가축을 키우는 일도 지금보다 어려워질 것입니다. 우리나라에만 분포하는 한라산의 구상나무, 소백산의 은방울꽃은 사진으로만 남고, 청개구리 울음소리마저 듣지 못할지도 모릅니다. 그나마 우리나라는 나은 편입니다. 시야를 바깥으로 돌려 보면, 세계적인 이상 기후가 세계 곳곳에서 이미 인류에게 많은 고통을 주고 있습니다. 기후위기는 코로나와 마찬가지로 가장 취약한 지역과 계층, 어려운 이들을 가장 먼저 힘들게 하다가, 끝내는 모든 인류의 삶을 고통스럽게 할 것입니다.

국민 여러분, 그러나 지금 말씀드린 암담한 미래는, 인류가 변화 없이 지금처럼 살아간다면 그렇게 될 것이라는 말입니다. 어제의 우리가 오늘을 바꿨듯, 오늘의 우리가 어떻게 하느냐에 따라 내일을 바꿀 수 있습니다. 우리 국민은 이미 30년 전부터 환경을 지키기 위한 실천을 계속해 왔습니다. 1990년 2.3kg에 이르던 1인당 하루 생활 쓰레기양은 종량제를 전면 도입한 1995년부터 줄어들어, 지금 1kg 내외로 유지하고 있습니다. 지난 20년간, 재활용률도 많이 증가해 매립하거나 소각해야 하는 쓰레기양도 많이 줄었습니다. 국민은 음식물 쓰레기와 일회용품 줄이기, 재활용품 분리배출 같은 일상 속 실천으로 지구를 살리는 일에 이미 동참하고 계십니다.

그동안 정부는 국민과 함께 기후위기를 극복하기 위해 노력해 왔고, 성과도 많았습니다. 산업 발전과 함께 지속적인 증가 추세였던 온실가스 배출량이 지난해 처음으로 감소로 돌아섰고, 올해 더 감소할 것으로 예상됩니다. 우리 정부는 신규 석탄화력발전소 건설 허가를 전면 중단하고, 노후 석탄화력발전소 10기를 조기 폐지하는 등 석탄 발전을 과감히 감축하고, 재생에너지를 확대했으며, 노후 경유차의 공해 저감과 친환경차 보급에 큰 노력을 기울여 왔습니다. 기업들도 탈탄소 대표 산업인 태양광, 전기차, 수소차 분야에 적극적으로 투자하여 세계 시장을 선도하고 있습니다. 전기차 배터리와 에너지 저장

장치 분야에서도 세계 시장 점유율 1위를 차지하고 있습니다. 그런데도 심각한 것은 기후변화의 속도가 빨라지고 있다는 사실입니다. 2018년 우리나라에서 열린 IPCC 48차 총회에서 만장일치로 채택된 〈지구 온난화 1.5℃〉 특별 보고서는 산업화 이후 지구 온도가 1.5℃ 이상 상승하면 해수면 상승과 이상 기후 등으로 수많은 인류의 삶이 위기에 처할 것이라고 경고했습니다. 위기는 이미 우리 눈앞에 다가오고 있습니다. 각 나라가 앞다투어 '2050년 탄소중립'을 선언하고 있는 이유입니다.

세계 각국과 국제 기업들은 인류 공동의 목표를 달성하기 위해 협력하는 한편, 새로운 시대에 맞는 경쟁력을 갖추기 위해 혁신의 속도를 높이고 있습니다. 이미 유럽연합을 시작으로 주요국들은 탄소국경세 도입을 기정사실로 하고 있습니다. 친환경 기업 위주로 거래와 투자를 제한하려는 움직임이 퍼지고 있고, 국제 경제 규제와 무역 환경도 급변하고 있습니다. 제조업의 비중이 높고 철강, 석유화학을 비롯하여 에너지 다소비 업종이 많은 우리에게 쉽지 않은 도전입니다. 그러나 전쟁의 폐허를 딛고, 농업 기반 사회에서 출발해 경공업, 중화학 공업, 정보통신기술에 이르기까지 끊임없이 발전하며 경제 성장을 일궈 온 우리 국민의 저력이라면 못 해낼 것도 없습니다. 우리는 배터리, 수소 등 우수한 저탄소 기술을 보유하고 있고, 디지털 기술과 혁신 역량에서 앞서가고 있습니다. 200년이나 늦게 시작한 산업화에 비하면, 비교적 동등한 선상에서 출발하는 '탄소중립'은 우리나라가 선도국가로 도약할 기회이기도 합니다.

지난 7월 발표한 그린뉴딜은 2050탄소중립 사회를 향한 담대한 첫걸음입니다. 한발 더 나아가 탄소중립과 경제 성장, 삶의 질 향상을 동시에 달성하는 '2050년 대한민국 탄소중립 비전'을 마련했습니다. 전 세계적인 기후위기 대응을 '포용적이며 지속가능한 성장'의 기회로 삼아 능동적으로 혁신하며, 국제사회를 선도하는 것이 목표입니다. 우리 아이들의 건강하고 넉넉한 미래를 만들어 가는 것입니다.

첫째, 산업과 경제, 사회 모든 영역에서 탄소중립을 강력히 추진해 나가겠습니다. 재생에너지 중심으로 에너지 주공급원을 전환하고, 재생에너지, 수소, 에너지 IT 등 3대 에너지 신산업을 육성하겠습니다.

둘째, 저탄소 산업 생태계 조성에 힘쓰겠습니다. 저탄소 신산업 유망 업체들이 세계 시장을 선점할 수 있도록 지원하겠습니다. 대기업부터 소규모 신생기업까지 서로 협력할 수 있는 플랫폼을 구축하여 혁신 생태계를 조성하겠습니다. 원료와 제품 그리고 폐기물의 재사용·재활용을 확대하여 에너지 소비를 최소화하는 순환 경제를 활성화하겠습니다.

셋째, 소외되는 계층이나 지역이 없도록 공정한 전환을 도모하겠습니다. 지역별 맞춤형 전략과 지역 주도 녹색산업 육성을 통해 지역 주민의 일자리와 수익을 창출할 것입니다.

정부의 책임이 무겁습니다. 우리 정부에서 기틀을 세울 수 있도록, 말씀드린 세 가지 목표를 달성하기 위해 과감히 투자하겠습니다. 기술 개발을 확대하고, 연구개발 지원을 대폭 강화하겠습니다. 2050탄소중립 목표를 이루기 위해서는 기술 발전이 가장 중요합니다. 기술 발전으로 에너지 전환의 비용을 낮춰야 합니다. 우리의 핵심기술이 세계를 선도하고, 미래 먹거리가 될 수 있도록 정부가 든든한 뒷받침이 되겠습니다. '탄소중립 친화적 재정 프로그램'을 구축하고, 그린뉴딜에 국민의 참여가 활발해질 수 있도록 녹색 금융과 펀드 활성화에도 적극적으로 나서겠습니다. 내년(2021년) 5월, 우리는 제2차 P4G 정상회의를 서울에서 개최합니다. 국제사회와 함께 탄소중립 실현에 앞장서겠습니다. 임기 내에 확고한 탄소중립 사회의 기틀을 다지겠습니다.

존경하는 국민 여러분, 탄소중립은 어렵지만 피할 수 없는 과제입니다. 그러나 우리가 어려우면 다른 나라도 어렵고, 다른 나라가 할 수 있으면 우리도 할 수 있습니다. 우리는 코로나를 극복하며 세계를 선도하고 있습니다. 'K-방역'은 세계의 표준이 되었고, 세계에서 가장 빨리 경제를 회복하고 있습니다. '2050탄소중립 비전' 역시 국민 한 분 한 분의 작은 실천과 함께하면서 또다시 세계의 모범을 만들어 낼 수 있다고 믿습니다. 우리 모두의 일상 속 작은 실천으로 지구를 살리고 나와 이웃, 우리 아이들의 삶을 바꿀 수 있습니다. 더 늦기 전에, 지금 바로 시작합시다.

대통령 선언에 이어 우리나라의 첫 탄소중립 전략도 공개됐습니다. 2050년을 목표로 하는 장기저탄소발전전략과 2030년까지의 국가온실가스감축목표가 담긴 '대한민국 2050탄소중립 전략'이 국무회의를 거쳐 확정된 겁니다. 유엔에 감축목표를 제출해야 하는 기한 마감을 코앞에 두고서 나온 이 전략은 아주 멋진 표지의 책자에 담겨 배포됐습니다. 여기에는 〈2030국가온실가스감축목표 달성을 위한 기본 로드맵〉에 관한 내용도 담겼습니다. 파리협정에 따라 나라마다 온실가스 감축목표를 수립해야 하고, 우리나라는 2016년에 처음으로 온실가스 감축을 위한 기본 로드맵을 수립했으며, 이후 달라진 에너지 전환 정책을 반영해 2018년에 수정안을 발표했었다는 등의 내막도 찾아볼 수 있습니다.

그런데 어찌 된 일인지 2018년 7월에 발표된 로드맵과 2020년 12월에 새로 나온 로드맵은 거의 같았습니다. 2030년의 온실가스 목표 배출량은 똑같이 5억 3600만t에 그쳤죠. 2년여의 세월이 흐르며 달라진 거라곤 그래프의 디자인과 글꼴 정도뿐이었습니다. 2030년이라는 시점은 겨우 10년 뒤고, 그로부터 탄소중립 목표 시점까지는 20년 남은 때입니다. 2030년까지 구체적인 성과, 대대적인 감축을 이루지 못한다면 2050년까지도 탄소중립은 불가능합니다. 그런데도 탄소중립이라는 목표 자체가 없던 시기에 세운 계획과 목표가 생긴 후에 세운 계획이 같았습니다. 이러면서 2050년엔 어쨌거나 탄소중립을 달성한다? 결국, 2030년 이후 우리의 삶은 전에 없던 '대 변혁'의 충격파에 고스란히 노출될 수밖에 없습니다. 지금부터 그 충격을 조금씩 나눠도 모자라는데 탄소중립을 향한 감축을 2030년 이후로 미룬 셈이니까요.

물론 추가된 것 혹은 달라진 것이 전혀 없진 않습니다. 탄소중립을 향해 나아가기 위한 '5대 기본 방향'이라는 비전이 제시됐습니다.

① 깨끗하게 생산된 전기·수소의 활용 확대
② 디지털 기술과 연계한 혁신적인 에너지 효율 향상
③ 탈탄소 미래 기술의 개발 및 상용화 촉진
④ 순환 경제로 지속가능한 산업 혁신 촉진
⑤ 산림, 갯벌, 습지 등 자연·생태의 탄소 흡수 기능 강화

이렇게 총 다섯 가지 기본 방향입니다. 남들이 수년 혹은 수십 년 준비한 계획을 부랴부랴 수개월 만에 만들어 낸 것 자체는 다행스러운 일이라 하겠습니다. 하지만 감축 그 자체는 그렇게 할 수 없습니다. 남들이 2020년부터 2050년까지 30년간 줄여 갈 온실가스를 제아무리 '빨리빨리'에 능한 우리나라라고 해도 20년 혹은 10년 만에 줄일 수는 없는 일이니까요.

어쨌거나 기존 전략에 5대 기본 방향까지 더해졌으니 부디 정부의 새 전략이 과거의 목표에 머무르겠다는 뜻이 아니기를 소망해 봅니다. 2030년까지 5억 3600만t이라는 목표밖에 달성 못 한다는 의미가 아니기를, 2030년에 "우리나라가 목표를 초과 달성했습니다"라는 뉴스를 전할 수 있기를 소망합니다.

부랴부랴 출범한 2050탄소중립위원회

2021년 5월 30일, 서울 동대문디자인플라자에선 P4G 정상회의가 열렸습니다. 존 케리 미국 기후특사, 리커창 중국 총리, 고이즈미 신지로 일본 환경상, 보리스 존슨 영국 총리, 에마뉘엘 마크롱 프랑스 대통령, 앙겔라 메르켈 독일 총리, 조코 위도도 인도네시아 대통령 등 각국 정상급 인사와 안토니우 구테흐스 유엔사무총장, 우르줄라 폰데어라이엔 유럽연합 집행위원장, 크리스탈리나 게오르기에바 IMF 총재 등 국제기구 수장들이 온·오프라인으로 대거 참석했습니다. 당시 정상회의의 주제는 '포용적 녹색회복을 통한 탄소중립 비전 실현'이었습니다. 문재인 대통령은 개회사를 통해 국제사회의 기후위기 극복 노력에 선제적, 적극적으로 동참하겠다는 뜻을 밝혔습니다. 2030국가온실가스감축목표를 추가 상향하고, 기후·녹색개발 원조 확대 등 개발도상국과 적극적으로 협력하며, 다양한 생물 종을 보호하는 데 노력을 기울이고, 지속가능한 발전을 위한 적극적·선제적 정책을 펴 나가겠다고 약속했습니다.

이러한 약속들을 이행하려면 무엇보다 컨트롤타워가 필수적인데요, 이는 정상회의 하루 전에야 비로소 마련됐습니다. P4G 정상회의를 앞둔 5월 29일, 대통령 직속 '2050탄소중립위원회'가 출범한 겁니다. "국제사회와 함께 기후변화에 적극적으로 대응하여 2050탄소중립을 목표로 나아가겠습니다." 2020년 10월 28일, 대통령의 국회 시정연설 발언 이후 위원회가 만들어지기까지 꼬박 7개월의 시간이 걸렸습니다.

정부만 홀로 혹은 시민사회만 홀로 노력한다고 풀 수 있는 문제가 아닌 만큼, 위원장은 김부겸 국무총리와 윤순진 서울대학교 환경대학원 교수가 공동으로 맡았습니다. 위원회 출범식에는 대통령도 참석했습니다. 문재인 대통령은, 우리의 산업구조를 고려할 때 탄소중립은 절대 쉬운 일이 아니지만 우리는 이미 배터리, 수소, 태양광 등 우수한 저탄소 기술을 보유하고 있으며, 디지털 기술과 혁신역량에서 앞서가고 있다며, 치열한 국제적 경쟁 속에서 탄소중립은 오히려 우리가 선도국가로 도약할 기회가 될 것이라는 포부를 밝혔습니다.

이날 대통령이 제시한 비전은 '국민 모두를 위한 탄소중립 시대'입니다. 위원회 공동위원장인 김부겸 국무총리도 탄소중립

사회로 전환하는 과정에서 누구도 배제되거나 낙오하지 않는 '공정한 전환'이 이뤄질 수 있도록 세심하게 배려하고 포용해야 한다고 말했습니다.

기후위기는 비단 날씨의 변화나 기상 이변으로 그치지 않죠. 경제 위기, 보건 위기, 안보 위기, 통상 위기, 외교 위기로 번지는 만큼 탄소중립위원회는 이와 관련한 8개 분과위원회, 97명(위원장 포함)의 위원으로 구성됐습니다. 각 분과는 무엇이고 어떤 일을 담당하는지 살펴보겠습니다.

① 기후변화 위원회: 당장 국제사회에 새롭게 내놓아야 할 국가 및 부문별 온실가스 감축목표를 설정하고, 감축 시나리오 수립.

② 에너지혁신 위원회: 에너지 전환과 재생에너지 보급, 에너지 수요관리 등을 담당.

③ 경제산업 위원회: 탄소 배출량이 많은 고탄소 산업을 바꾸고 저탄소 산업을 육성하는 한편, 이러한 전환에 있어 재정·세제·금융지원을 고민.

④ 녹색생활 위원회: 국토 및 건축 분야의 녹색 전환을 도모하고 수송 부문의 혁신과 순환 경제를 관장.

⑤ 공정전환 위원회: 전환 과정에서 취약 산업이나 근로자, 지역을 보호하고, 지자체의 탄소중립 노력을 담당.

⑥ 과학기술 위원회: 탄소중립 기술의 연구개발 전략을 세우고 관련

로드맵 구축.

⑦ 국제협력 위원회: 탄소중립을 위한 국제적 협력과 P4G 정상회의 후속 사업, 개발도상국을 향한 그린 개발 원조 지원 담당.

⑧ 국민참여 위원회: 탄소중립 여정에서 시민사회와 소통하고 미래 세대의 참여를 도모.

여기까지 볼 때, 탄소중립위원회가 마주한 냉혹한 현실에 대해선 이미 모두가 충분히 인식하고 있는 듯합니다. 첫 회의에서 김 총리는 유럽연합과 미국 등 곳곳에서 논의 중인 탄소세를 언급하기도 했죠. 또 세계 기업들이 사회적 책임을 강조한 ESG(환경·사회·지배구조) 경영에 나서는 한편, RE100 캠페인에 참여하며 재생에너지만을 사용하는 산업구조로 전환하고 있다는 이야기도 했습니다. 그러나 기대만 하기엔 아직 신뢰가 부족했습니다. 곳곳에서 걱정과 경계의 목소리가 나왔죠.

환경단체들이 공통으로 꼽은 우려와 불신의 이유는 바로 정부의 각종 '반 기후적 결정'들에 있습니다. 그린뉴딜을 선언하고 탄소중립을 논의하던 중에도 공기업과 정부는 보란 듯이 해외 석탄화력발전소 건설을 결정했으니까요. 다 결정하고서는 "앞으로 신규 사업은 하지 않겠다"는 공허한 선언을 내놨고요. 또 탈석탄을 선언했지만 지금도 한반도에는 여전히 신규 석탄화력발전소가 건설되고 있죠. 이 상황들의 내막은 뒤(V-3. 끊어 내기 힘든 화석연료 패러다임)에서 다시 짚어 볼 텐데요, 어쨌거나 상황이 이러니 환경단체들이 한목소리로 2030국가온실가스감축목표를 강화하고, 석탄화력발전소 건설 및 신규 석탄 투자를 중단하며, 정말로 탄소중립을 실현할 수 있는 로드맵을 마련하라고 외친 것도 당연해 보입니다.

한편에서는 과거의 경험에 따른 불신도 있었습니다. 2009년, 이명박 정부 시절에 '녹색성장위원회'가 출범한 바 있습니다. '2020년까지 세계 7대, 2050년까지 세계 5대 녹색강국 진입'이 녹색성장위원회가 내건 목표이자 비전이었죠. 현실은 어땠나요? 녹색성장위원회 출범 이후로 20기 넘는 석탄화력발전소가 국내에 지어졌고, 우리나라는 세계에서 석탄화력발전소의 밀집도가 가장 높은 나라가 됐습니다. 국제사회에선 '기후 악당'으로 불리게 됐고요.

이러한 우려를 불식하고자 탄소중립위원회는 소통을 강화하겠다는 의지를 피력했습니다. 전체 8개 분과 가운데 위원의 수가 가장 많은 국민참여 위원회와 '소통협력관'이라는 자리를 통해서 말이죠. 하지만 분명한 것은, 이러한 시민사회의 우려를 지우는 방법은 메시지가 아니라 실천이라는 겁니다. 환경단체들이 공통으로 요구하는 '실제로 탄소중립이 가능한 감축목표와 로드맵' 없이는 그 어떤 소통도 소용이 없을 테니 말입니다.

2021년 5월의 막바지, 부랴부랴 탄소중립위원회가 출범하고,

'글로벌 석탄 투자 큰손' 국민연금이 탈석탄 선언을 하고, 우리나라에서 각국 정부와 세계적 기업 등 국제사회가 다 함께 기후위기 대응을 고민하는 P4G 정상회의가 열리는 등 여러 변화의 움직임이 포착됐죠. 그리고 P4G 정상회의에서 우리나라는 개발도상국의 기후위기 대응을 돕고, 각종 국제 공여 규모를 늘리겠다고 약속했습니다. 파리협정을 이끈 유엔사무총장을, 기후위기 대응의 핵심인 IPCC 수장을 배출한 나라, 여기에 더해 국제사회에 이러한 공여를 한다면 우리나라의 위상은 더욱 높아질 것입니다. 하지만 '기후 악당' 오명은 어떻게 벗을 수 있을까요? 답은 하나입니다. 2050년에 정말로 탄소중립을 달성할 수 있는 실질적인 감축목표를 수립하는 것.

문재인 대통령은 탄소중립위원회 출범식 격려사를 통해 "위원회의 당면 과제는 (2021년) 상반기 안에 탄소중립시나리오를 만들고, 중간 목표로 국가온실가스감축목표 상향 계획을 조속히 마련하는 것"이라고 밝혔습니다. 대통령이 말한 '상향'이 얼만큼인지는 알려지지 않았습니다만, 기존 감축목표였던 24.4%에서 10%p 안팎 높이는 수준이라면…… 글쎄요, 국제사회에 내놓는 각종 공여금은 의미가 없습니다. '기후 악당' 오명 역시 벗을 수 없습니다. 그리고 2050년에 탄소중립을 달성할 수도 없습니다.

V
인고 끝에 등장한
대한민국 탄소중립 로드맵

1

탄소중립,
법으로 명시하다

탄소중립을 향한 세 가지 시나리오

2021년 8월 초, 우리나라의 2050탄소중립시나리오가 공개됐습니다. 대통령의 탄소중립 선언 이후 9개월여 만, 대통령 직속 2050탄소중립위원회가 출범한 지 두 달여 만의 일입니다. 위원회가 공개한 시나리오는 총 세 가지 안이었습니다. 초안이고, 9월까지 이에 대한 대국민 의견수렴을 진행하기로 했습니다. 이를 반영한 최종 정부안은 10월 말 발표될 예정이었고요. 이렇게 우리나라의 첫 탄소중립시나리오가 뚜껑을 열었습니다. 그런데 여기저기서도 동시에 뚜껑이 열렸습니다. 시민사회도, 환경단

	현재 (2018년 확정 배출량)	1안	2안	3안
온실가스 순 배출량	686.3 (총배출량-흡수량)	25.4	18.7	0

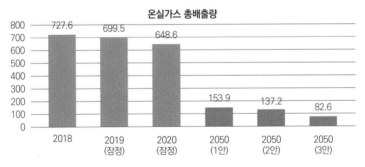

온실가스 총배출량

2018	2019 (잠정)	2020 (잠정)	2050 (1안)	2050 (2안)	2050 (3안)
727.6	699.5	648.6	153.9	137.2	82.6

2050탄소중립시나리오 (자료: 2050탄소중립위원회, 단위: 백만 톤 CO$_2$eq)

체도, 기업들도, 저마다 입장은 다르지만 한목소리로 "말도 안 된다"고 외쳤죠. 도대체 왜 그랬을까요?

탄소중립위원회가 발표한 세 가지 시나리오에 따른 2050년 우리나라의 온실가스 총배출량은 1안: 1억 5390만t, 2안: 1억 3720만t, 3안: 8260만t입니다. 3안은 0 아니야? 하고 의아해할 수도 있는데요, 탄소중립이라는 표현 자체는 이산화탄소를 아예 뿜어내지 않는다는 뜻이 아닙니다. 흡수할 수 있는 만큼만 내뿜는다는 얘기죠. 그래서 온실가스 배출량을 이야기할 때, 총배출량이라는 개념과 순 배출량이라는 개념을 이용합니다. 지금까지 우리가 통상 배출량을 이야기할 땐 총배출량을 기준으로 이야기했고요. 하지만 앞으로 각종 흡수 및 저감 기술들이 개발됨에 따라 순 배출량의 중요성이 더욱 커지게 됩니다.

전체 배출량에서 흡수량을 뺀 것이 순 배출량인데요, 순 배출량을 기준으로 보면 1안은 여전히 2540만t, 2안은 1870만t의 온실가스를 뿜어내는 상태입니다. 오직 3안 만이 '순 배출 0'을 이야기하는 시나리오죠. 결국, 진짜 탄소중립은 3안뿐인가 하는 생각이 절로 듭니다.

하지만 정부는 1안과 2안이 '탄소중립 실패'를 의미하지는 않는다고 해명했습니다. 1, 2안에서 미처 줄이지 못한 잔여 배출량은 파리협정이 허용한 해외 조림이나 국제 탄소 시장을 통해 감축할 수 있다는 설명입니다. 쉽게 말해, 2540만t(1안 기준)의 온실가스를 흡수할 만큼의 나무를 우리가 해외에 심거나 그만 큼의 온실가스 배출권을 국제 시장에서 사 오면 된다는 겁니다. 이렇게 해서 '기술적 의미'의 탄소중립은 달성할 수 있을지 몰라 도, 수천만 톤의 온실가스를 '해외 찬스'로 돌린다면 국제사회에 서의 기후위기 리더십은 기대하기 어려울 테죠. 위원회는 유럽 연합도 영국도 시나리오에서 일부 잔여 배출량을 산정하고 있 다고 설명했지만, 열린 뚜껑을 닫기엔 역부족인 듯 보입니다.

시나리오별 주요 사항을 살펴보겠습니다.

먼저, 시나리오 1안에서 우리나라는 2050년에도 여전히 석탄

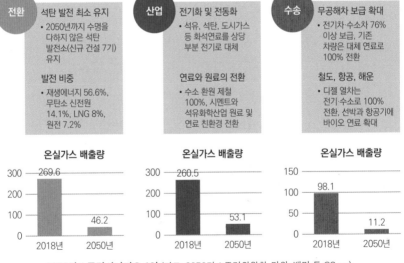

전환 석탄 발전 최소 유지
- 2050년까지 수명을 다하지 않은 석탄 발전소(신규 건설 7기) 유지

발전 비중
- 재생에너지 56.6%, 무탄소 신전원 14.1%, LNG 8%, 원전 7.2%

산업 전기화 및 전동화
- 석유, 석탄, 도시가스 등 화석연료를 상당 부분 전기로 대체

연료와 원료의 전환
- 수소 환원 제철 100%, 시멘트와 석유화학산업 원료 및 연료 친환경 전환

수송 무공해차 보급 확대
- 전기차·수소차 76% 이상 보급, 기존 차량은 대체 연료로 100% 전환

철도, 항공, 해운
- 디젤 열차는 전기·수소로 100% 전환, 선박과 항공기에 바이오 연료 확대

온실가스 배출량
300 — 269.6
200
100 — 46.2
0
2018년 — 2050년

온실가스 배출량
300 — 260.5
200
100 — 53.1
0
2018년 — 2050년

온실가스 배출량
150
100 — 98.1
50 — 11.2
0
2018년 — 2050년

2050탄소중립시나리오 1안 (자료: 2050탄소중립위원회, 단위: 백만 톤 CO₂eq)

화력발전소를 운영하는 나라로 남습니다. 이에 대해 위원회는, 현재 정상 가동 중인 발전기를 조기 중단하려면 법적 근거와 정당한 보상 방안이 먼저 마련돼야 하기에 이 같은 전제를 달성하기 어려운 경우를 가정해 시나리오를 만든 것이라고 설명했습니다. 그리고 설사 석탄 발전을 지속하더라도 탄소포집활용저장 기술로 '순 배출량 0'을 달성할 것이라고 덧붙였죠. 이 탄소포집활용저장 기술에 대해선 조금 뒤에 더 이야기하도록 하겠습니다만, 일단 '1안에는 석탄 발전이 부득이하게 들어가 있으나 걱정할 것 없다'는 것이 위원회의 생각입니다.

현재 우리나라 온실가스 배출에서 에너지 전환(발전) 부문 다음으로 가장 큰 비중을 차지하는 것은 산업 부문인데요, 시나리오 1안에서 산업 부문은 2018년에 2억 6050만t을 뿜어내던 것에서 2050년 5310만t으로 배출량을 줄이게 됩니다. 산업 부문 감축의 핵심은 다배출 업종인 철강, 시멘트, 석유화학 분야에 있습니다. 철광석에서 철을 만들어 내는 데 쓰이는 유연탄을 수소로 바꾸는 '수소 환원 제철'을 모든 철강산업에 100% 적용하고, 시멘트 제조 과정에서도 석탄의 비중을 줄이고 원료를 재활용하는 등의 변화가 필요합니다. 석유화학산업 역시 연료 측면에서나 원료 측면에서나 탄소 배출을 최소화하는 것을 골자로 합니다. 공정상의 열 손실을 최소화하고 오래된 설비를 고효율의 신형 설비로 교체하는 등 지금의 공장 및 산업단지의 설비

교체와 더불어 설비들의 효율을 높이는 것은 당연하고요.

시나리오 발표 직후 쏟아진 재계의 반발을 봤을 때, 산업 부문에서 가장 큰 폭으로 감축하는가 싶지만, 그렇지 않습니다. 감축량으론 전환 부문에 미치지 못하며, 비율로는 수송 부문에 미치지 못합니다.

시나리오 2안을 살펴볼까요? 위원회의 설명에 따르면, 1안과 더불어 탄소중립 달성 과정에서 지금의 인프라를 최대한 활용하는 시나리오에 해당합니다. 다만, 에너지 전환 부문에서 1안과 달리 2050년에 신규 석탄화력발전소 7기를 포함한 모든 석

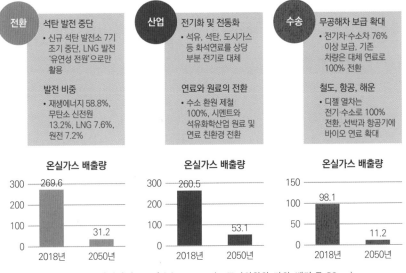

전환 석탄 발전 중단
- 신규 석탄 발전소 7기 조기 중단, LNG 발전 '유연성 전원'으로만 활용

발전 비중
- 재생에너지 58.8%, 무탄소 신전원 13.2%, LNG 7.6%, 원전 7.2%

산업 전기화 및 전동화
- 석유, 석탄, 도시가스 등 화석연료를 상당 부분 전기로 대체

연료와 원료의 전환
- 수소 환원 제철 100%, 시멘트와 석유화학산업 원료 및 연료 친환경 전환

수송 무공해차 보급 확대
- 전기차·수소차 76% 이상 보급, 기존 차량은 대체 연료로 100% 전환

철도, 항공, 해운
- 디젤 열차는 전기·수소로 100% 전환, 선박과 항공기에 바이오 연료 확대

온실가스 배출량: 2018년 269.6 → 2050년 31.2

온실가스 배출량: 2018년 260.5 → 2050년 53.1

온실가스 배출량: 2018년 98.1 → 2050년 11.2

2050탄소중립시나리오 2안 (자료: 2050탄소중립위원회, 단위: 백만 톤 CO_2eq)

탄화력발전소가 가동을 멈추게 됩니다. LNG 발전도 주요 발전 원이 아닌 '유연성' 측면에서 간헐적으로 가동하는 '백업 자원' 기능만 하게 되죠. 그리하여 재생에너지의 발전 비중은 58.8% 로 1안보다 소폭 높아집니다. 이를 통해 온실가스 배출량은 2018년의 2억 6960만t에서 3120만t으로 줄어들고요.

산업 부문은 공교롭게도 1안과 다른 바가 전혀 없습니다. 1안 보다 더욱 강화한 시나리오라는 설명이 무색하죠. 수송 부문 역 시 1안과 내용이 같습니다. 2050년 기준 전기차와 수소차의 보 급률은 76% 이상이어야 하고, 기존 내연기관차는 모두 휘발유 나 경유가 아닌 바이오 연료와 같은 대체 연료로 전환해야 합니

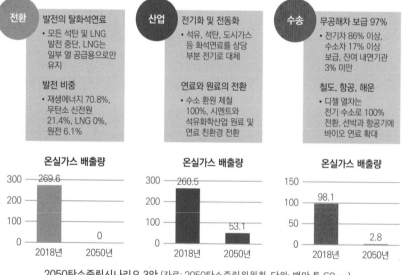

2050탄소중립시나리오 3안 (자료: 2050탄소중립위원회, 단위: 백만 톤 CO₂eq)

다. 기차도 달라집니다. 현재 일부 남아 있는 디젤 열차를 모두 전기나 수소 열차로 바꾸고, 다른 운송수단보다 탄소 저감에 소극적이었던 항공과 해운 역시 바이오 연료 이용을 확대하게 됩니다. 이를 통해 수송 부문의 온실가스 배출량은 9810만t에서 1120만t으로 90% 가까이 줄어들게 됩니다.

끝으로 시나리오 3안입니다. 전환 부문은 자체적으로 100% 탄소중립을 달성합니다. 석탄화력발전소뿐 아니라 LNG 발전소도 모두 가동을 멈춥니다. (물론 열 공급을 위해 LNG가 일부 사용되긴 하지만요.) 이 시나리오는 재생에너지를 대대적으로 확대하지 않고서는 달성할 수 없는데요, 3안에서는 2050년에 전체 발전 비중의 70.8%를 재생에너지가 책임집니다. 무탄소 신전원이 나머지 21.4%를, 원자력발전이 6.1%를 맡게 됩니다.

산업 부문은 이번에도 1, 2안과 똑같습니다. 전환 부문이 '배출 0'을 달성하고, 수송 부문도 배출량을 97% 줄이는데 말이죠. 이를 위해 수송 부문에서는 전기차 보급률이 80%를, 수소차 보급률이 17%를 넘어서야 합니다. 그리고 기존 내연기관은 '퇴출'이 아닌 3%로 일부 명맥을 유지하는 수준이 되어야 합니다.

그런데 각각의 시나리오가 제시한 미래를 들여다보면 의아한 부분이 나타납니다. 1~3안을 동시에 놓고 비교해 보겠습니다.

탄소중립 시나리오	현재	1안	2안	3안
온실가스 순배출량	686.3	25.4	18.7	0
전환 (에너지)	269.6	46.2	31.2	0
산업	260.5	53.1	53.1	53.1
수송	98.1	11.2	11.2	2.8
흡수	-41.3	-24.1	-24.1	-24.7
포집	–	-95	-85	-57.9

시나리오 1, 2, 3안 비교
(자료: 2050탄소중립위원회, 단위: 백만 톤 CO₂eq)

시나리오를 발표한 탄소중립위원회에 따르면, 1안은 기존의 체계와 구조를 최대한 활용하고, 기술 발전과 원료 및 연료의 전환을 고려한 시나리오입니다. 변화의 충격을 최소화했다는 의미로 풀이할 수 있습니다. 2안은 1안에 더해 화석연료 이용을 줄이고, 우리의 생활양식 변화를 통한 추가 감축을 반영한 시나리오입니다. 3안은 화석연료 이용을 과감히 줄이고 공급하는 수소를 모두 '그린수소'로 바꾸는 시나리오고요. 뉘앙스 자체는 1, 2안이 '이 정도면 우리의 노력으로 그나마 가능한 안'이고, 3안은 '힘들지만 이상적인 안'처럼 느껴집니다.

그런데 내용을 따지다 보면 꼭 그런 것만은 아닌 듯합니다. 어찌 된 일인지, 산업 부문의 배출량은 세 가지 안에서 모두 5310만t을 유지하고 있습니다. 최근 유럽연합이 탄소국경조정제도를 통해 산업 부문의 온실가스 배출에 비용을 물리겠다는 강력한 의지를 내비쳤고, 이어 미국에서도 비슷한 제도가 담긴 법안이 발의된 상태죠. 배출량 5310만t이면 수출에 별다른 타격이

	1안	2안	3안
■ 석탄	19.1	0	0
■ LNG	101.1	92.2	0
■ 원자력	89.9	86.9	76.9
■ 부생가스	3.9	3.9	3.9
■ 동북아 그리드	33.1	33.1	0
■ 연료전지	121.4	121.4	17.1
■ 무탄소 신전원	177.2	159.6	270
■ 재생에너지	710.7	710.6	891.5

시나리오별 발전 비중 (자료: 2050탄소중립위원회, 단위: TWh)

없을 거라는 계산이었을까요? 아니면 탄소중립위원회에 위원
으로 참여하는 기업 임원들이 '더는 안 된다'며 사수한 '콘크리
트 저지선'일까요?

얼핏 보기에 발전 부문(전환)은 가장 열심히 노력하는 부문이
구나 싶지만, 그 속을 들여다보면 마찬가지로 여러 의문이 남습

니다. 앞(307쪽)의 도표를 보면 세 가지 시나리오 가운데 현재의 기술과 접점이 가장 많다는 1, 2안에 아직 존재하지도 않는 '동북아 그리드(전력망)'를 통한 전력 공급이 포함되어 있습니다. 그런데 정작 가능한 방법을 모두 동원했다는 3안에선 동북아 그리드를 논외로 하고 있습니다.

동북아 그리드가 에너지뿐 아니라 여러 측면에서 고립된 우리나라에 유용한 존재임은 분명합니다. 현재 우리가 전기를 생산하는 주요 발전원 가운데 국내에서 자체적으로 조달할 수 있는 연료는 아무것도 없습니다. 앞으로 재생에너지를 통해 에너지 안보를 강화하고, 에너지 자립도를 높인다고 하더라도 '유연성'과 '만에 하나의 상황'에 대비하기 위한 '완충장치'는 필수입니다. 주변 나라들이 서로 국경을 넘나드는 그리드를 통해 전력을 주고받을 수 있는 구조. 유럽연합이 적극적으로 재생에너지를 확대할 수 있는 배경 중 하나이기도 하죠.

연료전지도 마찬가지입니다. 연료전지를 통한 발전량은 시나리오 3안(17.1TWh)이 아닌 1안과 2안(121.4TWh)에서 가장 많습니다. 우리가 전부터 수소연료전지를 이용한 자동차를 내세우며 '수소경제'를 외쳤던 사실을 떠올려 보면 쉽게 이해하기 어려운 부분입니다. 정작 3안에선 재생에너지 다음으로 가장 비중이 높은 것이 아직 상용화되지 않은 무탄소 신전원이고요. 이렇듯 시나리오별로 차이 나는 전원 믹스에 관해선 충분히 이해할

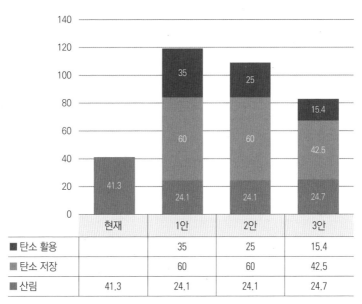

	현재	1안	2안	3안
■ 탄소 활용		35	25	15.4
■ 탄소 저장		60	60	42.5
■ 산림	41.3	24.1	24.1	24.7

시나리오별 흡수와 포집 비중 (자료: 2050탄소중립위원회, 단위: 만 톤 CO_2eq)

만한 설명이 없는 상태입니다.

이산화탄소 흡수와 포집(포집 후 활용, 포집 후 저장 등)도 마찬가지입니다. 탄소 포집은 아직 상용화되지 않은 기술입니다. 그런데 위의 도표를 보면 현재 기술과 가장 가깝다는 1안과 2안의 탄소 활용 및 저장량은 각각 9500만t, 8500만t으로 3안의 5790만t을 압도합니다. 탄소 배출량을 따져 봤을 때, 1안이 가장 많고 3안이 가장 적은 것으로 보아 아직 상용화되지 않은 온갖 포집 기술이 3안에 몰려 있겠거니 생각하는 게 당연한 일일 텐데, 현실은 정반대였던 겁니다. 탄소중립위원회는 3안에서 탄소 저장량이 줄어든 이유를 최대 가용 저장량은 6000만t이지만 넷제로 달성을 위해 실제 필요한 양은 4250만t이기 때문이라고 설명했습니다. 만약 1안과 2안처럼 3안에서도 탄소포집저장 기술에 똑같은 신뢰와 기대를 품고 있다면 이를 최대한 활용해 다른 부문을 조절할 수 있지 않았을까요?

게다가 '지금은 없는 기술'인 탄소 포집을 이렇게 대거 포함한 것과 달리 '지금도 있는 자원'인 산림의 역할은 오히려 쪼그라들었습니다. 우리나라의 산림은 탄소 흡수원으로써의 기능을 급격히 잃어 가고 있습니다. 나무의 개체 수가 줄어들어서라기보다 산림의 노령화에 따른 일입니다. 이 때문에 생태학적으로 보존 가치가 높은 나무들은 더 오래 건강히 남을 수 있도록 관리하고, 그렇지 않은 나무는 적극적으로 수종 갱신에 나서야 하죠. 하지만 세 가지 시나리오 모두 산림으로는 2400만t 안팎밖에 흡수하지 못 하는 것으로 내다보고 있습니다. "산림의 영급(나이) 구조 개선, 숲 가꾸기 등으로 흡수 능력을 강화한다"는 위원회의 설명이 무색해지는 수치입니다. 그러니 지속가능한 산림 조성을 거의 포기한 것으로 비칠 수밖에 없습니다.

에너지의 전환은 문명의 전환과 궤를 같이해 왔습니다. 인류가 불을 지필 수 있게 되었을 때, 증기기관과 내연기관을 발명했을 때, 새로운 에너지원을 발견했을 때…… 우리는 전에 본 적 없던 세상에서 살아가게 됐죠. 탈탄소, 탈화석연료라는 또

한 번의 큰 전환을 앞두고 탄소중립위원회엔 많은 사람이 모였습니다. 각 분야에서 내로라하는 이들이 모여 머리를 맞댔습니다. 위원장 2명을 포함해 총 97명 위원의 면면은 다양합니다. 고위 공직자, 전문가, 학자, 기업인, 시민단체 대표 등. 탄소중립을 위한 세 가지 시나리오가 서로 다른 생각, 서로 다른 이해관계에 얽힌 이들이 고민한 결과라는 점은 분명해 보입니다. 물론 그러다 보니 '서로 다름'을 다 담아내느라 상충하는 내용에 고개를 갸웃거릴 수밖에 없는 시나리오가 만들어졌지만요.

탄소중립 선언 이후 처음으로 미래상을 보여 주는 시나리오가 나왔다는 것은 분명 의미 있는 일입니다. 하지만 의미 있다는 데서 만족하기에는 우리 앞에 남은 시간이 너무도 짧습니다. 게다가 계획대로라면 탄소중립위원회가 공개한 세 가지 안을 갖고 한 달 동안 의견을 수렴하고, 두 달 안에 시나리오를 확정해서 발표해야 하는데 말이죠. 위원회는 이렇게 이야기했습니다. "이 시나리오는 향후 검토 및 논의를 위한 자료로써 가정과 전제의 변화에 따라 달라지는 미래 사회의 모습을 제시한다." 열린 결말을 보여 준 탄소중립위원회의 개방성에 박수를 보내야 할지, 대전환을 앞둔 중차대한 결정에 무책임함으로 일관했다고 비판을 해야 할지 헷갈립니다. 과연 2개월 후에는 분명해졌을까요?

탄소중립 기본법, 의무와 책임을 명시하다

2050탄소중립시나리오 공개 며칠 후인 2021년 8월 18일에서 19일로 넘어가던 밤, 국회 환경노동위원회는 '기후위기 대응을 위한 탄소중립·녹색성장 기본법안'을 의결했습니다. 그간 발의된 여야 여러 의원의 법안을 취합하거나 일부 새로운 내용을 추가해 내놓은 기본법입니다. '2050탄소중립 목표 이행'을 법에 명시하고, 아직 논의 단계인 2030국가온실가스감축목표를 최소 35%로 설정하며, 지금의 2050탄소중립위원회 명칭을 '2050 탄소중립녹색성장위원회'로 바꾸는 한편, 위원회 활동의 법적 근거가 담기는 등의 내용을 골자로 합니다.

탄소중립과 관련한 법이 만들어졌다는 것은 탄소중립 '선언'엔 없던 의무와 책임이 생겼다는 것을 의미합니다. 그런데 이처럼 중요한 의미를 지니는 법안이 최종 가결된 회의는 불과 11분(19일 0시 28분~0시 39분) 만에 끝났습니다. 출석한 인원은 전체 16명 중 9명뿐. 여당의 단독 처리였습니다. 그러다 보니 법안에 구체적인 수치로 제시된 국가온실가스감축목표를 놓고 갑론을박이 이어질 수밖에 없었습니다. 그리고 이 법안은 이로부터 일주일 후에 국회 본회의를 통과했습니다. 그렇게 우리나라는 세계에서 탄소중립을 법제화한 열네 번째 나라가 됐습니다.

'35% 이상'이라는 목표는 분명 기존(24.4%)보다 상향된 수치지만 탄소중립 달성에는 턱없이 부족한 수준이라는 지적이 곳곳에서 나왔습니다. 환경노동위원회 소속 김웅 국민의힘 의원은 35% 감축을 명시한 이 법안이 나라 밖으로 알려지면 세계적인 조롱거리가 될 것이라고 비판했습니다. 그간의 법안 심사 소위원회에서 '감축목표 50%'를 주장해 온 강은미 정의당 의원 역시 환경노동위원회 회의가 열리기에 앞서 '제대로 된 법 제정을 촉구한다'고 밝힌 바 있습니다만, 결과는 너무도 동떨어지고 말았죠.

이렇게 속전속결로 마련된 탄소중립 기본법의 비전은 '2050 탄소중립 + 환경과 경제의 조화'로 정의됐습니다. 법에 규정된 정책의 주요 분야는 온실가스 감축, 기후위기 적응, 정의로운 전환, 녹색성장, 이렇게 크게 네 가지로 분류됩니다. 지금까지 우리가 기후위기 대응을 이야기할 때 줄곧 감축에 천착해 왔던 것과 달리 탄소중립 기본법은 기후위기 대응의 전반을 다룹니다. 비전에 따라 세워진 2050장기저탄소발전전략과 2030국가온실가스감축목표는 5년 주기로 다시 검토해야 합니다. 이러한 목표와 전략이 제대로 이행되는지 온실가스 배출 목표치와 실제 배출량을 비교하는 '이행 점검'도 법에 명시됐습니다.

온실가스 감축 시책으로는 기후변화영향평가와 온실가스 감축 인지 예산 제도, 국제 감축 사업 등에 관한 내용이 담겼습니다. 현재, 어떤 사업이나 정책을 시행하기에 앞서 환경영향평가를 진행하고 있는데, 이 과정에서 기후변화의 영향도 따져 보겠다는 겁니다. 또 예산이나 기금을 조성해 배정할 때 온실가스를 줄이는 효과가 얼마나 있는지, 감축목표는 얼마인지 정하고, 추후 결산 과정에서 이를 평가하고 조정하겠다는 내용도 담겼습니다.

탄소중립 기본법 주요 시책의 또 다른 한 축을 담당하는 '정의로운 전환'에 대해 정부는 급격하게 탄소중립 사회로 전환함에 따라 발생하는 실업 피해를 지원하고, 정의로운 전환 특별지구를 지정하며, 정의로운 전환 지원센터를 설치한다고 소개했습니다.

많은 내용이 담겼고, 그 방향에 대해선 긍정적으로 평가하는 목소리도 나왔습니다. 하지만 자칫 '속 빈 강정'이 되는 것 아니냐는 우려도 있었습니다. 주요 우려들을 살펴보겠습니다.

먼저, 기존의 환경영향평가를 놓고도 부족한 부분에 대한 지적이 있는 만큼, 이 평가에 기후변화영향평가 항목을 추가했을 때 제대로 된 역할을 할 수 있겠냐는 우려가 나왔습니다. 이에 대해 정부는, 실질적인 평가 기능을 할 수 있도록 하위 법령을 제정하는 과정에서 치밀하게 논의하고, 향후 시범 사업 등을 통해 미흡한 부분을 보완할 것이라고 설명했습니다.

일자리와 민생에도 직결된 '정의로운 전환'에 대한 구체적인 방안도 아직이었습니다. 화석연료와 관련한 일자리에 종사하는 이들에 대한 대책도, 폭염이나 폭우, 혹한이나 폭설 등 기후변화로 인한 이상 기상 현상에 취약한 이들을 위한 대책도, 어느하나 구체적으로 마련된 것은 없었습니다. 이에 대해 한정애 환경부 장관은, 향후 시행령을 만드는 과정에서 시민사회, 재계, 산업계 등과 논의를 거쳐 더욱 구체화할 수 있을 거라고 설명했습니다.

시작이 반이라며 이러한 노력을 반기는 목소리가 곳곳에서 쏟아졌습니다. 하지만 부족한 '알맹이'는 짙은 불안감을 안겨줬습니다. 다사다난할, 여러 난관이 잇따를 탄소중립으로의 여정에 있어 알맹이는 연료와도 같기 때문입니다. 안 그래도 쉽지 않을 여정인데 탄소중립이 가당키나 한 소리냐고 되묻는 회의론까지도 이겨내야 하죠. 이를 위해선 실질적인, 빈틈없는 실천 계획으로 가득 찬 알맹이가 필수입니다. 그 알맹이 없이는 이여정에서 단 한 발자국도 앞으로 나아갈 수 없습니다.

2

쏟아지는 후속 조치

2030국가온실가스감축목표 상향안

2021년 10월 8일, 2030국가온실가스감축목표의 초안이 공개됐습니다. 탄소중립 기본법이 정한 최소 감축 폭 35%를 넘어서는 목표가 제시됐죠. 바로 '2018년 대비 40% 감축'이었습니다. 이때부터 2030년까지 남은 시간은 8년여. 이 목표를 놓고 서로 다른 입장을 가진 각계각층에선 '같지만 다른' 의문이 쏟아졌습니다. 우리가 과연 할 수 있을까? 하는 의문 말입니다. 목표가 지나치게 높다는 쪽에선 '이렇게까지 감축하는 건 불가능하다'는 의미로, 목표가 지나치게 낮다는 쪽에선 '이 정도로는 탄소중립 달성이 불가능하다'는 의미로 말이죠.

감축목표 초안이 등장했을 때 '40%인 듯 40% 아닌 40% 같은' 모호함은 큰 논란을 불렀습니다. 분명 정부는 온실가스를 40% 줄이겠다고 발표했는데 '40%가 아니라 30.1% 감축'이라는 목소리도, '40%가 아니라 36.4% 감축'이라는 분석도 나왔습니다. 탄소중립 기본법이 명시한 2030국가온실가스감축목표의 하한선은 '35% 이상'이었습니다. 30.1% 감축이라면 법을 어긴 셈이고, 36.4% 감축이면 하한선을 간신히 턱걸이로 넘어선 겁니다. 제각기 다른 이 수치들, 과연 어떻게 된 일일까요?

배출량을 이야기하는 두 가지 표현, 총배출과 순 배출, 기억하십니까? 총배출은 우리가 뿜어낸 양의 합을 의미하고, 순 배출은 뿜어낸 양과 더불어 해양이나 토양, 산림, 그 밖의 기술 등을 통해 흡수한 양도 포함한 것을 의미하는데요, 2050년에 탄소중립을 달성한다는 말은 2050년의 순 배출량이 0이 된다는 뜻입니다. 그러니 총배출량 기준으로는 여전히 온실가스를 어느 정도는 내뿜고 있는 것이죠. 2030국가온실가스감축목표에서 기준 연도로 삼은 2018년에 우리나라는 총 7억 2760만t의 온실가스를 배출했습니다. 역대 최대치입니다. 그리고 정부가 감축목표를 발표하며 내세운 2030년의 목표 배출량은 4억 3660만t이었습니다. 혼란은 여기서 비롯됐습니다. 4억 3660만t이 총배출량이 아닌 순 배출량이었기 때문입니다. 기준 연도인 2018년의 총배출량과 감축목표로 내세운 2030년 총배출량을 비교하면 감축률은 30.1%에 불과합니다. 반대로 2018년의 순 배출량과 2030년 목표 순 배출량을 비교하면 감축률은 36.4%로 소폭 오릅니다.

그럼 정부가 말한 40%는 어떻게 나온 값일까요? 2018년의 총배출량과 2030년의 순 배출량을 갖고 계산한 수치입니다. 기준치는 가장 큰 값을, 목표치는 가장 작은 값을 '이용'해 계산함으로써 감축률을 '최대화'한 겁니다. 총배출끼리 비교하든, 순 배출끼리 비교하든 해야 하는데 아니었던 겁니다. '꼼수'라는 비판이 나올 수밖에 없는 이유입니다. 우리가 감축을 이야기하는 까닭은 지금 뿜어내는 양을 줄이기 위함입니다. 이 상식적인 기준에서 봤을 때, 이번에 내놓은 감축목표는 '40% 감축'이 아닌 '30.1% 감축'에 불과합니다. 정부의 처지를 최대한 고려하더라도 이 감축목표는 '40% 감축'이 아닌 '36.4% 감축'일 뿐입니다.

그렇다면 제시된 시나리오에 따른 미래의 배출량은 어떻게 달라질까요? 2018년에 7억 2760만t에 달했던 총배출량은 2030년에 5억 870만t으로 감소합니다. 애초 우리나라 온실가스 배출량에서 가장 큰 비중을 차지했던 '부동의 1위' 전환(발전) 부문은 2030년에 1위 자리를 산업 부문에 넘겨주게 됩니다. 전환 부문 배출량이 2018년 2억 6960만t에서 2030년 1억 4990만t으로 대폭 줄어들기 때문입니다. 반면 산업 부문은 2018년 2억 6050만t에서 2030년 2억 2260만t으로 유일하게 2억t 이상을 뿜어내는 단일 부문이 되죠.

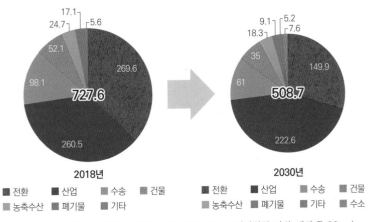

2018년과 2030년 온실가스 배출량 변화 (자료: 탄소중립위원회, 단위: 백만 톤 CO₂eq)

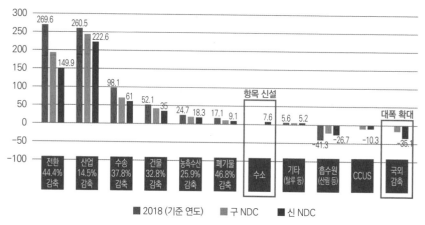

2018년과 2030년 부문별 배출량 변화 (자료: 탄소중립위원회, 단위: 백만 톤 CO_2eq)

부문별 배출량 변화를 보면 새로운 점들이 눈에 띕니다. 앞서
언급했듯 전환 부문의 감축률은 44.4%로 가장 큰 감축량을 자
랑합니다. 반면 가장 큰 불만의 목소리가 나온 산업 부문의 감
축률은 14.5%에 그칩니다. 수송 부문의 감축률은 37.8%고요.

이런 가운데 눈에 띄는 것 두 가지가 있습니다. 바로 '수소'와
'국외 감축'입니다. 온실가스 감축, 탄소중립을 위해 대대적인 수
소경제 활성화에 나선다고 하는데, 수소에서 온실가스가 배출된
다는 점에 의아해하는 분들도 있을 겁니다. 수소는 만드는 방법
에 따라 그린수소, 블루수소, 그레이수소 등으로 나뉩니다. 색감
을 갖고도 유추할 수 있듯, 재생에너지를 이용해 탄소 배출 없이
만드는 수소가 그린수소, 화석연료를 이용해 한껏 이산화탄소를

내뿜으며 만들어 낸 수소가 그레이수소입니다. 그리고 그레이수소를 생산하는 과정에서 발생하는 이산화탄소를 포집해 저장·활용한 것이 블루수소입니다. 정부는 현재 우리나라에서 수소를 만들어 내는 일이 100% '그린'이 아닌 만큼, 2030년까지는 수소 생산에 따른 탄소 배출이 불가피할 것으로 내다봤습니다. 시나리오에서는 2030년까지 수소 공급량을 194만t까지 끌어올리는데, 그중 물을 전기분해해서 얻는 수전해수소, 즉 그린수소는 24t입니다. 나머지는 화석연료에서 추출하거나(추출수소), 석유화학 공정 등에서 부산물로 얻거나(부생수소), 외국에서 수입해 충당한다는 계획입니다.

눈에 띄는 또 다른 한 가지, 국외 감축은 무엇일까요? 다른 나라에 나무를 심거나 국제 탄소 배출권 시장에서 배출권을 매입하는 등의 방법을 의미합니다. 이 방법은 실제로 감축 노력을 기울이는 것이 아니다 보니 '돈 주고 사는 감축'이라고 불리기도 하죠. 파리협정에서도 분명 인정하는 감축 방법이긴 하지만 말입니다. 정부도 이러한 비판을 이미 알고 있어서인지 일본, 스위스 등에서도 국외 감축을 반영하고 있다고 설명하면서도 "국내외 모든 수단을 반영하되, 국내 수단부터 우선 반영하겠다"고 덧붙였습니다.

2030국가온실가스감축목표 초안에 대한 각계 의견을 들어보는 온라인 토론회에선 쓴소리가 이어졌습니다. 전환 부문 전문가로 토론에 참석한 구윤모 서울대 교수는, 2018년 감축안에서 이전과 달라진 대표적 항목이 국외 감축을 줄이고 국내 감축 노력을 늘린 것이었는데, 2021년 감축안에선 국외 감축이 다시 대폭 증가했다고 지적했습니다. 따라서 지난 감축목표와 모순이 생기진 않는지 고민해 봐야 한다는 것이 구 교수의 평가였습니다.

수송 부문 전문가로 토론에 참여한 안영환 숙명여대 교수도, 국외 감축을 다시 늘린다는 것 자체가 굉장히 모순적이라고 지적했습니다. 안 교수는 과거에 국외 감축을 줄인 데는 다 이유가 있다며 설명을 이어 갔습니다. 탄소중립 자산을 국내에 구축해야 할뿐더러 국부 유출 문제, 국외 감축의 주체가 누가 되느냐 하는 문제도 있었다는 겁니다. 또 국제 탄소 배출권 시장을 중단기적으로 유연하게 활용하는 정도로 해야지, 국내 감축 따로 국외 감축 따로 목표를 설정하는 것은 바람직하지 않다고 평가했습니다.

그러면 2030년 국외 감축 분량 3510만t을 모두 배출권 구매로 충당한다고 가정했을 때, 어느 정도의 돈이 필요할까요? 전세계가 감축에 몰두하면서 탄소 가격은 지속해서 상승할 수밖에 없습니다. 줄이기 힘든 것은 누구나 마찬가지이므로 너도나도 배출권을 사려고 할 테니까요. 전문가들은 향후 10년 안에 선진국에선 탄소 가격이 톤당 100달러를 넘어설 것으로 내다봤습니다. 딱 100달러라고만 해도, 35억 1천만 달러(우리 돈 4조 2천억 원가량)에 달합니다. 앞으로 10년 동안 들어갈 돈의 합이 아닙니다. 2030년 한 해에 4조 원 넘는 돈을 쏟아부어야 합니다. 국내 감축을 충분히 하지 못했다는 이유에서 말입니다.

물론 3510만t을 모두 해외에서 배출권을 구매해 충당할 계획은 아닐 겁니다. 이번 상향안에서도 배출권 구매와 함께 '해외 온실가스 감축 활동'이라는 방법이 거론됐습니다. 다른 나라에 가서 나무를 심는 등 각종 감축 활동에 나선 후, 그 실적에 따라 얻은 '신용'을 활용하는 방법이죠. 이러한 해외 온실가스 감축 활동의 경우, 우리에게 필요한 감축량을 얻으려면 그의 배에 해당하는 노력을 기울여야만 합니다. 예를 들어, 우리가 A라는 나라에서 온실가스 감축 활동을 벌인다고 가정해 보겠습니다. 이 활동이 가능한 이유는 우리나라와 A 나라 간에 서로 원하는 것이 맞아떨어졌기 때문입니다. 우리나라는 국내 감축으로는 모자라는 부분을 얻기 위해 국외 감축에 나선 것이고, A 국가는 기술이나 재원 부족으로 다른 나라의 힘을 빌려서라도 감축을 하기 위해서죠. 그렇다면 이 활동으로 1만t을 줄였다고 했을 때, 그 감축량은 우리나라와 A 국가가 서로 나눌 수밖에 없습니다. 그러니 '국외 감축 3510만t'이라는 수치는 곧 '해외 감축 활동 7020만t'을 의미하는 겁니다.

에너지경제연구원의 2020년 연구에 따르면, 국외 감축의 평균 비용은 톤당 10~11달러 선입니다. 많은 나라가 너도나도 다른 나라에서 탄소를 줄이겠다고 나서게 되면 이 비용 역시 올라갈 수밖에 없죠. 이러한 이유로 탄소 배출권 구매든 해외 온실가스 감축 활동이든 '국부 유출'이라는 비난을 피하지 못하고 있습니다. 국내 감축 기반에 쓸 재원도 부족한 상황에서 기술과 재원이 해외를 향하니까요.

곳곳에서 쏟아진 우려와 비판

'우리가 할 수 있을까?'라는 공통의 의문과 서로 다른 뉘앙스도 살펴보겠습니다. '이거 너무 높은 목표인데 가능할까?' 하는

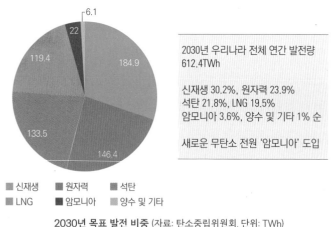

2030년 우리나라 전체 연간 발전량
612.4TWh

신재생 30.2%, 원자력 23.9%
석탄 21.8%, LNG 19.5%
암모니아 3.6%, 양수 및 기타 1% 순

새로운 무탄소 전원 '암모니아' 도입

■ 신재생　■ 원자력　■ 석탄
■ LNG　■ 암모니아　■ 양수 및 기타

2030년 목표 발전 비중 (자료: 탄소중립위원회, 단위: TWh)

의문과 '이거 너무 낮은데 이래서야 2050년까지 탄소중립이 될까?' 하는 의문의 차이 말입니다.

먼저, 전환 부문입니다. 2030년, 정부가 제시한 우리나라 전체 연간 발전량은 612.4TWh였습니다. 신재생에너지의 비중이 전체 30.2%(발전량 184.9TWh)로 가장 높았고, 원자력의 비중이 23.9%(발전량 146.4TWh)로 뒤를 이었습니다. 2030년의 재생에너지 발전량은 2020년(36.5TWh)의 5배가량입니다. 원자력발전량은 2019년(145.9TWh)과 비슷한 수준입니다.

애초 정부는 2018년에 신재생에너지 3020 계획을 내놓으며 2030년까지 재생에너지 발전 비중을 20%까지 높이겠다고 한 바 있습니다. 이번 2030국가온실가스감축목표는 재생에너지 비중을 이보다 더 늘리겠다는 포부가 담긴 계획이라고 할 수 있습니다. 하지만 이를 실현하는 데 필요한 로드맵은 부족했습니다. 정부의 설명은 '석탄 발전 축소, 신재생에너지 발전 확대, 추가 무탄소 전원(암모니아 발전) 등을 활용하여 전원 믹스 구성'이라는 문장이 전부였습니다.

결국, 전문가들의 지적이 쏟아졌습니다. 재생에너지의 확대는 발전기만 세운다고 되는 것이 아니라 관련 인프라를 동시에 마련해야 가능한데, 그런 대책이 마련됐는지 모르겠다는 평가였습니다. 일시적으로 전력 수요를 뛰어넘을 정도로 생산되는 전기를 흡수할 스토리지(storage, 배터리를 이용한 에너지 저장 시스템,

양수발전, 수소 저장 등)와 새로운 송·배전망을 구축해야 한다는 얘기죠. 박종배 건국대 교수는, 감축목표 달성 시점인 2030년은 불과 8년여밖에 남지 않았는데, 그 8년 사이에 전환 부문에 새로운 기술을 적용하는 데도 한계가 있다고 지적했습니다. 특히 송·배전망 구축이나 해상풍력발전, 양수발전 설비를 설치하려면 투자와 건설에 들어가는 시간이 8년보다 더 길 수도 있다고 덧붙였습니다. 설비를 갖추는 시기가 비용만큼이나 관건이라는 얘깁니다.

박 교수는 현재의 대책에 소비자를 위한 정보가 빠졌다는 점도 꼬집었습니다. 목표를 상향하면 비용은 어느 정도 상승할지, 이것이 요금에 어느 정도 영향을 미칠지, 요금 상승에 대한 소비자 정보가 제공되어야 하는데 이런 부분이 빠져 있다는 겁니다. 또 에너지 정책의 첫 단추는 수요 관리라고 강조하며, 소비자들이 자발적으로 전력 수요를 관리하는 부분이 전혀 반영되지 않았다고도 덧붙였습니다.

새롭게 추가된 암모니아에 관해서도 의문이 제기됐습니다. 박 교수는 목표로 삼은 암모니아 발전량 22TWh가 2030년까지 가능할지, 언제 상용화되어 실제 전원 믹스에 포함될지 궁금하다며 과연 현실성이 있는지 모르겠다고 비판했습니다.

2030년, 여전히 우리나라의 주요 발전원으로 남게 되는 석탄 발전을 놓고도 여러 우려의 목소리가 나왔습니다. 환경운동연합은, 온실가스 배출량이 가장 많은 것이 석탄인데 퇴출이 아닌 축소에 그쳤다고 지적했습니다. 1.5℃ 목표 달성을 위해선 2030년 이전에 탈석탄을 달성해야 한다는 사실이 과학적으로 규명됐음에도 정부의 의지가 미약하다는 겁니다. 기후솔루션도 비판의 목소리를 냈습니다. 국제사회는 OECD 회원국들이 2030년까지 석탄 발전을 폐지해야 한다고 권고하는데, 우리는 여전히 2030년 목표 석탄 비중이 21.8%임을 지적했습니다.

이렇게 탈석탄을 촉구하는 목소리와 더불어 이전보다 늘어난 '석탄 감축'에 대응할 준비는 했느냐는 의문도 제기됐습니다. 박종배 교수는 석탄 발전 이용률이 9차 전력수급 기본계획보다 10%p 낮은데, 이를 달성하려면 석탄화력발전소를 추가로 폐지해야 한다며, 법적 기반으로 좌초비용을 어떻게 보상하고, 재원을 확보할지 고민해야 한다고 강조했습니다.

전환 부문에서 이처럼 첨예한 갈등이 주를 이룬 것과 달리 수송 부문에서는 '더 강화해야 한다'는 목소리가 주를 이뤘습니다. 무공해차(전기차, 수소연료전지차) 보급률은 최근 몇 년간 꾸준히 목표를 초과 달성해 왔습니다. 자동차 시장의 전동화 속도가 예상을 뛰어넘을 정도로 빨라진 덕분입니다. 안영환 교수는, 2030년 무공해차 보급목표가 450만 대인데, 이는 현재 상황을 보면 별다른 노력 없이도 달성할 수 있는 목표라고 지적했습니다. 그러면서 보급목표를 최소한 550만 대로 더 의욕적으로 상향하고, 국외 감축 같은 애매한 부분을 없애는 것이 바람직하다고 조언했습니다.

재계는 어떤 반응을 보였을까요? 최태원 대한상공회의소 회장은, 위기를 기회로 전환하기 위해 온실가스 감축에 적극적으로 대응할 필요성이 있다고 인정하면서도 2030년까지 8년밖에 남지 않아 현실적으로 가능할지 우려가 크다는 뜻을 밝혔습니다. 또 최 회장은, 탄소중립 기술 개발과 환경 산업 육성에는 막대한 비용이 들므로 기업 혼자의 힘으로는 할 수 없는 영역이라며, 정부의 적극적인 지원을 촉구했습니다. 전국경제인연합회는, 무리한 감축목표 수립에 따라 산업 경쟁력이 약해지고, 일자리가 축소돼 국민 경제에 부담이 발생할 것이라는 의견을 냈습니다. 양찬희 중소기업중앙회 혁신본부장은, 탄소중립 필요성엔 충분히 공감하지만 원료 자체에서 탄소 배출이 불가피한 석회석이나 광업, 유리 등 비금속 업종은 대체 연료 개발 없이는 규모를 줄이거나 폐업하는 수밖에 없다고 호소했습니다. 더불어 상생을 통한 지원 사업, 금융이나 세제 지원, 설비 투자 등 정부 주도로 진행하는 지원 체계와 법적 근거가 조속히 마련돼야 한다고 강조했습니다.

반대로 환경단체들은 산업 부문의 감축 목표가 저조하다고 평가했습니다. 그린피스는, 최신 기후과학의 분석과 예측에 근거한 경고를 따르지 않은 매우 실망스러운 안이라고 비판했습니다. 환경운동연합은, 정부가 기업을 고려하느라 '산업계 봐주기'식 계획을 세운 것 아닌지 우려된다고 밝혔습니다.

더 감축해야 한다는 쪽에선 우리가 지금 감축하지 않으면 다른 나라와의 비교에서 경쟁력을 잃을지도 모른다고 걱정합니다. 당장 유럽연합의 탄소국경조정제도 시범 도입이 코앞으로 다가왔습니다. 2026년부터는 시범이 아닌 본격 적용을 시작하고요. 공장의 설비는 한 번 투자 및 설치하면 10~30년간 운영됩니다. 지금 감축하지 않으면 어떻게 될까요? 감축 기술 도입에 들어갈 돈은 아낄 수 있지만 결국, 그만큼 수출 과정에서 비용을 내게 됩니다. 감축 기술을 일찍 도입한 해외 경쟁사와 비교할 때 가성비뿐 아니라 '탄성비(제품 생산 과정에서의 탄소 배출)' 측면에서도 불리해지는 겁니다. 조삼모사(朝三暮四) 수준을 넘어서는 일이 되는 거죠.

너무 무리한 목표라고 주장하는 쪽에서도 역시나 다른 나라와의 비교가 잇따랐습니다. '탄소중립 과속', '온실가스 감축 과속' 등의 표현을 쓰며 우리가 남들보다 지나치게 빠르다고 주장합니다. 과연 그럴까요? 익히 알려졌듯 나라마다 서로 다른 감축목표를 내놓고 있습니다. 2030년까지 유럽연합은 55%, 미국은 50~52%, 일본은 46% 감축을 약속했죠. 그런데 나라마다 '○○○○년 대비'라는 기준이 다릅니다. 단순히 1~5년 차이가 나는 게 아니라 1990년대부터 2010년대까지 30년 가까운 차이를

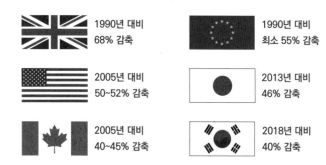

1990년 대비 68% 감축	1990년 대비 최소 55% 감축
2005년 대비 50~52% 감축	2013년 대비 46% 감축
2005년 대비 40~45% 감축	2018년 대비 40% 감축

주요 국가들의 2030국가온실가스감축목표

국가별 배출량 정점 시기와 2050년까지의 연평균 감축률 (자료: 탄소중립위원회)

보입니다. 저마다의 '배출 정점' 시기가 다르고, 저마다 감축목표를 '정점 대비'로 설명하기 때문입니다.

정부는 이를 이유로 우리나라의 감축 속도가 매우 빠른 편이라고 이야기합니다. 2050년 탄소중립 목표 시점까지 우리나라는 연평균 4.17%를 감축해야 한다는 겁니다. "주요국 대비 도전적인 목표"라는 게 정부의 설명이고요, 이에 여러 감축 주체들은 과도한 목표라며 반발하고 있죠. 유럽연합은 2050년 탄소중립을 달성하기까지 연평균 1.98%씩 줄이면 되는데, 하물며 이웃 나라 일본도 연평균 3.56%씩 줄이면 되는데, 우리는 4%가 넘는다고요. 하지만 연평균 감축률이 높은 이유는 다른 데 있지 않습니다. 감축을 뒤늦게 시작했기 때문입니다.

감축이 늦어진 데는 정부와 감축 주체 모두의 책임이 있습니다. 우리나라에서 유럽연합과 미국의 탄소세 우려가 처음 제기된 것은 1990년대 초반이었습니다. 탄소중립위원회 같은 조직이 처음 만들어진 것은 1998년이었고요. 이러한 경고를 20~30년간 무시한 결과가 바로 오늘의 모습입니다. 다른 나라보다 연평균 감축률이 높다는 핑계로 감축을 미룰 수 없는 이유입니다.

"2030국가온실가스감축목표 설정은 우리가 넘어야 할 많은 산 가운데 첫 번째로 넘어야 할 것에 불과했습니다. 이제 그 목표를 제대로 달성하는 일이 남았습니다. 2030년 감축목표 설정은 끝이 아닙니다. 2035년, 2040년, 2045년…… 5년에 한 번씩 그 목표를 강화해 가야 합니다. 우리에겐 더 이상 후퇴가 허용되지 않습니다. 앞으로 나아갈 길만 남아 있습니다. 지금 우리가 겪어야 할 고난과 고통을 이젠 받아들이면서, 어떻게 하면 그 고통과 고난을 줄이면서 함께 나아갈 것인가를 놓고 더 많이 고민해야 합니다."

윤순진 탄소중립위원회 공동위원장이 2030국가온실가스감축목표 토론회를 마무리하면서 한 말입니다. 이제 겨우 '첫발'을 떼었을 뿐이라는 거죠. 첫발인데 그 발등에 불이 떨어진 설상가상의 상황이기도 합니다. 실제로 토론회 이후 의견수렴을 할 수 있는 시간은 불과 일주일 남짓. 초안 발표로부터 열흘 후, 최종안을 국무회의에 올려야 했습니다. 그게 가능할까 싶었던 우려와 달리 정부는 마감 기한 이내에 국무회의 의결을 마무리하고 유엔기후변화협약 사무국에 한국의 2030국가온실가스감축목표를 제출했습니다.

3

끊어 내기 힘든
화석연료 패러다임

2020년 5월, 문재인 대통령의 그린뉴딜 지시를 시작으로 정부 부처들은 속속 기후위기 대응에 나섰습니다. 6월엔 전국의 모든 기초지방자치단체가, 9월엔 국회가 각각 비상대응을 촉구했고, 7월엔 그린뉴딜 대국민 보고회가 열렸죠. 10월엔 대통령의 국회 시정연설에서 탄소중립이 언급됐고, 12월엔 공식적으로 2050탄소중립을 선언했습니다. 그리고 2021년 4월, 지구의 날을 맞아 열린 기후정상회의에서 대통령은 다시 한번 감축 노력을 강화하겠다고 약속했습니다.

"첫째, 한국은 2030국가온실가스감축목표를 추가로 상향해 연내 (2021년) 제출하겠습니다.

둘째, 신규 해외 석탄화력발전소에 대한 공적 금융지원을 전면 중단하겠습니다."

그런데 숨 가쁘게 달려온 이 시간 동안 선언과는 다른 행동이 곳곳에서 포착됐습니다.

2020년 6월에 열렸던 한국전력공사 이사회의 회의록을 살펴봤습니다. 그린뉴딜이라는 화두가 던져진 이후였습니다. 이날 이사회엔 총 다섯 가지 안건이 있었습니다. 인도네시아 자바섬에 석탄화력발전소를 새로 짓는 사업도 그중 하나였습니다. 한국개발연구원이 두 차례에 걸친 예비타당성조사에서 모두 투자금 손실을 예상한 사업입니다. 이 사업을 두고 '정부가 그린뉴딜을 추진하는 시점에 해외 석탄사업에 진출하는 것은 부적절하다'는 의견과 '정부의 신남방 정책의 교두보가 될 수 있고 국내 기업의 수출 기회 확대 등 경제에 이바지할 수 있다'는 의견이 팽팽히 맞섰습니다. 결국, 이사회 당일에는 결론이 나오지 않았습니다.

나흘 뒤, 이사회가 추가로 열렸습니다. 오직 인도네시아 자바섬 석탄사업을 논의하기 위해서였습니다. 기후위기 시대에 공기업인 한전이 석탄사업을 추진하면 잃을 것이 더 많을 거라는 우려는 여전했습니다. 하지만 기업의 의사 결정은 리스크를 감수하는 일이라는 의견과 함께 사업 추진안은 가결됐습니다.

그린뉴딜을 넘어 탄소중립까지 거론되던 10월, 이번엔 베트남에 석탄화력발전소를 짓는 프로젝트가 논의됐습니다. 영국의 스탠다드차타드와 싱가포르개발은행 등 유수의 해외 금융기관들이 잇따라 투자를 철회하며 '손절'에 나섰던 프로젝트입니다. 한전은 이날 회의에서 홍콩의 전력회사인 중화전력공사가 처분하는 지분을 인수하는 내용을 논의했습니다. 해외 기관들이 너도나도 던지고 떠나는 폭탄을 떠안을지 말지 따져 본 겁니다.

역시나 이번에도 찬반 의견이 팽팽히 맞섰습니다. 기후위기 시대에 해외 석탄사업을 계속 추진하는 것은 시대 흐름에 맞지 않으며 회사 이익에도 도움이 되지 않는다는 의견과 상대방 국가의 필요성과 경제적 이익 창출을 위한 사업은 투자하는 것이 바람직하다는 의견이 나왔죠. 결론은 어땠을까요? 원안 가결이었습니다. 이어 이를 인수하기 위한 예산 변경안 역시 별다른 의견 없이 통과됐습니다.

이렇게 다른 나라가 손을 떼는 지분마저 인수하기로 하면서 한전 이사회는 "향후 신규 석탄사업을 지양하고 신재생에너지 중심의 사업을 적극적으로 추진해야 한다"는 경영 제언을 내놓았습니다. 이미 처리해야 할 해외 석탄사업은 다 처리해 놓고 '앞으로는' 안 한다고 한 셈입니다. 이후, 한전이 앞으로 신규 해외 석탄사업을 지양하기로 했다는 뉴스가 쏟아졌습니다. 정작 해외 석탄 투자를 결정했다는 소식이 묻힐 만큼 말이죠.

한전은 왜 이런 결정을 연달아 내렸을까요? 이사회 관계자는, 형식상 결정은 한전 이사회가 하지만 결국은 정부 의지대로 되는 것이라며, 인도네시아 안건을 첫 회의에서 보류한 것이 할 수 있는 최선이었다고 설명했습니다. 그는 청와대에 문제 제기까지 했었다면서, 당·정·청 합의가 된 내용을 한전 이사회에서 뒤집는 것은 불가능하다고 토로했습니다. 어떻게 된 일인지 내막을 들여다보겠습니다.

인도네시아와 베트남, 두 곳에서 진행되는 사업에는 공통분모가 있습니다. 바로 두산중공업입니다. 특히 베트남의 붕앙 2호기 프로젝트는 두산중공업과 삼성물산이 설계 및 시공을 맡고 수출입은행이 대출과 보증에 나섰습니다. 장소만 베트남일 뿐, 사실상 한국의 석탄사업인 겁니다. 그런데 두산중공업에는 이미 2조 원 넘는 공적자금이 투입된 상태였습니다. 2014~2018년, 두산중공업이 수주한 21조 1273억 원 규모의 사업 가운데 석탄의 비중은 무려 70.9%에 달합니다. 원전의 비중은 18.6%에 불과했죠. 하지만 석탄 발전 분야의 수익성은 급격히 악화했고, 이에 수출입은행과 산업은행이 긴급 수혈에 나섰습니다. 공적자금이 투입된 만큼, 새롭게 재편 중인 에너지 산업에 맞춰 체질 개선에 나섰어야 하는데 그러기는커녕 또다시 석탄을 찾은 겁니다. 이 프로젝트에 대출을 제공한 곳은 또다시 수출입은행이었고요. 그리고 프로젝트가 좌초 위기에 빠지자 구원 투수로 등판한 기관이 바로 한전이었습니다.

이렇게 한전이 2020년 하반기에 잇따라 해외 석탄 투자를 결정짓자 한전에 돈을 투자했던 이들은 떠나기 시작했습니다. 네덜란드 연기금 운용 기관 APG는 한전에 책임을 물으며 갖고 있던 한전 지분 6천만 유로어치를 모두 팔아치웠습니다. 네덜란드로서는 당연한 결정일지도 모릅니다. 인도네시아와 베트남에서 이 발전소들이 가동을 시작할 2025년에 한국이 투자한 해외 석탄화력발전소가 내뿜는 탄소 배출량은 연간 1억 7800만t에 달합니다. 네덜란드가 현재 1년간 내뿜고 있는 총량에 맞먹는 수준입니다.

정부 관계자는 해외 석탄 투자를 중단하겠다는 대통령의 선언이 이미 사업이 결정된 인도네시아와 베트남의 석탄화력발전소에는 해당하지 않는다며 선을 그었습니다. 하지만 인도네시아에서는 첫 삽이라도 떴지만 베트남은 아직 그러지도 못한 상황인 만큼, 멈추려면 멈출 수 있는 상태였습니다.

한전은 그전부터 어떻게든 석탄으로 무언가를 해 보고자 그 누구보다 노력을 기울여 왔습니다. 지난 이명박 정부 당시 추진됐던 자원외교의 하나로 한전은 2010년에 호주에서 석탄 탄광을 개발할 수 있는 개발권을 사들였습니다. 뉴사우스웨일스주의 바이롱에 탄광을 만들겠다는 포부를 품고서 말입니다. 광산 개발권을 사는 데만 3천억 원 넘는 돈이 들었고, 이후 조사 등의 명목으로 5천억 원의 돈을 더 썼습니다. 그런데 10년이 지나도록 석탄은 단 한 톨도 캐내지 못하고 있었습니다. 이유는 간단합니다. 개발 허가 자체를 받지 못했기 때문입니다.

지난 2019년 9월, 호주 독립계획위원회는 환경 문제로 광산 개발에 동의할 수 없다는 결정을 내렸습니다. 한전은 이에 반발해 법원에 소송을 제기했으나 호주 토지환경법원은 이를 기각했습니다. 지역 주민들은 도리어 한전에 역제안을 하고 나섰습니다. 맑은 물이 흐르고 푸른 숲이 우거진 바이롱에 광산이 아닌 환경친화적 농업 지역을 만들자는 제안입니다. 석탄을 캐려고 산 땅에서 석탄 대신 온실가스 배출권을 얻어내자는 것이죠.

한국이 기후 악당으로 불리는 데 지대한 역할을 한 공기업 처지에서 생각해도 나쁘지 않은 제안입니다.

세계 각국이 탄소중립에 나서면서 호주 역시 2021년에 석탄 광산 개발을 허가하기 어려운 상황이 됐습니다. 하지만 한전은 법원에 항소장을 제출했습니다. 사업을 추진할 가치가 충분하다는 판단에섭니다. 이쯤 되면 한전이 탄소중립의 뜻을 모르는 게 아닌가 싶어지는데, 답답한 모습을 보인 건 정부도 마찬가지였습니다. 산업통상자원부 관계자는 소송 중인 사안이라 정부가 섣불리 의견을 내기 어렵다며 이번에도 선을 그었습니다.

석탄에 미련을 못 버리는 우리 정부의 이런 모습이 답답하기는 다른 나라도 마찬가지입니다. 미국은 우리나라에 현재 진행 중인 석탄 발전 사업도 중단할 것을 지속해서 요구하고 있죠. 이는 유럽연합도 유엔도 마찬가지입니다. 전 세계 금융기관들은 민·관 할 것 없이 석탄에 대한 투자를 끊고 있습니다. 영국 바클레이즈는 화석연료 기업에 대한 금융지원을 끊었고, 미국 골드만삭스도 기후변화를 악화하는 사업엔 금융 제공을 하지 않기로 했습니다. 이처럼 탈석탄에 나선 금융기관의 수는 세계적으로 1300여 곳에 달합니다. 투자 규모로는 무려 1경 6000조 원이 넘습니다.

그런데 왜, 한국은 석탄산업 자체가 좌초 산업이라는 것을 알면서도 멈추지 못하는 것일까요? 석탄을 둘러싼 악순환의 고리가 꼬리에 꼬리를 물고 있기 때문입니다. 마치 운항할수록 손해를 보는 것을 알면서도 정부의 재정 지원을 받아 가며 운항을 강행했던 세계 최초 초음속 여객기 콩코드처럼 말이죠.

얼마나 꼬인 걸까요? 당장 우리나라가 석탄에 들인 돈만도 2021년 1월 기준 18조 8천억 원에 달합니다. 세계에서 아홉 번째로 석탄에 많은 돈을 투자한 나라입니다. 그럼 국내에서 누가 가장 많은 돈을 투자했을까요? 무려 12조 7900억 원을 석탄에 쏟아부은 곳은 바로 국민연금입니다. 개별 투자기관 순위로 세계 11위에 달합니다. 얼마나 많은 돈일까요? 5만 원 신권 다발을 쌓으면 높이가 25.6km에 달합니다. 대기권을 뚫고 성층권까지 올라 미국의 고공첩보정찰기 U-2와 마주할 수 있을 정도입니다. 산업은행은 2조 4800억 원, 수출입은행은 1조 7600억 원의 대출을 제공한 상태고요. 석탄산업이 쇠퇴하면 해당 기업만 손실을 보는 것이 아니라 연금을 까먹거나 대출금을 상환받지 못하는 등 '나랏돈'도 위험해지는 겁니다.

이렇게 폭탄 돌리기가 반복되면서 석탄으로 인한 우리나라 좌초 자산 규모는 눈덩이처럼 불어 1060억 달러로 세계 최고 수준이 됐습니다. 과연 이렇게 억지로, 그것도 나랏돈을 볼모로 석탄사업의 생명을 연장하는 것이 우리에게 도움이 될까요? 진정 기업을 위한, 국가 경제를 위한 일일까요? 상황이 이러니 투자하고 지원할 것 다 하고서 뒤늦게 석탄사업 지원을 중단하겠다고 선언한 것 아니냐는 비판이 곳곳에서 쏟아질 수밖에 없었습니다. 사실, 이제는 석탄에 관해서라면 돈을 투자할 곳을 찾는 게 더 어려워진 상태죠. 어차피 투자할 곳도 없는 상황에서 앞으로는 안 하겠다는 선언이 과연 얼마나 큰 의미를 지닐까요? 이러한 선언이 이미 석탄에 발목 잡힌 수십조 원의 나랏돈을 지켜낼 수 있을까요?

그런데 한국은 국내에서도 꾸준히 석탄화력발전소 건설을 추진하고 있습니다. 아이러니한 점은 이를 추진하는 정부도, 건설을 강행하는 기업도 모두 탄소중립을 선언했다는 사실입니다. 정말로 탄소중립의 뜻을 모르는 게 아닌지 의심하게 될 지경입니다.

"원전은 점진적으로, 석탄은 과감히 감축한다." 대통령의 탄소중립 선언 두 달 후에 나온 정부의 전력수급 기본계획의 방향입니다. 하지만 석탄화력발전소 7기를 새로 짓는다는 계획은 변함이 없었습니다. 이 중 5기는 벌써 공정이 마무리 단계거나 절반 넘게 진행됐습니다. 남은 건 강원도 삼척에서 건설 중인 포스코의 석탄화력발전소 2기뿐입니다. '맹방해변 모래사장 침식'으로 한 차례 논란이 일었던 곳입니다. 그런데 인간의 활동 때문에 모래사장이 깎여 나가는 현상 말고도 문제가 또 있습니다. 포스코는 사업에 필요한 자금을 아직 다 구하지 못했습니다. 국내 채권 자산 시장의 86.7%가 투자를 거부한 겁니다. 설령 어찌어찌 돈을 구한다고 해도 안심하긴 이릅니다. 포스코는 향후 85%의 이용률을 가정해 석탄화력발전소 건설에 나섰지만 온실가스 감축 계획에 따라 향후 이용률은 점차 떨어져 2040년엔 4분의 1밖에 가동할 수 없을지도 모릅니다. 그러니까 어렵사리 지어 놓고 손익분기점을 넘기지 못할 수도 있는 거죠. 기업에도 안 좋은 일이지만, 이렇게 해서 발생하는 피해는 결국, 또다시 정부가 보전해 줘야 하는 상황이 벌어질지 모릅니다.

더는 물러설 곳도, 시간도 없습니다. 우리나라가 '올해 안에 상향된 감축목표를 내놓겠다'고 선언했던 2021년 4월의 그날에 영국은 68%, 미국은 50~52%, 일본은 46%, 캐나다는 40~45% 감축하겠다고 밝혔습니다. 우리가 진행 중인 석탄 투자를 중단하지 않고는 그 어디에서 쥐어짜더라도 이들의 수준을 쫓아갈 방법이 없습니다.

정부가 석탄에 대한 미련을 버릴 수 있도록 시민사회의 지속적인 요구와 압박이 필요한 때입니다. 기후변화에 관심이 있는 시민이라면 온실가스 배출량을 줄이기 위해서, 기후변화에 관심이 없는 시민이라도 우리가 꼬박꼬박 낸 국민연금의 손실을 막기 위해서 말이죠.

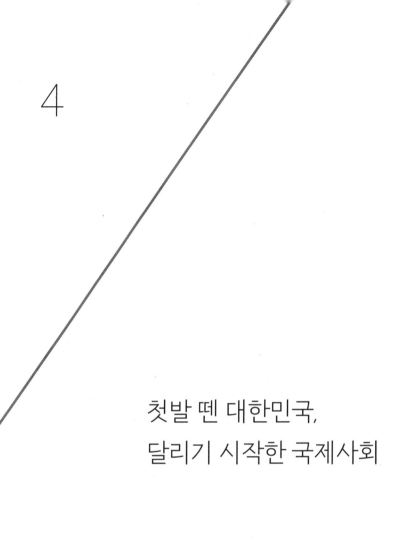

4

첫발 뗀 대한민국,
달리기 시작한 국제사회

2020년 7월 그린뉴딜 선포, 2020년 10월 탄소중립 천명, 2020년 12월에 2050탄소중립 공식 선언, 2021년 5월 탄소중립 위원회 출범, 2021년 8월 탄소중립 기본법 제정…… 대한민국이 기후위기에 대응하느라 '격동의 1년'을 보낸 끝에 2021년 10월 27일, 드디어 우리나라의 2050탄소중립시나리오와 2030국가온실가스감축목표가 확정됐습니다. 시나리오와 감축목표 모두 초안에서 일부 수정을 거쳤습니다. 그리고 2021년 11월, 우리나라를 비롯한 세계 각국이 영국 글래스고에 모였습니다. 제26차 유엔기후변화협약 당사국총회(COP26)가 열린 겁니다. 각 나라가 서로 '더욱 강화한 목표'를 들고 와서 파리협정의 1.5℃ 목표를 달성하기 위해 여러 논의를 하는 자리였습니다.

반전에 반전을 거듭한 글래스고

제26차 당사국총회 개막을 앞두고 중국의 행보에 모두의 관심이 쏠렸습니다. 세계에서 가장 많은 온실가스를 내뿜는 나라 중 하나인 데다, 현재 유럽연합에 이어 미국까지 글로벌 온실가스 감축에 목소리를 높이려는 모습을 보임에 따라 행여 중국이 기후변화협약에서 탈퇴하지는 않을까 하는 우려가 나오기도 했습니다. 중국의 행보는 단순히 다배출 국가 한 곳의 움직임으로 그치지 않습니다. 중국의 움직임은 다른 개발도상국들의 행보에도 영향을 미칠 수밖에 없으니까요.

그런데 글래스고의 기적이라도 일어난 것일까요? 나라마다 서로 다른 처지를 이유로 들며 좀처럼 뜻을 모으지 못하던 상황에서 경제 규모로나 온실가스 배출량으로나 양대 산맥인 미국과 중국 두 나라가 합의문을 만들어 낸 겁니다. 이름하여 '기후 행동 강화를 위한 글래스고 공동 선언'입니다. 양국이 전 세계의 탄소중립 경제 전환을 앞당기기 위해 함께 노력할 것을 다짐하는 동시에 온실가스 감축을 위한 각종 환경 기준과 규제 시스템, 청정에너지 전환, 탈탄소 및 전동화 정책, 순환 경제, 탄소 포집 등 탄소중립을 위한 핵심적인 분야 모두에 걸쳐 협력하기로 한 겁니다. 또 양국의 2035년 감축목표를 놓고 2025년에 함께 소통하기로도 합의했습니다. 최근 화두로 떠오른 메테인 감축에도 뜻을 함께했습니다. 메테인은 농축산업뿐 아니라 가스 자원의 개발과도 직접적인 관련이 있습니다. 대규모 축산업, 농업, 가스 개발에 나선 두 나라가 메테인 감축 강화를 위해 협력하고, 감축 정책 및 프로그램에 대한 정보를 교환하기로 했습니다. 회담에 앞서 나왔던 '양국의 만남은 좀처럼 이뤄지지 않을 것 같다'던 우려를 씻은 반전이었습니다.

그러나 불과 이틀 만에 또 다른 반전이 일어났습니다. 폐회식 현장에서의 일입니다. 예정보다 하루 더 길어진 당사국총회의 폐회식을 앞둔 현장은 어수선했습니다. 단상 위에선 알록 샤르마 의장과 존 케리 미국 기후특사 등 각국 대표들이 급히 의견을 나누고, 단상 아래서도 중국과 유럽연합 등 대표들이 각각 심각한 표정으로 이야기를 나누었습니다. 논의는 이미 끝났고 이제 의사봉을 두드리며 글래스고기후협약을 통과시키면 되는 순간인데, 갑자기 무슨 일이었을까요?

폐회식 시작 후, 부펜데르 야다브 인도 환경부 장관이 합의문 수정을 요구했습니다. 석탄화력발전소의 단계적 '폐쇄'를 '감축'으로 바꾸자는 요구였습니다. 이와 더불어 최빈국 등 기후위기 대응 취약 국가에 지원을 제공하는 내용을 추가하자고 제안했습니다. 야다브 장관의 이 발언 때문에 폐회식 직전에 케리 특사가 단상 위아래를 오가며 분주히 이야기를 나누고, 샤르마 의장은 각국 대표들과 심각하게 논의를 하게 된 것이었습니다.

이에 관해 스위스 대표인 시모네타 소마루가 환경부 장관은 깊은 실망을 표명했습니다. 소마루가 장관은, 우리에게 필요한 것은 단계적 감축이 아닌 단계적 폐지라고 강조하면서도, 합의문 자체가 채택되지 않는 일은 없어야 하기에 반대하진 않겠다고 덧붙였습니다. 그리고 이 선택이 1.5℃ 목표 달성을 더욱 어렵게 만들 것이라는 비판도 잊지 않았습니다.

그의 발언에 현장에서는 25초가량 박수가 이어졌습니다. 의장이 여러 차례 감사의 뜻을 표하고서야 박수는 멎었습니다. 샤르마 의장은 마지막 순간에 합의문 내용이 바뀌게 된 것을 깊이 사과드린다는 말과 함께 이 합의문 패키지를 지켜내는 것 또한 매우 중요한 일이라고 말하며 고개를 숙였습니다.

결국, 초안에 담겼던 "온실가스 저감 기술이 없는 석탄화력발전소와 비효율적인 화석연료 보조금의 단계적 폐지"라는 내용은 "온실가스 저감 기술이 없는 석탄화력발전소의 단계적 '감축'과 비효율적인 화석연료 보조금의 단계적 폐지"로 수정됐습니다. 인도가 대표로 발언했던 내용이 그대로 글래스고기후협약 최종안에 담긴 겁니다. 그렇게 2021년 11월 13일 자정을 앞둔 시점에서 만장일치 합의문이 만들어졌습니다.

당연히 세계 각지에서 비판이 쏟아졌습니다. 이미 총회에 참석한 각국 대표들부터 쓴소리를 해댔는데, 준엄한 눈으로 이번 총회를 지켜보던 이들의 마음은 오죽했을까요? 살리물 후크 국제기후변화개발 연구센터장은, 기후변화에 취약한 국가들은 기후변화 피해를 줄일 수 있는 결과가 나오길 학수고대하면서 이번 총회에 참석했는데, 지금의 결과는 그저 '더 논의하자, 협력하자'라고 말하는 수준일 뿐이라고 일갈했습니다. 제니퍼 모건 그린피스 사무총장은, 앞으로의 지구에서 살아갈 전 세계 청년들은 이번과 같은 총회를 두 번 다시 용납하지 않을 것이라고 비판했습니다.

아직도 머뭇거리는 대한민국

논란 끝에 완성된 글래스고협약 합의문엔 석탄 발전의 단계적 감축 외에도 다양한 내용이 담겼습니다. 이 중엔 우리나라가 눈여겨봐야 하는 내용도 있었죠. 또 2주의 시간 동안, 국제사회는 합의문 외에도 다양한 선언과 약속들을 만들어 냈습니다. 이 역시 우리나라에 직간접적인 영향을 주는 것들입니다.

26차 당사국총회에선 내연기관차 퇴출에 관한 논의가 이뤄졌습니다. 이른바 '무공해차 전환 선언'이 나온 것입니다. 영국과 벨기에, 캐나다 등 유럽과 북미 국가뿐 아니라 최근 자동차 시장이 팽창하고 있는 인도와 모로코, 케냐 등 아프리카 국가, 멕시코, 칠레, 우루과이, 파라과이 등 중남미 국가 등 30개국이 무공해차 전환을 선언했습니다. 늦어도 2030년까지 무공해차를 새로운 표준으로 만들겠다는 약속입니다.

총회 개최국이었던 영국은 승용차뿐 아니라 트럭에 관해서도 전환 목표를 공개했습니다. 2035~2040년 사이, 디젤 트럭 판매를 중단하겠다고 약속한 겁니다. 이 선언엔 국가뿐 아니라 미국 캘리포니아주, 아이슬란드 레이캬비크, 스페인 카탈루냐 등 전 세계 100여 개 도시도 동참했습니다. 가입한 국가들의 규모로 보자면, 전 세계 자동차 판매량의 19%를 차지하는 수준입니다. 인구수로는 20억 명이 넘습니다.

이 선언을 통해 신흥 자동차 시장과 개발도상국의 수송 부문 탈탄소를 위한 제도적 기반도 마련됐습니다. 세계은행은 향후 10년간 2억 달러 규모의 신탁 자금을 제공하기로 했고, 무공해차전환위원회를 구성해 글로벌 차원의 무공해차 전환을 위한 국제협력을 진행하기로 했습니다. 이 선언에 동참한 나라들뿐 아니라 향후 전 세계 모든 나라의 전환을 도모하겠다는 겁니다. 영국 주도로 만들어진 무공해차전환위원회엔 미국도 공동대표로 참여하기로 했습니다.

무공해차 전환은 이 선언과 별개로 이미 자동차업계의 흐름으로 자리 잡았습니다. 당장 유럽연합이 2035년부터 내연기관 신차 판매를 금지하면서 제조사들의 변화가 불가피해진 상황입니다. 다국적 비영리 기구인 '기후그룹(The Climate Group)'은, 국가별로 따져 보면 미국에서 수출하는 자동차의 65%가 '내연기관 판매 금지 예정지'로 수출되고 있고, 기업별로 살펴보면 스텔란티스 그룹 판매량의 48%가, BMW 판매량의 35%가, 폭스바겐 판매량의 30%가 '내연기관차 단계적 퇴출 예정지'로 수출되고 있다고 설명했습니다.

글로벌 자동차 판매량 순위에서 손꼽히는, 글로벌 전기차 판매량 5위를 자랑하는 국내 기업과 우리나라의 상황은 어떨까요? 우리나라는 이 선언에 참여하지 않았습니다. 대의에는 공감하지만, 이행 시기는 더 논의해서 결정해야 한다는 이유에섭니다.

현대자동차는 2030년까지 '제네시스'의 모든 제품군을 무공해차로 꾸리겠다고 밝혔습니다. 2030년까지 전체 판매량의 30%를 무공해차로 채우고, 유럽연합의 규제에 따라 2035년부터 유럽 시장엔 무공해차만 판매하겠다는 계획입니다. 그리고 2040년까지 무공해차 판매 비중 80%를 달성하고, 2045년 탄소중립을 실현하겠다고 선언했습니다. 하지만 그룹 전체의 정확한 탈내연기관 시점도, 국내 시장에서 판매하는 자동차의 무공해차 전환 시점도 정해진 것이 없습니다.

2035년에 현대차가 유럽에 판매하는 모든 자동차는 무공해차일 테지만, 이때 국내에서 판매하는 자동차 중 무공해차 비율이 얼마나 될지는 모릅니다. 현대차가 한국의 환경보다 유럽의 환경을 더 중요하게 여겨서일까요? 유럽은 '2035년 내연기관 금지'라는 명확한 목표를 제시했지만, 우리 정부는 그런 목표를 내놓지 않고 있습니다. 심지어 2050탄소중립시나리오를 보면 목표 달성 시점인 2050년에도 '내연기관 퇴출'이라는 표현이 보이지 않습니다. 2050년의 내연기관 비중이 3~15%에 달합니다. 기업만 탓하기 어려운 이유입니다.

한편, 26차 당사국총회에선 최종 합의문과 별도로 탈석탄과 관련한 각종 합의가 이뤄졌습니다. 우선 '글로벌 탈석탄 에너지 전환 선언'을 꼽을 수 있습니다. 이 선언은 2030년대(개발도상국은 2040년대) 석탄 발전 퇴출, 국내외 신규 석탄 발전 투자 중단,

친환경 발전원 확대, 노동자와 공동체를 위한 정의로운 전환을 주요 내용으로 합니다. 전 세계 47개 나라와 5개 지역이 선언에 참여했습니다. 이와 함께 2017년 제23차 당사국총회(COP23) 당시 영국과 캐나다 주도로 창립된 탈석탄동맹(PPCA)에도 여러 나라와 지자체가 추가로 동참했습니다. 탈석탄동맹은 석탄 발전 설비를 2030년까지 폐지하기로 약속한 국가·지방·단체들의 연맹입니다. 중국과 인도 다음으로 가장 큰 규모의 석탄 발전망을 보유한 베트남이 탈석탄 대열에 참여한 것이야말로 이번 총회의 가장 큰 성과라는 것이 기후그룹의 평가였습니다.

우리나라는 어땠을까요? 한국은 선언에는 참여했지만 탈석탄동맹에선 빠졌습니다. '탈석탄 과속'이라는 일각의 비판을 의식한 결정이었던 셈인데요, 이렇게 함으로써 국내 일각의 비판은 해소했을지 몰라도 국제사회의 비판은 피하지 못했습니다. 기후그룹은 한국이 동맹에 참여하지 않은 것을 두고 사실상 선언에 불참한 나라들만큼이나 문제가 있다고 평가했습니다.

그런데 어찌 된 일인지, 우리나라 일부 지자체가 탈석탄동맹에 이름을 올렸습니다. 대구광역시, 강원도, 경기도, 인천광역시, 제주특별자치도, 전라남도, 서울특별시, 충청남도, 이렇게 총 8개 지자체가 동맹에 참여한 겁니다. 12개의 주 또는 도시가 참여한 미국 다음으로 가장 많은 수준입니다. 정작 국가의 발전 정책을 책임지는 부처는 손을 뗐어도 석탄화력발전소가 여럿 있는 지자체들이라도 참여했으니 다행이라고 해야 할까요?

이런 가운데 프랑스와 스웨덴 등 10개 나라가 모여 탈화석연료동맹(BOGA)을 만들었습니다. 탈석탄을 넘어 화석연료 생산 자체를 줄이자는 겁니다. 실제로 1.5℃ 목표를 달성하기 위해선 필수적인 일이지만 여기에 참여한 나라가 10개밖에 되지 않았다는 점은 아쉬운 부분으로 꼽힙니다. 물론 이 동맹에도 한국은 빠졌습니다.

또 점진적인 탈화석연료를 불러올 '공적 금융의 화석연료 투자 중단 선언'엔 많은 나라가 참여했습니다. 미국과 프랑스, 독일, 영국, 캐나다 등 선진국뿐 아니라 피지, 에티오피아, 마셜제도 등의 국가와 유럽투자은행, 프랑스 개발청 등의 기관까지 총 39곳이 선언에 동참했습니다. 2022년 말까지 석탄뿐 아니라 석유와 가스 등 화석연료 전반에 대한 공적 금융지원을 끝내기로 약속한 것이죠. 하지만 여기서도 한국이나 한국의 공적 금융기관 이름은 찾아볼 수 없었습니다.

대한민국 2050탄소중립시나리오 최종안

국내외에서 여러 논의가 이뤄지는 사이, 우리나라의 2050탄소중립시나리오도 1, 2, 3 세 가지 안에서 A와 B 두 가지 안으로

좁혀졌습니다. 부문별로 하나씩 살펴보겠습니다.

전환 부문에서 A안은 석탄뿐 아니라 LNG까지 모든 종류의 화력발전을 폐지하는 등 애초에 뿜어내는 양 자체를 줄이는 것을 중점으로 합니다. A안이 제시한 2050년의 모습에서 우리나라 최대 발전원은 재생에너지(70.8%)입니다. 뒤이어 무탄소 가스터빈(21.5%), 원자력발전(6.1%)이 전기를 만들어 내죠. B안의 경우, 석탄화력발전소의 폐지는 A안과 같지만, 일부 LNG 발전소가 남아 있다는 점이 다릅니다. B안은 이 밖에도 발전원 구성이 A안과 소폭 다른데요, 재생에너지(60.9%)가 가장 큰 비중을 차지하는 발전원이라는 점은 같지만 무탄소 가스터빈(13.8%)에 이어 연료전지(10.1%)가 주요 발전원으로 전력망에 들어옵니다.

수송 부문에서는 도로 운송수단 대부분을 무공해차로 전환하기를 꾀합니다. A안은 배터리 전기차와 수소연료전지차의 비중을 97% 이상으로 제시했습니다. 이를 통해 수송 부문 전체의 온실가스 배출량을 100만t으로 만든다는 계획입니다. 기준 연도인 2018년의 9810만t에 비하면 10분의 1 수준입니다. B안은 전기차와 수소차의 비중 85% 이상을 목표로 합니다. 도로를 다니는 자동차의 15%는 여전히 내연기관차입니다. 물론 그 15%의 내연기관에 대해서도 지금과 같은 휘발유나 경유가 아닌 대체연료를 이용하겠다는 계획이지만요. 결국, B안이 제시한 2050년 수송 부문 온실가스 배출량은 740만t입니다. 지금의 7.5% 수준에 불과하지만 A안에 비하면 너무도 많은 양입니다.

자동차는 A안과 B안이 이러한 차이를 보이지만 철도는 두 가지 시나리오 모두 무탄소 동력 열차로 100% 전환하는 것을 목표로 합니다. 현재 남아 있는 디젤 열차를 모두 전기나 수소로 움직이는 열차로 바꾼다는 겁니다. 배와 비행기도 바이오 연료를 확대하는 등 친환경 해운 및 항공 전환에 나선다는 계획입니다.

또 A안의 경우, 국내에 공급되는 모든 수소를 그린수소로 전환하는 것이 목표입니다. 수소는 우주의 75%를 차지하는 만큼 '가장 흔한 물질'이라고 불립니다. 하지만 다른 원소들과 결합한 형태로 존재하다 보니 순수한 수소 그 자체는 찾기 어렵죠. 이러한 이유로 수소를 일컫는 또 다른 표현이 있습니다. '가깝고도 먼 물질'이라는 표현입니다. 현재 우리가 이용하고 있는 수소 대부분은 온실가스를 뿜어내는 과정을 통해 만들어집니다. 만드는 과정에 따라 각각 부생수소, 추출수소, 수전해수소라고 일컫죠. 이 중 '그린수소'는 물을 전기분해해서 얻는 수전해수소뿐입니다. A안은 국내 생산 수소의 100%를 수전해수소로 공급한다는 내용을 담고 있습니다. B안은 국내 생산 수소의 60%를 수전해수소로 공급하고, 나머지는 추출수소와 부생수소를 각각 20%씩의 비중으로 공급한다는 계획입니다.

발전이나 수송 외에도 온실가스를 많이 배출하는 산업 부문과 건물, 농축수산, 폐기물 부문 등에서는 A안과 B안의 차이가 전혀 없었습니다. 이전에 세 가지 버전으로 나왔던 초안과 비교하더라도 별다른 차이가 없었습니다. 산업 부문에서만 첫 시나리오 당시 1, 2, 3안 모두 5310만t이었던 배출량이 A안과 B안에서 모두 5110만t으로 소폭 줄었을 뿐입니다. 2050탄소중립시나리오 최종안에 박수보다 안타까운 탄식이 더 많았던 이유입니다.

더 나아가야 할 2030국가온실가스감축목표

논란 끝에 만들어진 2030국가온실가스감축목표는 국무회의를 거치며 확정됐고, 제출 마감 기한을 한 주 앞두고서 유엔에 제출됐습니다. 그야말로 속전속결이었습니다. 온실가스 감축목표 논의는 2021년 5월 29일 탄소중립위원회의 출범과 함께 본격화했습니다. 그리고 감축목표 하한선을 최소 35%로 명시한 탄소중립 기본법이 국회 환경노동위원회 의결을 거쳐 9월 24일에 공포됐죠. 이어 10월 8일, 탄소중립위원회는 40% 감축을 목표로 내세운 정부의 초안을 공개하며 각계의 의견수렴에 나섰습니다. 그리고 10월 27일, 미세 조정 끝에 정부안이 국무회의를 거쳐 확정됐고, 12월 23일 유엔기후변화협약 사무국에 제출됐습니다.

토론회를 거쳐 국무회의를 통과한 감축목표에는 미세한 변화가 있었습니다. 2030년까지 우리나라가 목표로 하는 순 배출량은 4억 3660만t으로 초안과 같았습니다. 하지만 부문별로 조금 늘리거나 줄이는 등 말 그대로 '미세 조정'을 했습니다. 토론회에서 실현 가능성에 대한 우려가 제기됐던 국외 감축분의 목표는 하향 조정됐습니다. 3510만t을 해외에서 줄여 오겠다던 초안에서 3350만t으로 줄어든 겁니다. 줄어든 160만t의 부담은 농축수산업과 기타 부문이 지게 됐습니다. 농축수산업 부문의 2030년 목표 배출량이 1830만t에서 1800만t으로, 탈루(脫漏) 등 기타 배출량이 520만t에서 390만t으로 소폭 강화된 것이죠.

26차 당사국총회 기간에 각 당사국은 2022년 연말까지 2030 국가온실가스감축목표를 다시 한번 업데이트하기로 했습니다. 이제 간신히 '40% 감축'이라는 목표를 만들어 냈는데, 당장 또다시 이를 더 강화해야 하는 상황에 놓였습니다. 이는 우리 정부에 굉장한 압박으로 작용할 전망입니다. 에너지경제연구원 노동운 선임연구위원은, 정부에서 감축목표를 더 올릴 여지가 있다면 그 목표치를 발표하면 되겠지만, 그렇지 않다면 '우리는 최선을 다해 왔다'는 것을 국제사회에 설득할 논리를 만들어야 할 것이라고 조언했습니다.

아니, 목표를 더 높여야지 변명부터 준비하면 어쩌자는 것이냐고 비판하는 목소리가 나올 법도 합니다. 하지만 이는 현실적인 조언이기도 합니다. 설령 우리가 2022년 말까지 '2018년 대비 50% 감축'이라는, 더욱 강화한 감축목표를 내놓더라도 국제사회로부터 "고생했습니다"라는 인정보다 "그것이 최선입니까?" 하는 비판적 검증을 받게 될 테니까요. 이제는 정말로 우리가 이만저만한 목표를 내놨다고 선언하고 자랑하는 선에서 끝낼 수 있는 때가 아닙니다. 그러기에는 2030년이 너무 '가까운 미래'가 되어 버렸죠. 어느새 세계 각국은 서로가 정한 감축목표를 상호 점검하면서, 지구 평균 기온 상승에 대한 책임을 본격적으로 물을 수 있게 됐습니다.

주요 산업 설비의 가동 기간이 30년이라는 점을 고려하면, 지금의 선택이 2050탄소중립의 성패를 가를 만큼 온실가스 감축은 '발등의 불'이 됐습니다. 감축을 더 하자는 쪽도, 감축을 좀 덜 하자는 쪽도 '시간이 없다'는 말을 합니다. 그래도 아직 희망의 끈을 놓기엔 이릅니다. 감축목표는 지금이라도 수정할 수 있으니까요. 하향으로 후퇴는 못 해도 상향으로 전진은 언제든 가능합니다. 2050탄소중립 '선언'과 2030국가온실가스감축목표 '설정' 마감 기한이 2021년이었다면, 탄소중립을 향한 의미 있는 '실천'으로 발걸음을 옮길 마감 기한은 바로 2022년입니다. 부디 실현 가능성이 큰 실천 계획이 나오기를, 2050탄소중립을 실현할 수 있는 2030국가온실가스감축목표가 마련되기를, 기후위기 시대를 살아가는 시민으로서 간절히 바라 봅니다.

맺음말

대한민국의 탄소중립은 말 그대로 '걸음마 단계'다. 그 첫발을 뗄 수 있었던 기회는 30년 전부터 있었다. 지금은 그 기회를 놓쳐 온 대가를 혹독히 치르는 중이다. 이미 국제사회에선 탄소중립에 관한 정책과 산업, 경제구조가 '메이저 이슈'가 됐다. 우리가 흔히 '남 탓'의 대상으로 삼는 중국과 인도조차도 온실가스 감축 속도, 에너지 전환 속도는 우리보다 훨씬 빠른 상태다. 그런데도 여전히 우리나라 안에서만큼은 탄소중립이 '마이너 이슈'다.

혹자는 이렇게 이야기한다. 우리나라가 워낙 '다이내믹'하다 보니 다른 이슈들에 치여 탄소중립이 우선순위에서 밀리게 된다고. 하지만 그 이슈들의 본질을 살펴보면, 탄소중립은 우선순위에서 밀릴 것이 아니라 0순위가 되어야 하는 문제. 국제사회에서 탄소중립 정책이 속도를 낼 수 있었던 배경엔 코로나19 팬데믹이 있다. 기후변화로 인한 '원 헬스'의 파괴가 신종 감염병의 등장을 부추겼기 때문이다. 그런데 정작 한국에선 팬데믹에 탄소중립이 가려졌다고 한다. 신종 감염병의 근원적인 시발점과 그 해결책에 대한 고민이 부족했던 것은 아닐까. 국제사회에서 탄소중립 정책에 박차를 가한 것 중 하나로 거버넌스의 변화, 선거도 빼놓을 수 없다. 유럽연합의 새로운 집행부는 취임 초기부터 "유럽연합을 전 세계 최초의 탄소중립 대륙으로!"라고 외쳤고, 미국의 대선 역시 '기후 대선'으로 불리며 구체적인 공약이 쏟아졌다. 반면 비슷한 시기 한국의 대선은……

우리나라에서 기후위기와 탄소중립이 여전히 '중요하지만 중요하지 않은' 존재로 치부되는 데는 우리 모두 책임이 있다. 다수의 언론, 시민사회, 기업, 공무원, 교직원 등등 모두가 '먼 미래'가 아닌, '내일'이자 '내 일'인 이 문제를 '거대담론'이라고만 여겼다. 나의 행동, 오늘의 변화, 실질적인 정책, 현실 정치로 가져오지 못한 채.

우리 개개인의 생애주기 차원에서 살펴봤을 때, 기후위기와 탄소중립에 대한 교육도 시급하다. 그러지 않고서는 위기의 시대를 살아가는 당사자인 우리 아이들조차 기후위기 하면 북극곰을 떠올릴 테니. '탄소가 곧 돈'인 시대를 살아가는 현 상황에서 기업의 말단 사원부터 경영자의 '생각 전환'도 시급하다. '탄소 감축'이 곧 '비용 감축'이기에. 그리고 그 기술과 관련 산업은 '블루 오션'을 지나 조만간 '레드 오션'이 될 상황이기에. 정부도 탄소중립을 더욱 심각하고 진지하게 대할 필요가 있다. 그린뉴딜이 불러올 일자리 창출의 이면엔 사라지는 일자리가 있고, 에너지 전환이 불러올 전력 구조의 변화는 전력 요금의 합리화 없이는 불가능하기에. 우리 시민 개개인 역시 이러한 변화를 맞이할 준비에 나서야 한다. 또 좀 더 적극적으로 목소리를 내야 한다. 이젠 "우리 모두 전등 하나 더 끄자"고 이야기하는 것보다 "그 전등을 켜는 전기를 재생에너지로 바꾸자"고 이야기할 때이기에. 더는 수은주를 입에 물고 땀 흘리는 지구, 앙상하게 마른 북극곰의 이미지에 갇혀 있을 때가 아니다. 이러한 이미지가 우리에게 기후위기와 탄소중립을 '먼 일'이라고 느끼게 만든 것 아닌가 되돌아볼 필요가 있다.

기후위기 대응은, 온실가스 감축은, 탄소중립 이행은 그저 '도의적 차원'의 행동이 아니다. 시리도록 차가운 '냉정한 판단'과 치밀하고 반복적인 '과학적 계산'에 근거한 일이다. 감축을 두고 협상하려는 생각은 과학적 사실과 협상하려는 것과 같다. 1+1=2라는 것을 두고 "너무 많으니 1.5로 하자"고 하려는 것인가. 물은 H_2O라는 것을 두고 "H를 하나 빼거나 O를 하나 더 붙여도 어차피 수소와 산소가 결합한 것은 마찬가지 아니냐"고 하려는 것인가. 이미 늦었고, 더는 미룰 여유가 없다. 부디 우리 모두의 내일이 산업화 이전 대비 1.5℃ 이내이기를.

용어 풀이

〈그린스완: 기후변화 시대의 중앙은행과 금융 안정성(*The green swan: central banking and financial stability in the age of climate change*)〉
국제결제은행(BIS)이 2020년 1월에 발표한 보고서. 기후변화가 전 세계 경제에 거대한 충격을 주고 금융위기의 원인이 될 수 있다고 경고하는 내용이 담겼다. '그린스완'은 세계가 맞닥뜨린 기후위기를 뜻하는 용어로, '언젠가 나타날 것이 확실하지만, 정확한 시점이나 진행 상황 등을 예측할 수 없고, 실제로 발생하면 전 인류를 위협할 수 있는 위험'을 뜻한다.

〈기후변화 2021: 과학적 근거(*Climate Change 2021: The Physical Science Basis*)〉
기후변화에 관한 정부 간 협의체(IPCC)가 2021년 8월에 발표한 6차 평가 보고서. 지구의 평균 기온 상승 폭을 1.5℃ 이내로 제한해야 하는 과학적 근거가 담겼다.

〈기후투명성 보고서 2020(*The Climate Transparency Report 2020*)〉
국제 환경협력단체 기후투명성(Climate Transparency)이 해마다 G20 국가를 대상으로 기후변화에 얼마나 대응하고 있는지 평가하고 분석해 발표하는 보고서. 2020년 보고서에서 우리나라는 '매우 불충분'하다는 평가를 받았다.

〈세계 도시 재생에너지 현황 보고서(*Renewables in Cities Global Status Report*)〉
21세기를 위한 재생에너지 정책 네트워크(REN21)가 지구촌 곳곳의 재생에너지 정책을 시 단위로 분석하고 평가해 2021년에 발표한 보고서.

⟨세계경제전망(*World Economic Outlook*)⟩
국제통화기금(IMF)이 해마다 4월과 10월에 발간하는 보고서. 세계 경제의 단기적 경기 변동과 중장기 경제 성장에 대한 전망, 주요 경제 문제들에 대한 분석을 담는다.

⟨아시아 식량 도전 보고서(*Asia Food Challenge Report*)⟩
글로벌 컨설팅 회사인 PwC와 네덜란드 은행 라보방크, 싱가포르의 국부펀드 테마섹이 발간한 보고서. 아시아가 미국, 유럽, 아프리카 등으로부터 식량을 수입하는 데 의존하고 있는 만큼 기후변화에 대응하지 않으면 식량 자급이 불가능할 것으로 평가했다.

⟨지구 온난화 1.5℃(*Global Warming of 1.5℃*)⟩
기후변화에 관한 정부 간 협의체(IPCC)가 2018년에 만장일치로 채택한 특별 보고서. 국제사회가 2015년 파리기후변화협약을 체결할 때만 해도 평균 기온 상승 폭을 산업화 이전 대비 2℃ 이내로 묶자고 했으나 세계 곳곳에서 진행한 무수한 연구를 분석한 결과, 1.5℃와 2℃의 차이가 엄청나게 컸다. 보고서는 지구 온도가 1.5℃ 오를 경우와 2℃ 오를 경우에 지구에 어떤 일이 벌어지는지 비교해 보여 주며 지구의 평균 기온 상승 폭을 1.5℃ 이내로 제한해야 한다고 결론 내렸다.

⟨한반도 기후변화 전망보고서 2020⟩
기상청이 IPCC 제6차 보고서의 온실가스 배출 경로를 기반으로 하여 2021년 1월에 발표한 보고서. 동아시아 기후변화 시나리오를 산출한 뒤 이를 한반도 지역에 대입해 2100년까지의 기후변화를 예측했는데, 온실가스를 현재처럼 배출한다면 2100년 한반도의 평균 기온이 현재보다 7℃ 이상 오르고 강수량은 14% 늘어나게 된다.

2050장기저탄소발전전략(LEDS, Long-term low greenhouse gas Emission Development Strategies)

2020년 12월, 환경부가 기후위기에 대응하고자 관계 부처들과 함께 수립해 발표한 것으로, 2050년 탄소중립을 목표로 하는 큰 비전 아래 5대 기본 방향과 부문별 추진 전략을 명시했다.

2050탄소중립녹색성장위원회(2050탄소중립위원회)

국내 탄소중립 정책의 컨트롤타워 역할을 하는 대통령 직속 기구로, 2021년 5월에 공식 출범했다. 출범 당시 명칭은 '2050탄소중립위원회'였으나 2022년 3월에 '기후위기 대응을 위한 탄소중립·녹색성장 기본법'을 시행하면서 명칭을 바꾸었다. 위원회는 탄소중립에 대한 국가 비전 및 정책 수립, 탄소중립 사회로 전환하기 위한 이행 계획 수립, 탄소중립 이행 계획의 이행 점검 및 실태조사와 평가에 관한 사항 등을 심의하는 일을 한다.

2050탄소중립시나리오

2050년에 탄소중립이 실현되었을 때, 우리 사회의 미래상과 부문별 전환 내용을 전망한 시나리오. 2022년 현재 최종 시나리오는 2개 안이 있으며, 둘 다 국내 순 배출량 0을 목표로 한다. A안은 화력발전을 전면 중단하는 방안이고, B안은 화력발전이 일부 남아 있는 대신 CCUS 등의 기술을 적극적으로 활용하는 방안이다.

21세기를 위한 재생에너지 정책 네트워크(REN21, Renewable Energy Policy Network for the 21st Century)

재생에너지를 전문적으로 다루는 국제 비영리단체로, 독일 정부의 지원으로 설립되었고 프랑스 파리의 유엔환경계획(UNEP)에 본부를 두고 있다. 해마다 세계의 재생에너지 현황을 다양한 관점으로 분석하고 평가해 보고서를 발간한다.

ESG(Environmental, Social and Governance)

Environment(환경), Social(사회), Governance(지배구조)의 머리글자를 딴 약어로, 기업 활동에 친환경, 사회적 책임 경영, 지배구조 개선 등 투명 경영을 고려해야 지속가능한 발전을 할 수 있다는 철학을 담은 용어다. ESG 경영은 개별 기업을 넘어 자본시장과 한 국가의 성패를 가를 키워드로 떠오르고 있다.

G20(Group of 20)

다자간 금융 협력을 위해 결성한 국제 조직으로, 선진 7개국(G7)과 유럽연합(EU) 의장국 그리고 신흥시장 12개국 등 세계 주요 20개국이 회원이다. G7에 속하는 나라는 독일, 미국, 영국, 이탈리아, 일본, 캐나다, 프랑스이고 신흥시장 12개국에는 남아프리카공화국, 러시아, 멕시코, 브라질, 사우디 아라비아, 아르헨티나, 인도, 인도네시아, 중국, 터키, 한국, 호주가 속한다. 유럽연합은 하나의 나라로 간주한다.

RE100(Renewable Energy 100)

2050년까지 사용하는 전력을 100% 재생에너지로만 충당하겠다는 다국적 기업들의 자발적인 약속이다. 연간 100GWh 이상 전력을 사용하는 기업이 대상이다. 2014년 영국의 비영리단체인 기후그룹(The Climate Group)과 탄소공개프로젝트(Carbon Disclosure Project)가 처음 제시했다. 2022년 2월 6일 기준으로 RE100에 가입한 전 세계 기업은 349곳이며, 지역별로는 유럽과 미국이 가장 많다. 한국 기업 중 RE100에 가입한 곳은 SK그룹 계열사 8곳과 LG에너지솔루션, 고려아연 등 14곳 정도다. 가입한 기업은 1년 안에 이행 계획을 제출하고 매년 이행 상황을 점검받는다. 재생에너지 비중을 2030년 60%, 2040년 90%로 올려야 자격이 유지된다.

경제협력개발기구(OECD, Organization for Economic Cooperation and Development)

개발도상국 원조, 경제 성장, 세계 무역 확대 등을 주요 목적으로 1961년에 창설된 국제협력기구. 제2차 세계대전으로 몰락한 유럽 경제를 살리기 위해 미국이 제안한 마셜플랜(Marshall Plan)에 따라 1948년에 출범한 유럽경제협력기구(OEEC)를 모태로, 개발도상국 원조 문제 등 새로운 세계정세에 적응하기 위해 1961년에 파리에서 출범했다. 유럽을 넘어 세계 경제 발전을 목적으로 하며, 우리나라는 1996년 12월에 29번째 회원국으로 가입했다.

공통사회경제경로(SSP, Shared Socioeconomic Pathways)

지구의 평균 기온이 오르면 우리가 어떤 영향을 받게 될지 알아보는 시나리오를 만들 때 이용하는 시뮬레이션 도구. 온실가스 농도와 더불어 미래 인구수, 토지 이용, 에너지 사용 등 사회경제학적 요소까지 버무린 것이다.

교토기후변화협약(Kyoto Protocol)

1992년 6월 유엔환경개발회의(UNCED)에서 채택한 기후변화협약(UNFCCC)을 이행하기 위해 1997년에 만들어진 국가 간 협약으로, '교토의정서'라고도 한다. 2005년 2월에 공식 발효되면서 기후변화에 대한 대표적인 국제 규약으로 자리 잡았으나, 개발도상국의 대표 주자인 중국이 온실가스 감축 의무에서 제외되고 미국과 일본 등 선진국들이 자국 산업 보호를 이유로 이탈하면서 반쪽짜리 규약이라는 한계를 갖게 됐다. 이후 국제사회의 지속적인 논의 끝에 2015년 파리총회에서 새로운 기후변화협약이 탄생했고, 교토의정서는 2020년에 만료됐다.

국가온실가스감축목표(NDC, Nationally Determined Contribution)

2015년에 체결된 파리기후변화협약에 따라 당사국이 스스로 설정해 발표하는 온실가스 감축목표를 말한다. 협약 당사국은 5년마다 NDC를 새로 설정해 제출해야 하며, 차기 NDC는 기존 NDC보다 진전된 목표여야 한다는 규정이 있다. 우리나라는 2015년 6월에 처음으로 2030NDC를 수립했으며 이후 국내외 감축 비율 조정, 목표 설정 방식 변경과 같이 부분적으로 수정해 오다가 2021년 10월에 2030NDC를 2018년 대비 40% 감축하는 것으로 확정하고, 그해 말에 이 목표를 유엔기후변화협약 사무국에 제출했다.

국제결제은행(BIS, Bank for International Settlements)

1930년 헤이그협정에 따라 각국 중앙은행 간의 협조를 증진하고 국제금융 안정을 위한 자금 제공을 목적으로 설립된 국제기구. 본부는 스위스 바젤에 있다.

국제에너지기구(IEA, International Energy Agency)

경제협력개발기구(OECD) 산하 단체로, 석유 공급 위기에 대응하기 위해 각종 에너지 자원 정보를 분석하고 연구한다. 신재생에너지 개발, 합리적인 에너지 정책, 국가 간 에너지 기술 협력 등을 촉구하기 위해 세계 에너지 사용 추세, 미래 에너지 대책 등과 관련된 사회적 문제를 분석하고 이를 각종 보고서로 발간한다. 국제 석유 시장 정보를 공유해 석유 공급 위기에 대비하며, 대체 에너지 개발 및 석유 수급 비상 시 회원국 간 공동대처방안 등을 마련하는 것도 IEA의 주요 업무다.

국제연합(UN, United Nations)

제2차 세계대전 후 국제 평화와 안전을 유지하고, 국제 우호 관계를 촉진하며, 국제 협력을 달성하기 위해 설립한 국제 평화기구. 본부는 미국 뉴욕에 있다.

국제이주기구(IOM, International Organization for Migration)

국경을 넘나드는 이주민을 지원하는 정부 간 국제기구. 1951년 12월에 유럽 내 이주민을 지원하기 위해 처음 설립돼 직업, 교육, 자유 등 다양한 목적 때문에 증가하는 이주민을 지원하는 국제기구로로 성장했다. 본부는 스위스 제네바에 있고, 한국은 1988년에 정식 회원국으로 가입했다.

국제자연보전연맹(IUCN, International Union for Conservation of Nature and Natural Resources)

세계의 자원과 자연을 보호하기 위해 유엔의 지원을 받아 1948년에 설립된 국제기구. 멸종위기 동식물을 보호하기 위해 국제 협력을 이끌어 내는 외교 업무는 물론이고, 야생 동식물의 서식지를 보호하고 환경을 보전할 가치가 있는 지역을 보호하기 위한 연구 조사도 병행한다.

국제통화기금(IMF, International Monetary Fund)

환율 및 국제 결제 시스템의 안정성 확보를 주요 업무로 하는 국제기구. 국제적인 통화 협력과 금융 안전성 확보, 국가 간 무역 확대, 고용 및 지속가능한 경제 성장 촉진, 전 세계 빈곤의 감소를 목표로 한다. 협정을 맺은 회원국이 출자하여 설치된 국제금융 결제 기관으로, 환(換)이나 단기자금의 융통을 주 업무로 하며, 회원국의 요청이 있을 때는 기술 및 금융 지원을 직접 제공한다. 우리나라는 1955년에 가입했고, 1997년 외환위기로 IMF에 구제금융을 신청한 바 있다.

국제표준화기구(ISO, International Organization for Standardization)

나라마다 다른 산업 규격을 국제적으로 조정하고 표준화하기 위하여 1946년에 영국 런던에서 설립한 국제기구. 본부는 스위스의 제네바에 있고, 우리나라는 1963년에 가입했다.

그린뉴딜(Green New Deal)

환경과 사람이 중심이 되는 지속가능한 발전을 뜻하는 말로, 현재 화석 에너지 중심의 에너지 정책을 신재생에너지로 전환하는 등 저탄소 경제구조로 전환하면서 고용과 투자를 늘리는 정책을 말한다.

그린피스(Greenpeace)

1971년 설립된 국제 환경 보호 단체로, 핵실험 반대와 자연보호운동 등을 통하여 지구의 환경을 보존하고 평화를 증진하기 위한 활동을 펼치고 있다. 40여 개국에 지부를 두고 있으며, 본부는 네덜란드 암스테르담에 있다.

글래스고기후협약(Glasgow Climate Pact)

제26차 유엔기후변화협약(UNFCCC) 당사국총회(COP26)에서 합의된 기후협약. 이전 총회에서 지구 온도 상승 폭을 1.5℃ 이내로 제한하기로 한 약속을 이행하기 위해 모인 자리였으나 합의문 초안에 담겼던 "온실가스 저감 기술이 없는 석탄화력발전소와 비효율적인 화석연료 보조금의 단계적 폐지"라는 내용이 "온실가스 저감 기술이 없는 석탄화력발전소의 단계적 '감축'과 비효율적인 화석연료 보조금의 단계적 폐지"로 수정되자, 1.5℃ 목표를 달성하기에 미흡하다는 비판이 세계 각지에서 쏟아졌다.

기후그룹(The Climate Group)

세계 기후 문제를 다루는 영국의 다국적 비영리 단체.

기후변화에 관한 정부 간 협의체(IPCC, Intergovernment Panel on Climate Change)

1988년, 기후변화 문제에 대처하기 위해 세계기상기구(WMO)와 유엔환경계획(UNEP)이 공동으로 설립한 유엔 산하 국제기구로, 전 세계의 기상학자, 해양학자, 경제학자 등 3000여 명의 전문가로 구성되어 있다. 기후변화가 인류의 경제·사회 활동 등에 미치는 영향을 분석하여 과학적·기술적 사실에 대한 평가를 제공하고, 국제적인 대응 방안을 마련하기 위해 활동한다.

기후솔루션(SFOC, Solution For Our Climate)
효과적인 기후위기 대응과 에너지 전환을 위해 2016년에 한국에서 설립된 비영리 단체. 에너지와 기후변화 정책에 관한 법률, 경제, 금융, 환경 전문가 등으로 구성되어 있고, 국내외 비영리 단체들과 긴밀히 협력하고 있다.

기후중심(Climate Central)
미국에 기반을 둔 국제 기후변화 연구 단체.

기후투명성(Climate Transparency)
세계 여러 나라의 연구기관과 비정부기구 등이 참여하는 국제 환경 협력 단체.

넷제로(net zero)
배출하는 탄소의 양과 제거하는 탄소의 양을 더했을 때 순 배출량이 0이 되는 것으로, 탄소중립과 같은 말이다.

녹색성장과 글로벌 목표 2030을 위한 연대(P4G, Partnering for Green Growth and the Global Goals 2030)
정부 기관과 기업, 시민사회 등 민간 부문이 함께 참여해 기후변화에 대응하고 지속가능한 발전 목표를 달성하려는 글로벌 협의체. 우리나라를 포함한 대륙별 12개 중견국들과 국제기구·기업들이 참여하고 있으며, 회원국은 2년마다 정상회의를 개최한다.

녹색연합(Green Korea United)
생명 존중, 생태 순환형 사회 건설, 비폭력 평화 실현, 녹색자치 실현을 목적으로 설립된 우리나라의 민간 환경단체.

당사국총회(COP, Conference of the Parties)
1992년에 유엔환경개발회의(UNCED)에서 채택한 유엔기후변화협약(UNFCCC)의 구체적인 이행 방안을 논의하기 위해 매년 개최하는 당사국들의 회의. 1995년 3월에 독일 베를린에서 제1차 당사국총회(COP1)가 열렸다.

대표농도경로(RCP, Representative Concentration Pathways)
지구의 평균 기온이 오르면 우리가 어떤 영향을 받게 될지 알아보는 시나리오를 만들 때 이용하는 시뮬레이션 도구. 공통사회경제경로와 달리 온실가스 농도만 살펴본다.

석탄을넘어서(Korea Beyond Coal)
미세먼지와 기후위기 없는 미래를 위해 25개 시민단체가 함께 진행하는 탈석탄 캠페인. 2030년까지 석탄화력발전소를 폐쇄하고 친환경 에너지원을 마련하라고 정부에 촉구하는 활동을 하고 있다.

세계에너지총회(WEC, World Energy Congress)
세계 최대 민간 에너지 기구인 세계에너지협의회가 주최하는 국제회의. 1924년에 영국 런던에서 처음 개최되었고 3년마다 열린다. 전 세계 에너지 기업, 정부, 국제기구, 학계 등 에너지 분야 지도자와 전문가들이 모여 에너지의 현재와 미래를 논의한다.

에너지청정대기연구센터(CREA, Centre for Research on Energy and Clean Air)
핀란드의 국제 대기 오염 연구기관.

온실가스배출권거래제(ETS, Emission Trading Scheme)

온실가스를 뿜어내는 업체들에 매년 배출할 수 있는 할당량을 부여해 남거나 부족한 배출량은 사고팔 수 있도록 하는 제도. 우리나라는 2015년 1월부터 시행하고 있다.

유럽연합(EU, European Union)

유럽 27개국의 정치·경제 통합기구. 1957년 3월에 출범한 유럽경제공동체로부터 시작되었다. 1965년 유럽경제공동체는 유럽석탄철강공동체와 유럽경제공동체, 유럽원자력공동체 합병조약을 체결하여 3개의 공동체를 통칭한 유럽공동체(EC, European Communities)를 형성했고, 1993년 11월에 유럽연합(EU)으로 이름을 바꾸었다. 이후 추가 회원국의 가입과 수차례의 조약 수정이 이루어졌고, 2021년 1월 영국의 유럽연합 탈퇴 선언인 브렉시트가 발효되어 27개 회원국으로 구성되어 있다.

유럽연합집행위원회(EC, European Commission)

유럽연합(EU)의 행정부 역할을 담당하는 기구. EU 관련 각종 정책을 입안하고 EU의 이익을 수호하는 EU의 중심 기구다.

유엔개발계획(UNDP, United Nations Development Programme)

개발도상국의 경제적·사회적 개발을 촉진하기 위한 기술원조를 제공하기 위해 설립된 유엔 산하 기구.

유엔기후변화협약(UNFCCC, United Nations Framework Convention on Climate Change)

지구 온난화를 막고자 모든 온실가스의 인위적인 배출을 규제하기 위한 협약으로, 1992년 6월 브라질 리우에서 열린 리우회의에서 처음으로 채택되었다. 이후 교토의정서, 파리기후변화협약, 글래스고기후협약이 차례로 채택되며 현재에 이르고 있다.

유엔무역개발회의(UNCTAD, United Nations Conference on Trade and Development)
개발도상국의 산업화와 국제무역 참여 증진을 지원하기 위해 1964년에 설립한 국제연합 산하 기구. 아시아와 아프리카는 그룹 A, 선진국은 그룹 B, 중남미 국가는 그룹 C, 러시아와 동유럽은 그룹 D로 분류한다. 우리나라는 1964년 3월 가입 이후 줄곧 그룹 A에 속하다가 2021년 7월 2일 제68차 UNCTAD 무역개발이사회에서 그룹 B(선진국)로 변경되었다. 그룹 A에서 그룹 B로 이동한 것은 UNCTAD 설립 이후 57년 만에 처음 있는 사례다.

유엔세계식량계획(WFP, World Food Programme)
식량 원조를 통해 개발도상국의 경제·사회 발전을 도모하기 위하여 설립한 국제연합 산하 기구. 전 세계 기아 퇴치를 목적으로 활동한다.

자유무역협정(FTA, Free Trade Agreement)
특정 국가 간의 상호 무역 증진을 위해 물자나 서비스 이동을 자유화하는 협정. 나라와 나라 사이의 관세 및 비관세 무역 장벽을 완화하거나 철폐하여 무역 자유화를 실현하기 위해 양국 간 또는 지역 사이에 체결하는 특혜 무역협정이다.

직접공기포집(DAC, Direct Air Capture)
공기 중의 이산화탄소를 직접 포집하고 농축하는 기술.

탄소국경조정제도(CBAM, Carbon Border Adjustment Mechanism)
자국보다 이산화탄소 배출이 많은 국가에서 생산·수입되는 제품에 대해 부과하는 관세로, 유럽연합과 미국 조 바이든 행정부가 주도적으로 추진하고 있는 관세 형태. '탄소국경세' 또는 '탄소세'라고도 한다.

탄소중립(carbon neutral)

배출한 이산화탄소를 흡수하는 대책을 세워 실질적인 배출량을 '0'으로 만든다는 개념으로, 넷제로(net zero)와 같은 말이다.

탄소포집저장(CCS, Carbon Capture and Storage)

공장과 발전소 등에서 배출되는 이산화탄소를 회수하여 압력을 가해 액체 상태로 만든 후 지하나 해저에 묻는 기술. 이산화탄소를 줄이는 가장 이상적이고 현실적인 기술이지만, 해양 생태계에 부정적인 영향을 미치기 때문에 현재는 국제협약에 따라 금지되었다.

탄소포집활용저장(CCUS, Carbon Capture, Utilize, Storage)

화석연료를 사용하는 과정에서 생기는 이산화탄소가 대기 중으로 방출되지 않게 하는 모든 기술을 아울러 일컫는 용어로, 탄소포집저장(CCS) 기술에서 더 나아가 포집하고 저장한 탄소를 화학 원료, 에너지원, 건축 자재 등으로 전환해 활용하는 기술이다.

탈석탄동맹(PPCA, Powering Past Coal Alliance)

석탄 발전을 신속히 폐지하고 녹색성장을 이루기 위해 2017년 제23차 당사국총회(COP23)에서 영국과 캐나다 주도로 창립된 전 세계 국가·지방·단체들의 연맹. 2030년까지 석탄 발전 설비 전부를 폐지하는 내용을 담고 있다.

탈화석연료동맹(BOGA, Beyond Oil & Gas Alliance)

2021년 제26차 당사국총회(COP26)에서 프랑스와 스웨덴 등 10개 나라가 탈석탄을 넘어 화석연료 생산 자체를 줄이자는 데 뜻을 모아 출범한 동맹.

파리기후변화협약(Paris Climate Change Accord)

2020년 교토기후변화협약 만료를 앞두고 국제사회가 새로 채택한 기후협약으로, 2015년 유엔기후변화협약(UNFCCC)에서 채택됐다. 당시 국제사회는 지구 평균 기온이 산업화 이전보다 2℃ 이상 상승하지 않도록 하자고 합의했으나, 이후에 이어진 수많은 연구가 2℃로는 충분하지 않다는 결과를 보여 주자 기온 상승 폭을 1.5℃로 제한하기로 목표를 수정했다.

핏포55(Fit for 55)

유럽연합(EU)이 2021년 7월에 내놓은 입법 패키지로, 기후변화 대응을 위한 12개 항목을 담은 법안이다. 2030년까지 EU의 평균 탄소 배출량을 1990년의 55% 수준까지 줄인다는 목표를 실현할 구체적인 방안이 담겨 있다. 이 가운데 핵심은 '탄소국경세'로 불리는 탄소국경조정제도(CBAM)인데, 이는 EU 역내로 수입되는 제품 가운데 역내 제품보다 탄소 배출이 많은 제품에 세금을 부과하는 조치를 말한다.

협력업체 청정에너지 프로그램(Supplier Clean Energy Program)

2015년에 애플이 발표한 프로그램으로, 이 협약을 맺은 협력사들은 2030년까지 100% 재생에너지로 생산한 제품을 애플에 공급해야 한다. 2019년 4월, 애플이 이 프로그램의 업데이트 방침을 밝힌 이후 우리나라 기업 중에서는 대상에스티와 SK하이닉스가 동참했다.

기후1.5℃ 미룰 수 없는 오늘
생존과 번영을 위한 글로벌 탄소중립 레이스가 시작됐다!

1판 1쇄 펴냄 2022년 7월 7일
1판 3쇄 펴냄 2024년 5월 7일

지은이 | 박상욱

펴낸이 | 박미경
펴낸곳 | 초사흘달
출판신고 | 2018년 8월 3일 제382-2018-000015호
주소 | (11624) 경기도 의정부시 의정로40번길 12, 103-702호
이메일 | 3rdmoonbook@naver.com
네이버포스트, 인스타그램, 페이스북 | @3rdmoonbook

ISBN 979-11-977397-2-9 03450

* 이 책의 본문은 친환경 재생종이를 사용해 제작했습니다.
* 잘못된 책은 구입하신 곳에서 바꾸어 드립니다.
* 책값은 뒤표지에 있습니다.